钳工基础技能实训

第 2 版

主　编　邓集华
副主编　关焯远　吴觉迢
参　编　王　星　陆子宇　何荣尚　刘俊英
　　　　刘　宏　吕晶晶
主　审　方迪成

机械工业出版社

本书是"十四五"职业教育国家规划教材，是根据钳工国家职业标准中关于初级工和中级工所需要掌握的知识，结合相关的岗位要求，采用任务驱动形式编写的。本书贯彻国家现行标准，体现新知识、新技术。本书共两篇，安排了8个学习任务、2套真题，主要涵盖钳工基础，划线，锉削，锯削，孔加工，锉配，部件装配等知识；体现"教、学、做合一"的教育理念，将钳工工艺与生产实习融合，训练时采用先单项、再综合，循序渐进的方式安排内容；呈现方式更加活泼，符合中职学生的认知特点。

本书第二篇为钳工"3+x"证书高职高考内容，列举了两道钳工考证真题及其讲解，"练习与作业"环节包括课堂练习和课后作业两部分，新增"生产任务工单"作为教学活页，增加"垃圾分类"相关内容，并附大量的微课视频，读者通过移动终端可以扫码学习，提高读者的学习兴趣。

本书既可作为中等职业学校机电类相关专业钳工课程的教材，也可作为相关从业人员的自学用书。

图书在版编目（CIP）数据

钳工基础技能实训/邓集华主编. —2版. —北京：机械工业出版社，2021.11（2025.1重印）
职业教育机械类专业"互联网+"新形态教材
ISBN 978-7-111-69694-0

Ⅰ.①钳… Ⅱ.①邓… Ⅲ.①钳工-职业教育-教材 Ⅳ.①TG9

中国版本图书馆CIP数据核字（2021）第244798号

机械工业出版社（北京市百万庄大街22号　邮政编码100037）
策划编辑：黎　艳　　　责任编辑：黎　艳　赵文婕
责任校对：张　征　王明欣　封面设计：张　静
责任印制：刘　媛
河北鑫兆源印刷有限公司印刷
2025年1月第2版第7次印刷
184mm×260mm・15.5印张・373千字
标准书号：ISBN 978-7-111-69694-0
定价：49.90元

电话服务　　　　　　　　　网络服务
客服电话：010-88361066　　机　工　官　网：www.cmpbook.com
　　　　　010-88379833　　机　工　官　博：weibo.com/cmp1952
　　　　　010-68326294　　金　书　网：www.golden-book.com
封底无防伪标均为盗版　　机工教育服务网：www.cmpedu.com

关于"十四五"职业教育
国家规划教材的出版说明

为贯彻落实《中共中央关于认真学习宣传贯彻党的二十大精神的决定》《习近平新时代中国特色社会主义思想进课程教材指南》《职业院校教材管理办法》等文件精神,机械工业出版社与教材编写团队一道,认真执行思政内容进教材、进课堂、进头脑要求,尊重教育规律,遵循学科特点,对教材内容进行了更新,着力落实以下要求:

1. 提升教材铸魂育人功能,培育、践行社会主义核心价值观,教育引导学生树立共产主义远大理想和中国特色社会主义共同理想,坚定"四个自信",厚植爱国主义情怀,把爱国情、强国志、报国行自觉融入建设社会主义现代化强国、实现中华民族伟大复兴的奋斗之中。同时,弘扬中华优秀传统文化,深入开展宪法法治教育。

2. 注重科学思维方法训练和科学伦理教育,培养学生探索未知、追求真理、勇攀科学高峰的责任感和使命感;强化学生工程伦理教育,培养学生精益求精的大国工匠精神,激发学生科技报国的家国情怀和使命担当。加快构建中国特色哲学社会科学学科体系、学术体系、话语体系。帮助学生了解相关专业和行业领域的国家战略、法律法规和相关政策,引导学生深入社会实践、关注现实问题,培育学生经世济民、诚信服务、德法兼修的职业素养。

3. 教育引导学生深刻理解并自觉实践各行业的职业精神、职业规范,增强职业责任感,培养遵纪守法、爱岗敬业、无私奉献、诚实守信、公道办事、开拓创新的职业品格和行为习惯。

在此基础上,及时更新教材知识内容,体现产业发展的新技术、新工艺、新规范、新标准。加强教材数字化建设,丰富配套资源,形成可听、可视、可练、可互动的融媒体教材。

教材建设需要各方的共同努力。也欢迎相关教材使用院校的师生及时反馈意见和建议,我们将认真组织力量进行研究,在后续重印及再版时吸纳改进,不断推动高质量教材出版。

机械工业出版社

第2版前言

党的二十大报告中指出"实施科教兴国战略,强化现代化建设人才支撑",将"大国工匠"和"高技能人才"纳入国家战略人才行列,本书以技能培养为主线来设计内容,积极响应国家职业教育对人才培养的需求,对《钳工基础技能实训》教材进行了修订。此次修订以一系列益智类玩具模型以及广东省高职高考"3+x"中的 x 项目——钳工实操考核真题作为钳工实训的载体,通过大量的教学实践与研究,对传统钳工实训教学进行改革与创新,修订后的教材主要体现以下特色:

1. 教学内容充分体现趣味性与实战性

趣味性主要体现在创新式开发了益智玩具模型,如二阶魔方、俄罗斯方块、鲁班锁、八角宫、铁轮、风车等,以及轨道交通中电缆布线的回形线槽、钳工必用设备台虎钳的拆装等学习任务作为典型工作任务来驱动学习内容,每个工作任务从简到难、循序渐进、螺旋式穿插必需的基础知识与技能,以逐步强化钳工知识与技能。

实战性主要体现在选取广东省"3+x"证书高职高考中的 x 项目——钳工实操考核真题为载体,从试题分析、考核要求、制订工艺、零件加工、质量检测等环节全面透彻地讲解真题及考核要点,为参加高职高考的学子助力。

2. 可视化的工艺编排,充分体现"做中学,学中做"的内容结构设计

钳工加工工艺的优劣直接影响着产品的品质。在传统钳工课程中,学生由于受学习基础的限制,基本无法独立编写出正确的加工工艺,教师只能把正确的工艺直接灌输给学生,学生接受这些理论知识,处于"知其然而不知其所以然"的状态。本书充分考虑中职学生不善于文字表达,但思维活跃、想象力丰富的特点,创新式提出了"加工工艺的选择与优化"学习环节,所有典型工作任务均提供加工工艺中各工步的三维示意图与文字说明,让学生做选择题,降低学习难度;学生只需结合图形选择合适的工步进行排序,就能完成加工工艺的编排;当不同小组编排出不同的加工工艺时,学生通过交流探讨进行横向对比,实现工艺的优化。从"以教师为中心"转换成"以学生为中心",加强了学生对理论知识的内化过程,有效促进实践操作。

3. 多维度的学习目标分析

各学习任务分别从知识、能力、职业素质、职业素养四个维度进行学习目标的详细分析,帮助学生在学习任务中全方位地掌握知识点,融会贯通并学以致用。

4. 双重目录检索,方便查阅

本书根据各学习任务的结构编写了常规的教材目录,装订在教材的正文前。同时还提炼出来钳工课程的基础知识与技能要点,编写成了知识点索引目录,附在教材后。双重目录检索学习任务或知识技能点,方便不同阶段的学习者学习与查阅。

5. 丰富的信息化手段呈现知识技能

本书以微课视频二维码、三维立体示意图、图片、表格等呈现知识与技能，形式新颖多样，结合新媒体信息化手段，把抽象枯燥的文字知识转化为直观、易学易懂的数字化影像，提高学生的学习兴趣，充分满足信息化课堂教学及学生课前课后自我学习的需求。

6. 新型活页式教材，丰富学习形式

本书图文并茂，形式活泼，语言表达精炼、准确，内容科学，每个学习任务中插入了学习活页，方便学生自主学习。

本书建议学时为 180 学时，具体学时分配见下表。

目　　录	内　　容	建　议　学　时
学习任务 1	二阶魔方的制作	24
学习任务 2	俄罗斯方块的制作	18
学习任务 3	鲁班锁的制作	24
学习任务 4	八角宫的制作	18
学习任务 5	铁轮的制作	18
学习任务 6	风车的制作	18
学习任务 7	回形线槽的制作	18
学习任务 8	台虎钳的拆装与保养	6
真题 1	凸形块的制作	18
真题 2	挡形块的制作	18
总　　计		180

本书由广州市交通运输职业学校邓集华任主编，关焯远、吴觉迢任副主编，参与编写的有美的集团刘宏、广州市交通运输职业学校王星、陆子宇、何荣尚、刘俊英、吕晶晶，全书由汕头职业技术学院方迪成主审。

在本书编写过程中参考了大量的文献资料，在此向文献资料的作者致以诚挚的谢意。

由于编者水平有限，书中难免有错误与不妥之处，恳请广大读者批评指正。

编　者

第1版前言

为了适应新时期职业教育人才培养的需求，以及科学技术发展的新趋势和新特点，我们设计了俄罗斯方块、鲁班锁、八角宫、铁轮、风车这五个组合体作为钳工实训的载体，并通过大量的教学实践与研究，编写了这本教学用书，尝试对传统钳工实训教学进行改革与创新。本书力求体现以下特色：

1. 突出实用性和可操作性

本书编写立足于以职业为导向，打破传统学科型教材模式，以学习任务的结构组织学习内容，以"实用、够用"为原则，每个学习任务中穿插必需的基础知识与技能，实训教学可操作性强。

本书根据学习任务结构编写目录，同时还根据钳工基础知识与技能编写了知识点索引，方便读者学习与查阅。同时运用了"互联网+"技术，在部分知识点附近设置了二维码，使用者可以用智能手机进行扫描，便可在手机屏幕上显示和教学资源相关的多媒体内容，方便读者理解相关知识，进行更深入地学习。

2. 体现小组合作探究学习

本书所采用的载体都能多件相互进行装配，最终组装完成一个几何形状或构件，学生以小组为单位开展学习活动，每名学生完成组合体的一部分，通过小组合作最终才能达成学习目标。

3. 做中学，学中做，注重学生能力的培养

本书充分考虑学生现有的知识结构与理解能力，为了实现"做中学、学中做"的教学理念在学习内容中设计了多个自我学习与自由发挥的环节，以大量的微视频二维码、三维立体零件图、图片、表格等呈现知识与技能，以提高学生的学习兴趣，培养学生的自学能力与创新能力。

4. 注重学生成长的学业评价方式

每个学习任务的学习评价均由学习过程评价与专业技能评价两部分构成，其中学习过程评价体现学生在学习过程中的参与性、小组协作能力、沟通能力与创新能力，专业技能评价部分考核学生在该学习任务中掌握知识技能的程度。

本书建议学时为120学时，具体学时分配建议见下表：

目　录	内　容	建议学时	目　录	内　容	建议学时
学习任务1	俄罗斯方块的制作	24	学习任务4	铁轮的制作	24
学习任务2	鲁班锁的制作	24	学习任务5	风车的制作	24
学习任务3	八角宫的制作	24	总计	120	

第1版前言

　　本书由广州市交通运输职业学校邓集华、关焯远、彤景鑫担任主编，黄凌担任主审，吴觉迢、李军、广州市机电技师学院陈移新担任副主编，参与编写的还有湖南省武冈市职业技术学校陈立权、广州市机电技师学院周海蔚、广州市黄埔职业技术学校钟远明、张炜，广州市交通运输职业学校王星、杨彦安、罗伟光、陆子宇、何荣尚、钟春华、黎志浩、谭滔、毕宇灏、曾新龙、辛健，广州市工贸技师学院匡伟民，广州市番禺区工贸职业技术学院梁宇。

　　在编写过程中参考了大量的文献资料，在此向文献资料的作者致以诚挚的谢意。由于编者水平有限，书中难免有不妥之处，恳请广大读者批评指正。

编　者

二维码索引

序号	名称	二维码	页码	序号	名称	二维码	页码
1	二阶魔方的制作		2	9	俄罗斯方块的制作		24
2	刀口形直尺		8	10	锯削工具		28
3	锉刀		9	11	起锯方法		29
4	锉刀的保养		9	12	锯削姿势		30
5	锉削方法		10	13	锯缝歪斜的纠正		30
6	锉削操作		12	14	锯削操作		31
7	平面锉削方法		13	15	游标卡尺		33
8	锉削平面的检验		14	16	鲁班锁—天梁的制作		44

（续）

序号	名称	二维码	页码	序号	名称	二维码	页码
17	鲁班锁—地衡的制作		44	27	八角宫的制作		72
18	鲁班锁—前檐的制作		44	28	外圆弧面锉削—横锉法		76
19	划针的使用		50	29	外圆弧面锉削—滚锉法		76
20	游标高度卡尺的使用		52	30	内圆弧面锉削		77
21	样冲的使用		52	31	八角宫的装配		88
22	台式钻床操作—工件装夹		53	32	铁轮的制作——凸台		92
23	台式钻床操作—钻头选用		53	33	铁轮的制作——凹台		92
24	台式钻床操作—钻孔操作		54	34	外径千分尺		98
25	錾削操作		55	35	攻螺纹		99
26	鲁班锁的装配		67	36	铁轮的装配		114

（续）

序号	名称	二维码	页码	序号	名称	二维码	页码
37	风车的制作1		118	47	【素养园地——环境意识】		36
38	风车的制作2		118	48	【素养园地——人物事迹:鲁班】		46
39	风车的装配		139	49	【素养园地——创新精神】		79
40	回形线槽的制作		143	50	【素养园地——工匠精神】		106
41	台虎钳的拆装与保养		165	51	【素养园地——资源节约型社会】		122
42	凸形块的制作		186	52	【素养园地——管延安:拧过的60万颗螺丝零失误】		147
43	挡形块的制作		199	53	【素养园地——垃圾分类】		158
44	【素养园地——团队精神】		5	54	【素养园地——方文墨:"文墨精度",手工锉削精度相当于头发丝的二十五分之一】		189
45	【素养园地——安全意识】		17	55	【素养园地——顾秋亮:眼看、手摸,就能判断发丝五十分之一的误差】		202
46	【素养园地——质量意识】		27				

目 录

第 2 版前言
第 1 版前言
二维码索引
第一篇　钳工基础技能 ··· 1
　　学习任务 1　二阶魔方的制作 ·· 2
　　学习任务 2　俄罗斯方块的制作 ·· 24
　　学习任务 3　鲁班锁的制作 ··· 44
　　学习任务 4　八角宫的制作 ··· 72
　　学习任务 5　铁轮的制作 ·· 92
　　学习任务 6　风车的制作 ·· 118
　　学习任务 7　回形线槽的制作 ··· 143
　　学习任务 8　台虎钳的拆装与保养 ······································· 165
第二篇　钳工"3+x"考证 ··· 185
　　真题 1　凸形块的制作 ·· 186
　　真题 2　挡形块的制作 ·· 199
附录 ··· 213
　　附录 A　钳工常用工具 ·· 213
　　附录 B　钳工常用量具 ·· 219
　　附录 C　钳工常用刀具 ·· 226
　　附录 D　钳工实训垃圾分类操作指引 ··································· 229
知识点索引 ·· 231
参考文献 ··· 233

第一篇　钳工基础技能

学习任务1

二阶魔方的制作

学习内容

1. 钢直尺的使用。
2. 卡钳的使用。
3. 刀口形直尺的使用。
4. 宽座直角尺的使用。
5. 锉削加工。
6. 制订二阶魔方（图1-1）的加工工艺。
7. 制作二阶魔方。
8. 二阶魔方的质量检测。

图1-1 二阶魔方

学习目标

知识目标

1. 认识钢直尺的结构特征，清楚钢直尺的测量原理。
2. 认识卡钳的结构特征，清楚卡钳的测量原理。
3. 认识刀口形直尺的结构特征，清楚刀口形直尺的测量原理。
4. 认识宽座直角尺的结构特征，清楚宽座直角尺的测量原理。
5. 复述锉削的定义。
6. 叙述钳工用锉刀的分类方法。

二阶魔方的制作

能力目标

1. 能正确使用钢直尺测量尺寸。
2. 能正确使用卡钳度量尺寸。
3. 能正确使用刀口形直尺测量直线度和平面度误差。
4. 能正确使用宽座直角尺测量两垂直面的垂直度误差。
5. 会正确选择锉刀。
6. 会锉削操作技巧。

7. 能用锉刀加工平面。
8. 会用量具对二阶魔方零件进行质量检测。

职业素质目标

1. 能够制订自我学习计划。
2. 能够与小组同学团结协作完成学习任务。
3. 能够规范着装，做好个人安全防护。
4. 能按 5S 要求做好物品的整理与清洁工作。
5. 能够做到安全文明生产。

职业素养目标

1. 具备团队合作精神，积极参与小组讨论与学习。
2. 具备环保意识，学习过程中不浪费学习资源。
3. 对加工过程中产生的各类生产垃圾，能有效分类并按要求投放。

思维导图

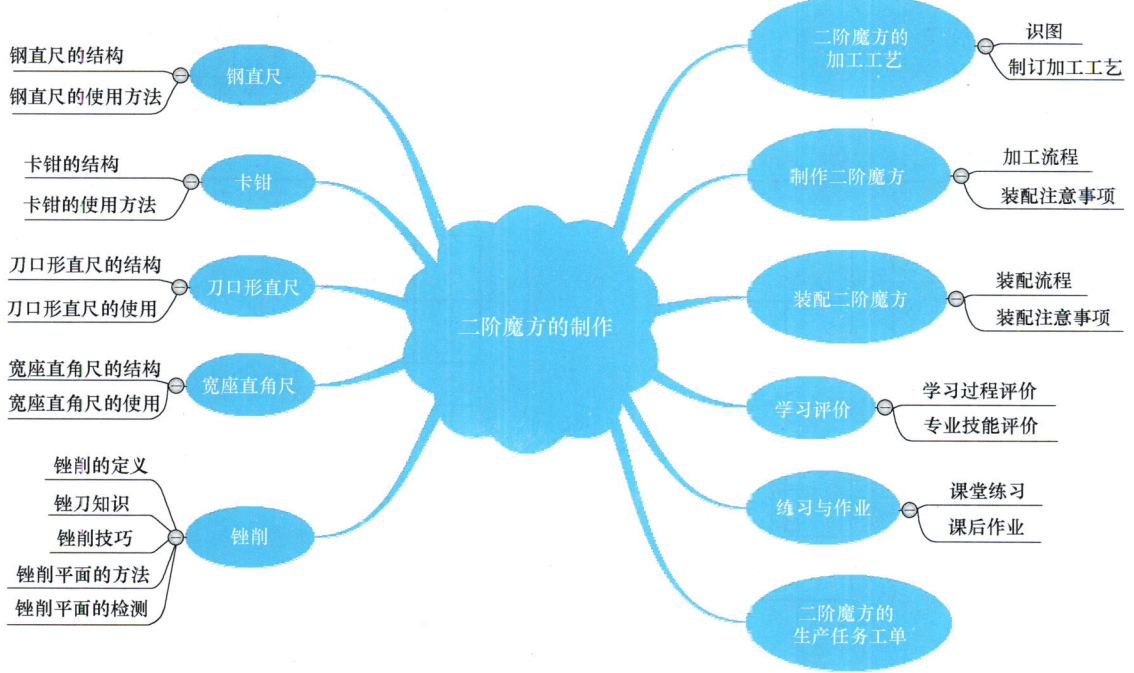

任务描述

二阶魔方又称口袋魔方、小魔方，由 8 个角块组成。二阶魔方的专利是鲁比克·艾尔内教授于 1983 年 3 月 29 日申请的，习惯称之为 R 结构的二阶魔方。

现有企业订单，要求利用金属材料加工二阶魔方的益智玩具，数量若干。零件图和装配图如图 1-2 和图 1-3 所示。

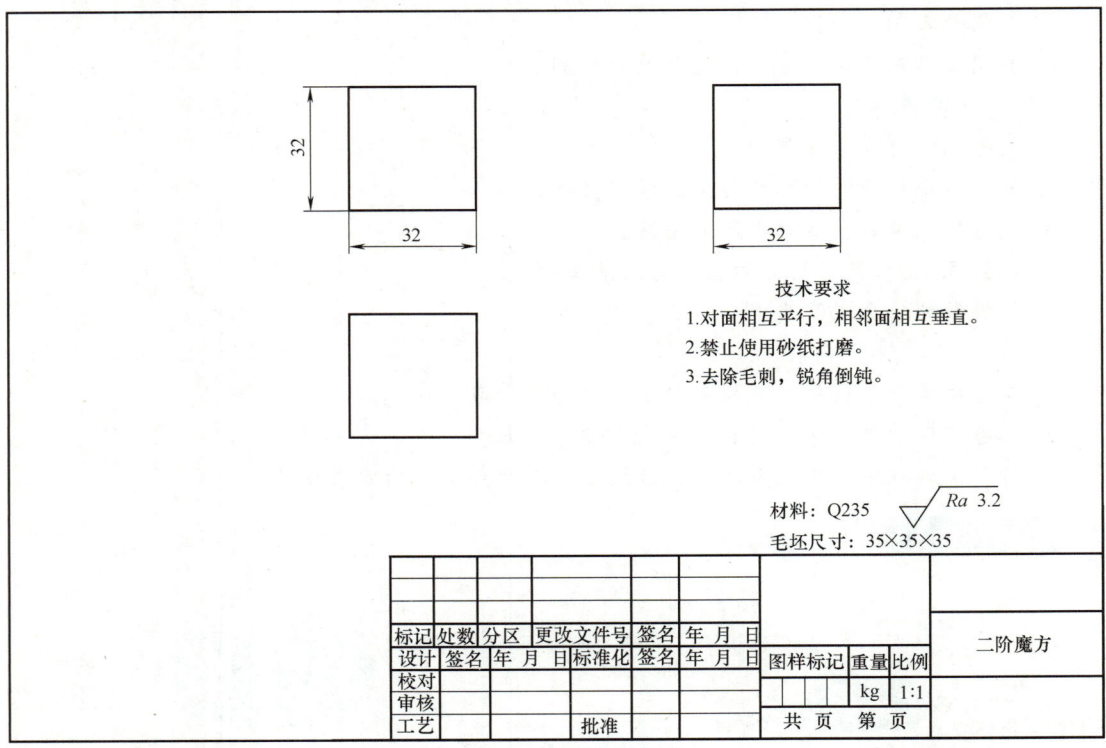

图 1-2 二阶魔方零件图

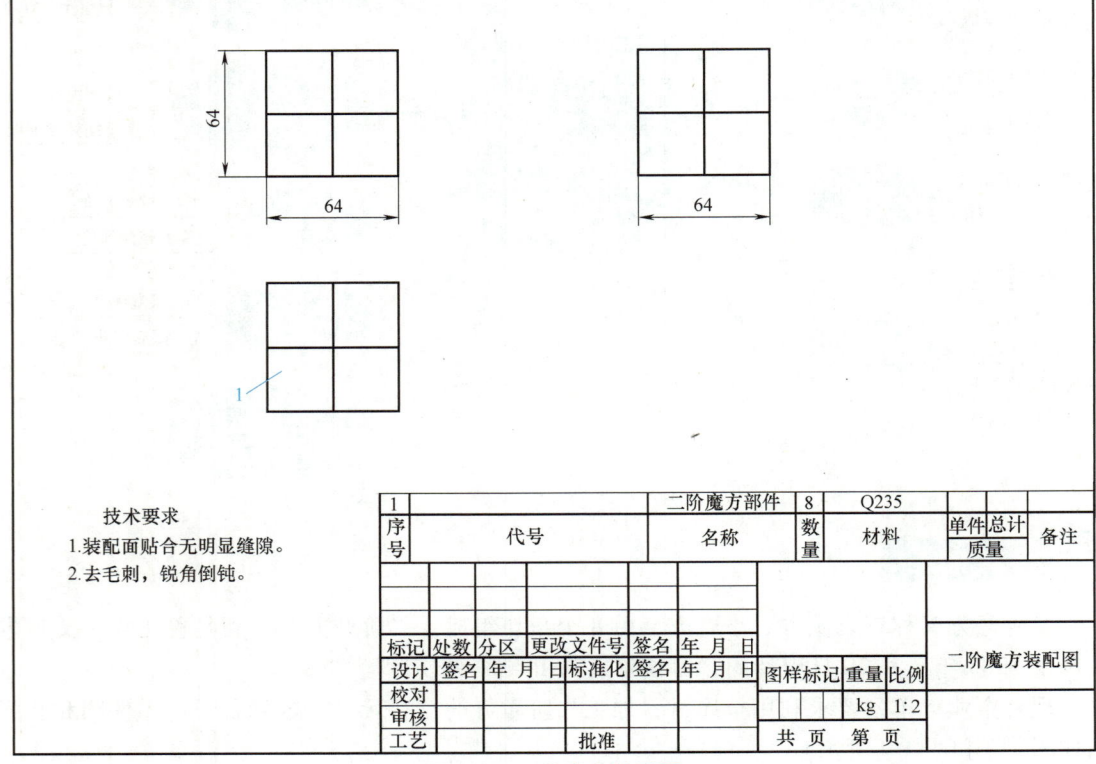

图 1-3 二阶魔方装配图

【素养园地——团队精神】

任务分析

一、制订工作计划

利用钳工方法完成二阶魔方的制作，分别需要完成选料，选取工具、量具、刀具，零件加工，质量检测，5S现场管理，填写生产任务工单等任务内容，请根据本小组的实际情况，与组员协商分工，填写表1-1的相关内容。

表1-1 小组分工合作计划

组名		小组成员			
序号	任务内容		计划用时	完成时间	负责人

二、选取加工设备

请根据二阶魔方的零件图及小组工作计划，分别从附录A~C中选择制作二阶魔方的工具、量具、刀具，并填写在表1-2中。

表1-2 加工二阶魔方的工具、量具、刀具

序号	名称	规格型号	数量	备注

三、知识准备

通过观看二阶魔方的加工视频可知，二阶魔方零件是利用锉刀在正方体毛坯料的六个平面上进行锉削加工而成的。为了保证零件产品质量符合图样要求，加工过程中，需要采用钢直尺、卡钳、刀口形直尺、宽座角尺等量具进行必要的检测工作。接下来，让我们一起来学习这些量具与锉削技能的准备知识吧！

1. 钢直尺

（1）钢直尺的结构　钢直尺是用来测量和划线的最简单的长度量具，一般用来测量毛坯或尺寸精度不高的工件。常用钢直尺按长度分为 0~150mm、0~300mm、0~500mm 和 0~1000mm 四种规格。钢直尺如图 1-4 所示，在正面的标尺间距为 1mm，在上测量面前端 50mm 的范围内还刻有标尺间距为 0.5mm 的标尺标记，背面刻有米制与英制单位换算表或英制单位的标尺标记。

图 1-4　钢直尺

（2）钢直尺的使用方法　使用钢直尺进行测量的方法如图 1-5 所示。

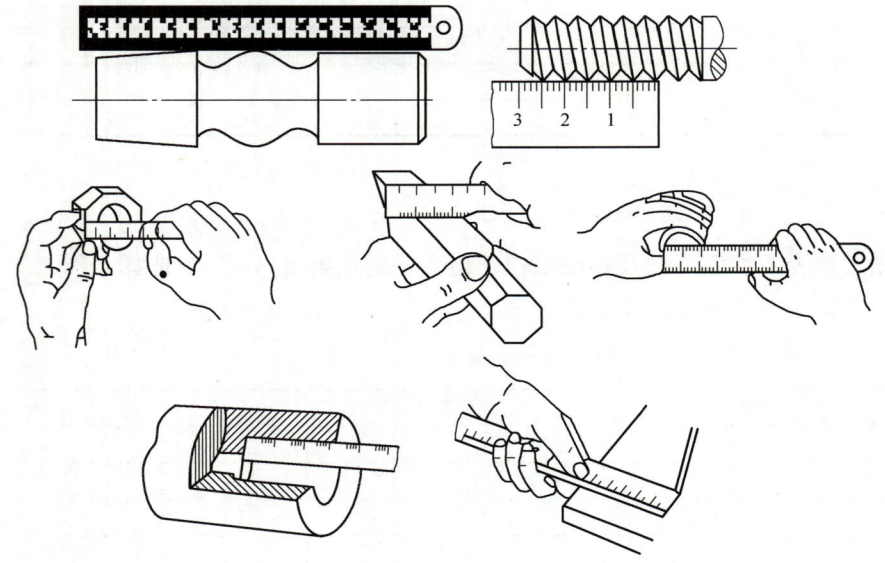

图 1-5　使用钢直尺进行测量的方法

2. 卡钳

（1）卡钳的结构　卡钳是一种间接测量的简单量具，不能直接显示测量数值，必须与钢直尺或其他能直接显示测量数值的量具配合使用。

卡钳分为内卡钳和外卡钳两类，又分别有简易型和弹簧型两种，如图 1-6 所示。外卡钳用于测量圆柱体的外径或物体的长度，内卡钳用于测量圆柱孔的内径或槽宽。

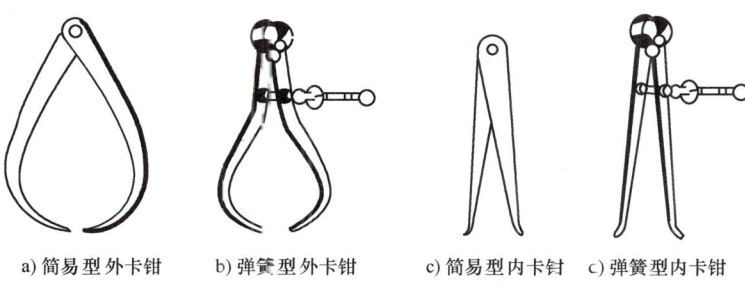

a) 简易型外卡钳　　b) 弹簧型外卡钳　　c) 简易型内卡钳　　c) 弹簧型内卡钳

图 1-6　卡钳

（2）卡钳的使用方法　卡钳的使用方法包括卡钳在钢直尺上取值方法与卡钳测量方法两种。

1）卡钳在钢直尺上取值方法。

使用外卡钳取值时，外卡钳一个钳脚的测量面靠着钢直尺的端面，另一钳脚的测量面对准所取尺寸的标尺标记，且两测量面的连线应与钢直尺平行，如图 1-7a 所示。使用内卡钳取值时，方法与外卡钳一样，只是钢直尺的端面须靠着一个辅助平面，内卡钳的一个钳脚也靠着该平面，如图 1-7b 所示。

2）卡钳测量方法。

用外卡钳测量两表面间的距离时，要使两钳脚测量面的连线垂直于测量面，不加外力，靠外卡钳自重滑过两表面，这时外卡钳开口尺寸就是两表面间的距离，如图 1-8 所示。

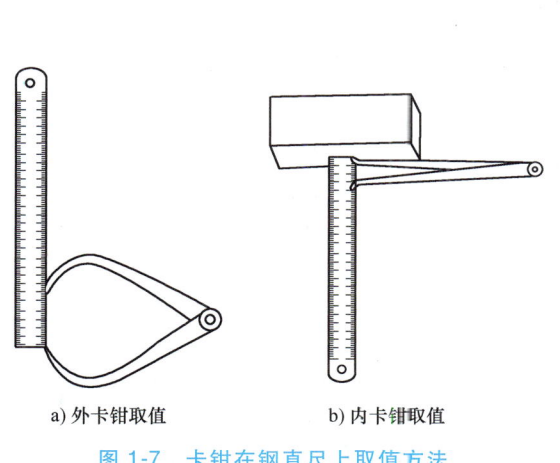

a) 外卡钳取值　　　　b) 内卡钳取值

图 1-7　卡钳在钢直尺上取值方法

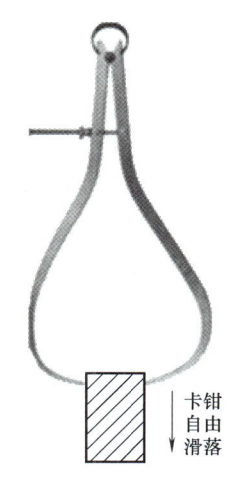

图 1-8　卡钳测量方法

（3）使用注意事项　调整卡钳开口的大小时，只能轻敲卡钳的内侧和外侧，绝不允许敲击卡钳尖端，以免影响卡钳测量的准确性。

3. 刀口形直尺

（1）刀口形直尺的结构　刀口形直尺又称为刀形样板平尺，是用来检验工件平面的直线度和平面度的量具，如图 1-9 所示。

（2）刀口形直尺的测量范围　其测量范围以尺身测量面的长度 L 来表示，有 75mm、125mm、200mm 等多种规格，精度等级有 0 级和 1 级两种。

（3）刀口形直尺的使用　检测时，刀口形直尺的测量面要轻轻地置于被测表面上，尺

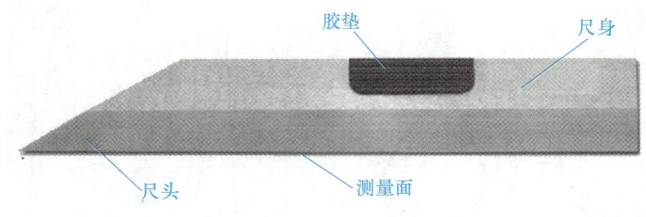

图 1-9 刀口形直尺

身要垂直于工件被测表面,且在被测表面的纵向、横向、对角方向多处逐一进行检测,每个方向上至少要检测三处,以确定各方向的直线度误差,如图 1-10 所示。视线要与尺身垂直,对着亮光处通过眼睛观察测量面与工件被测表面间的透光情况,从而估计其间隙。透光越弱,间隙量就越小,误差也越小。

刀口形直尺

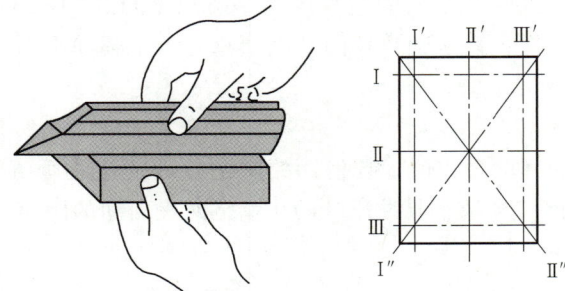

图 1-10 刀口形直尺检测位置

(4) 使用注意事项 刀口形直尺要轻轻地置于被测表面上,改变位置时不能在工件表面上拖动,应提起后再轻轻地放在另一处被测位置,否则测量面易受到磨损而降低其精度,而且会缩短刀口形直尺的寿命。

4. 宽座直角尺

宽座直角尺是钳工常用的测量工具,如图 1-11 所示。它是用来在划线时划垂直线及平行线的导向工具,同时可用来找正工件在划线平板上的垂直位置,并可检查两垂直面间的垂直度或单个平面的平面度。它通常用铸铁、钢或花岗岩制成,其精度等级分为 0 级、1 级、2 级三种。

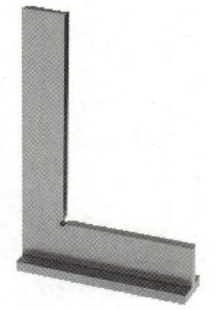

图 1-11 宽座直角尺

5. 锉削

(1) 锉削的定义 锉削是用锉刀对工件表面进行切削加工,使工件达到所要求的尺寸、形状和表面粗糙度值的操作。锉削精度可以达到 0.01mm,表面粗糙度值可达 $Ra0.8\mu m$。

锉削的应用范围很广,可以锉削平面、曲面、外表面、内孔、沟槽和各种形状复杂的表面,还可以配键、做样板、修整个别零件等。

(2) 锉刀 锉刀是锉削加工的主要刀具,一般是用碳素工具钢 T12 或 T13 经热处理后,再将工作部分淬火制成的一种小型生产刀具。

1）锉刀的结构。

锉刀由锉身、锉刀尾和锉刀柄组成,其中锉身包括锉刀面、锉刀边、面齿和底齿,如图 1-12 所示。

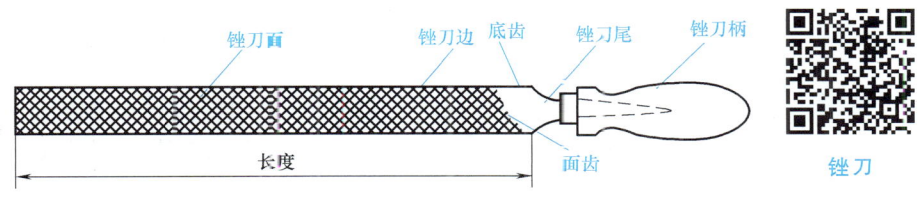

图 1-12　锉刀的结构

2）锉刀的类型与规格。

常用的锉刀有钳工锉、异形锉和整形锉三类。其中,钳工锉是锉削加工中应用最广泛的一类锉刀,按其断面形状不同,分为扁锉、方锉、三角锉、半圆锉和圆锉五种,如图 1-13 所示。

图 1-13　钳工锉的断面形状

锉刀的规格主要有尺寸规格和粗细规格。

尺寸规格一般以锉刀长度来表示,钳工锉以锉身长度作为尺寸规格,异形锉和整形锉以锉刀的全长作为尺寸规格。

粗细规格按锉纹号来表示,即以每 10 毫米轴向长度内的锉纹条数划分为 1、2、3、4、5 级,依次为粗齿锉、中齿锉、细齿锉、双细齿锉和油光锉。

3）锉刀的选用。

合理选用锉刀是保证锉削质量、加工效率与锉刀寿命的前提。一般情况下,粗齿锉、中齿锉主要用于加工余量大、加工精度低和表面质量要求不高的工件的粗加工;细齿锉主要用于加工余量小、加工精度高和表面质量要求高的工件的半精加工;双细齿锉用于修整性加工;油光锉主要用于表面光整加工。

4）锉刀柄的装卸方法。

锉削时,为了握持锉刀和传递推力,锉刀必须装上锉刀柄。锉刀柄一般用硬木或塑料制成,分为大号、中号、小号三种规格,一般根据锉刀的长度配置适合的锉刀柄。

装拆锉刀柄时,应在台虎钳上进行。

① 安装锉刀柄时,左手大拇指与其他四指捏住锉刀柄,右手大拇指与其他四指握住锉身,如图 1-14 所示,将锉刀尾插入柄孔,并在台虎钳上面垂直向下适当用力镦紧。

② 拆卸锉刀柄时,左手握住锉刀柄,右手握住锉刀身,在台虎钳两钳口上往下用力碰撞,或在水平方向适当用力撞击锉刀柄使其退出,如图 1-15 所示。

5）锉刀的保养。

① 一般情况下,锉刀要先用一面,用钝后再用另一面;或在锉刀的两锉刀面中,中凹的一面尽量用于粗加工,中凸的一面尽量用于半精加工或精加工。

锉刀的保养

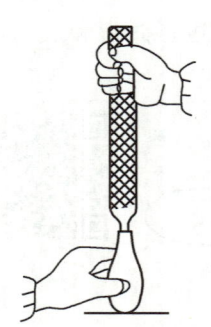

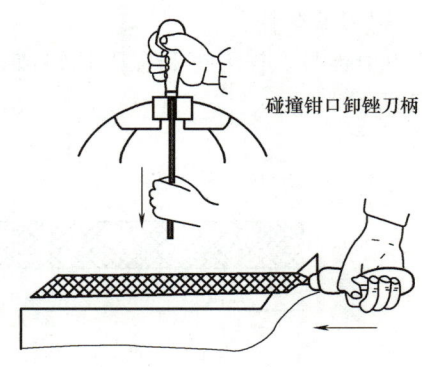

图 1-14　锉刀柄的安装　　　　　　　　图 1-15　锉刀柄的拆卸

② 不要用锉刀锉削毛坯的硬皮或钢件淬硬表面，否则锉刀面会快速磨损，可用扁锉两侧的边锉纹来锉削较硬的表面。

③ 锉削过程中，要充分使用锉刀的有效全长，避免使用锉刀局部进行锉削，否则易使锉齿局部磨损。

④ 发现切屑嵌入锉纹槽内，或锉刀每次使用完后，应用铜丝刷或薄口黄铜片顺着齿纹方向清理干净嵌入的切屑，如图 1-16 所示。

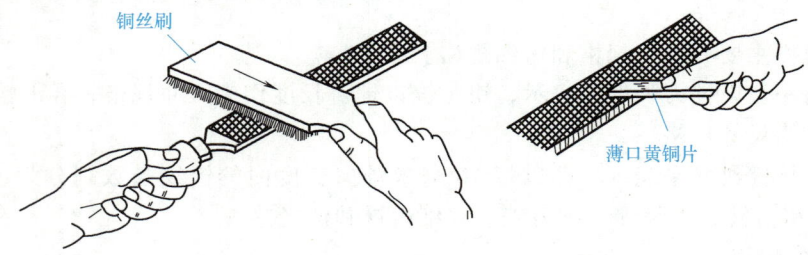

图 1-16　清除切屑

⑤ 严禁将锉刀作为撬杠或锤子使用。

⑥ 锉削中不允许用手摸锉削表面，以免再锉时发生打滑，锉身上不允许沾水、沾油。

⑦ 用整形锉锉削时，用力不要过大，以防止整形锉折断。

⑧ 不允许使用未安装锉刀柄的锉刀，或锉刀柄已经开裂、松动的锉刀锉削。

⑨ 锉刀不能与锉刀或其他工具、量具和工件等重叠放置，防止损坏锉齿。

⑩ 锉刀放在钳工台上时，不允许伸出钳工台的边沿，以防止因碰撞掉下砸伤脚或摔坏锉刀。

⑪ 清除切屑时不允许用手擦，更不允许用嘴吹。

（3）锉削方法

1）锉刀的握法。

锉削方法

一般用右手握住锉刀柄，柄端贴靠在大拇指根部的肌肉，大拇指放在锉刀柄的上部，大拇指根部压在锉刀柄头上，其余四指满握手柄自然弯向手心并拢，如图 1-17 所示。

按锉刀的大小和形状不同，锉刀有多种不同的握持方法，如手掌压锉法、手掌扣锉法、

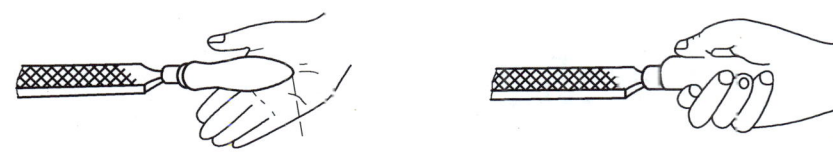

图 1-17　右手握锉法

手指按压锉法、双手抱锉法、横推握锉法、掰锉法、牵锉法、整形锉正握法、整形锉反握法等，如图 1-18 所示。

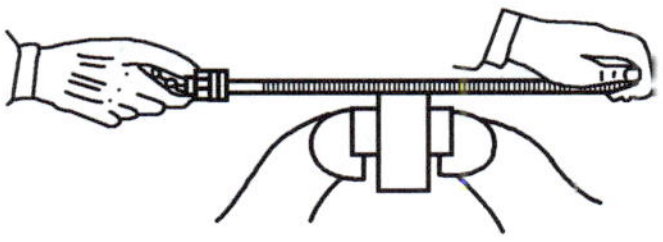

a) 手掌压锉法 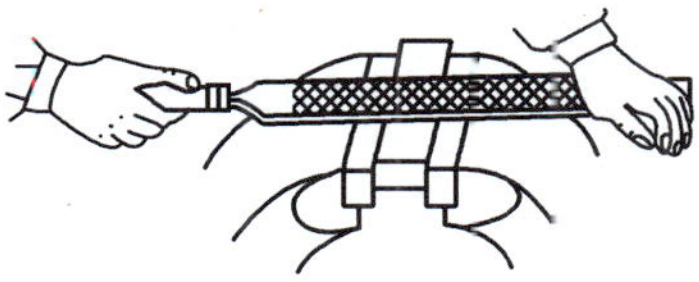　　　　　　　　b) 手掌扣锉法

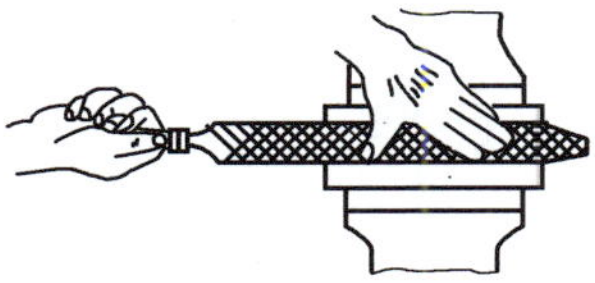

c) 手指按压锉法 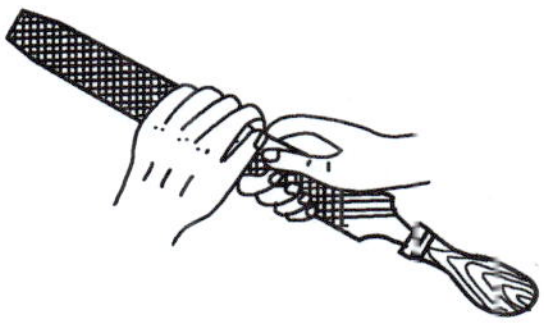　　　　　　　　d) 双手抱锉法

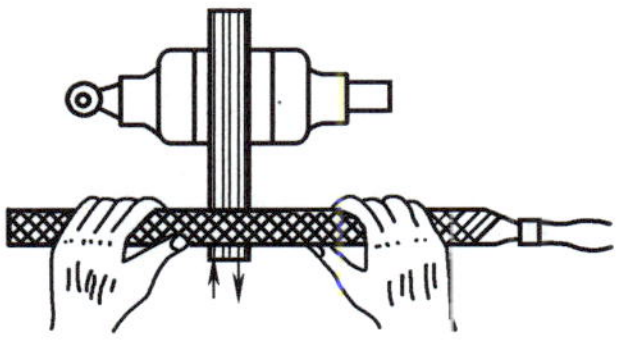

e) 横推握锉法 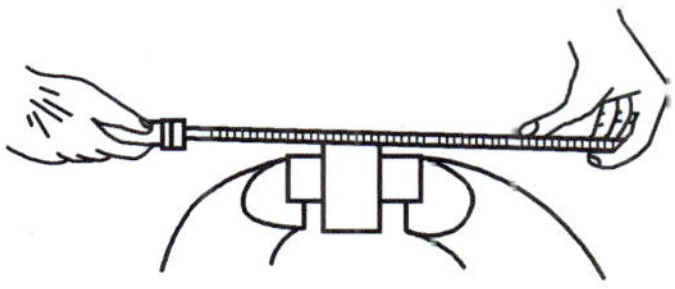　　　　　　　　f) 掰锉法

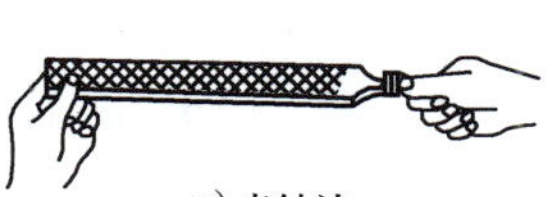

g) 牵锉法 　　　h) 整形锉正握法 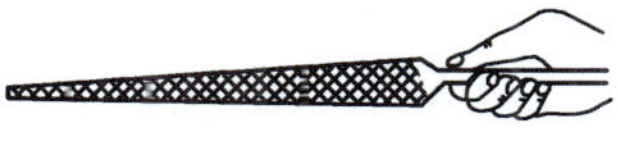　　　i) 整形锉反握法

图 1-18　锉刀的握法

2）手臂姿势。

锉削时，以锉刀长度方向的中心线为基准。右手握持锉刀柄时，右前臂基本与锉刀中心线成一条直线，身体位置与台虎钳中心平面约成 45°角。在锉削运动中，手臂姿势有并肩法和展肩法两种，如图 1-19 所示。

3）站立姿势。

锉削时，身体位置与台虎钳中心平面约成 45°角，两脚大致与肩同宽，左脚向前迈半步

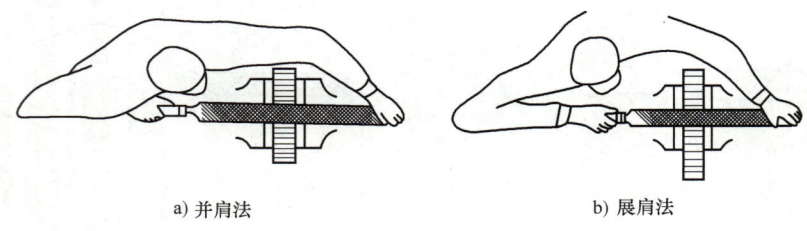

图 1-19 锉削时手臂姿势

且与台虎钳中心平面约成 30°角,右脚与台虎钳中心平面约成 75°角,身体重心偏向左脚,右脚自然伸直,不要过于用力,左膝随锉削的往复运动而屈伸,视线集中在工件的切削部位,如图 1-20 所示。

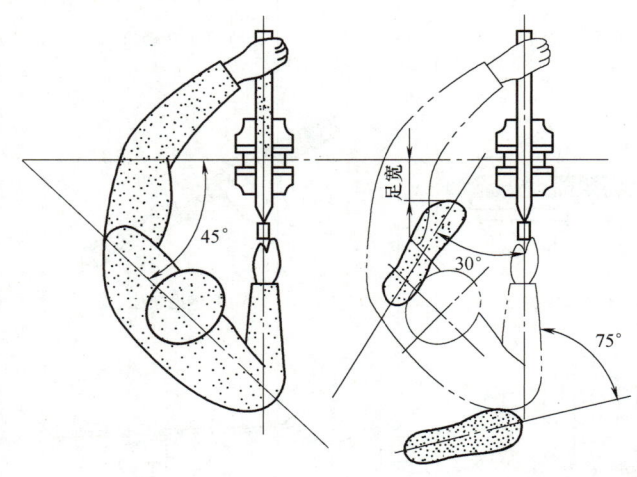

图 1-20 锉削时站立姿势

锉削操作

4)锉削操作姿势。

锉削时,在锉刀向前锉削的过程中,身体稍向前倾斜 10°左右,右肘尽量向后缩;开始锉削到前 1/3 行程时,身体前倾 15°左右,重心在左脚,左膝微弯曲;锉削到中 1/3 行程时,右肘向前推进锉刀,身体倾斜 18°左右;锉削到后 1/3 行程时,右肘继续向前推进锉刀,身体随锉削时的反作用力自然地退回到 15°左右;将身体重心后移,使身体恢复原位,同时将锉刀稍微抬起收回,至此完成一个锉削行程,如图 1-21 所示;在收回即将到位时,再开始做第二次锉削运动。

除了准备动作,一个锉削行程分为锉刀推进行程和锉刀回退行程两个阶段,锉削速度约 40 次/min,推进行程时稍慢,回退行程时稍快。

5)锉削力矩的平衡。

锉削时,两手姿势必须要保证锉刀平直,进退锉刀的两手下压力应平衡。锉削力是由水平推力和垂直压力两者合成的,水平推力主要由右手控制,垂直压力由两手控制。在锉削时,由于锉刀两端伸出工件的长度在不断变化,因此两手对锉刀的压力大小也必须跟随着变

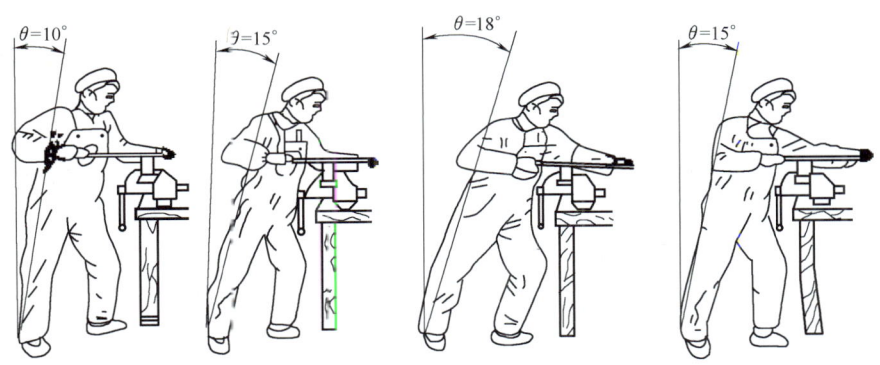

图 1-21 锉削操作姿势

化，如图 1-22 所示，操作要点为：两手压力应开始时左大右小，中间左右相同，结束时左小右大。

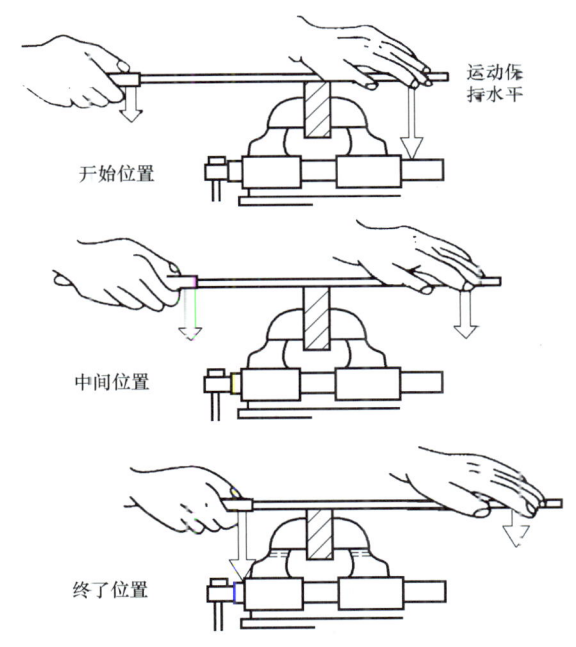

图 1-22 锉削力矩的平衡

6）锉削工件的装夹。

工件必须牢固地夹持在台虎钳上，伸出钳口不能太高，约 10mm，伸出太高会使工件在锉削时产生振动，发出刺耳的响声。

装夹已加工表面时，应在台虎钳钳口加上铜垫片或其他较软的钳口垫片。

装夹工件时，拧紧力不能太大，以免工件发生变形。

（4）平面锉削方法　锉削平面时一般有顺向锉法、交叉锉法和推锉法三种锉削方法。

平面锉削方法

1）顺向锉法。

顺向锉法是指锉刀始终沿着同一方向运动的锉削，如图1-23所示。此法可得到顺直的锉痕，较整齐美观，适用于工件表面最后的锉光，但锉削技术差时易产生中凸现象。

2）交叉锉法。

交叉锉法是从两个方向交叉对工件进行锉削，如图1-24所示。锉刀运动方向与工件夹持方向成30°~45°角，锉削时锉刀与工件的接触面增大，较容易掌握好锉刀的平稳。此法可从锉痕上显示出锉削面的高低情况，并较容易把高处锉去，表面容易锉平，但锉纹交叉不美观。

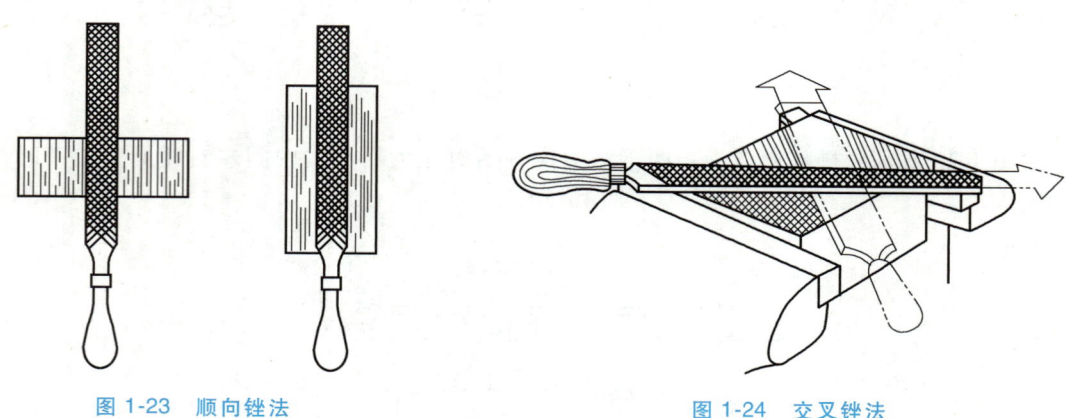

图1-23 顺向锉法　　　　　　　　　图1-24 交叉锉法

3）推锉法。

推锉法是用两手对称地横握锉刀，用大拇指平衡地沿工件表面来回推动进行锉削的方法，如图1-25所示。此法在操作时锉刀的平衡容易掌握，切削量较小，可获得较平的锉削表面、较小的表面粗糙度值和顺直的锉纹，光亮美观，但锉削效率不高，适用于精锉和修顺锉纹。

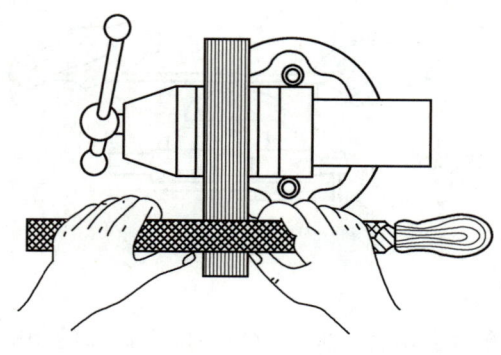

图1-25 推锉法

锉削平面的检验

（5）锉削平面的检验　平面锉削的检验内容包括平面度的检验和垂直度的检验。

1）平面度的检验。

在平面的锉削过程中或锉好后，通常采用刀口形直尺以透光法来对工件进行平面度的检验，如图1-26所示。用刀口形直尺沿锉削面的横向、纵向、对角线方向进行检查,根据刀口与工件表面之间的透光强弱程度来判断平面度误差。工件表面透光强弱不均,说明该检测处凸凹不平,不透光处为凸,透光处为凹,光线越强则凹得越深。

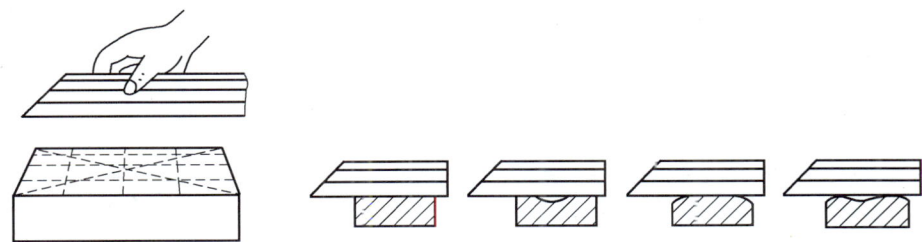

图1-26 平面度的检验

2)垂直度的检验。

在检验之前,先用细齿锉刀将工件的锐边倒钝,再用直角尺以透光法来检验工件,如图1-27所示。用直角尺进行检验时,将直角尺的基准面轻轻地贴紧在工件的基准面上,直角尺的测量面再与工件被测表面轻轻贴上,当直角尺的测量边垂直接触到检测表面时,用透光法检验。其要求与平面度的检验要求相同。注意直角尺不能斜放,不能在被测表面上滑动,否则会造成直角尺磨损,缩短直角尺寿命,且检测结果不准确。

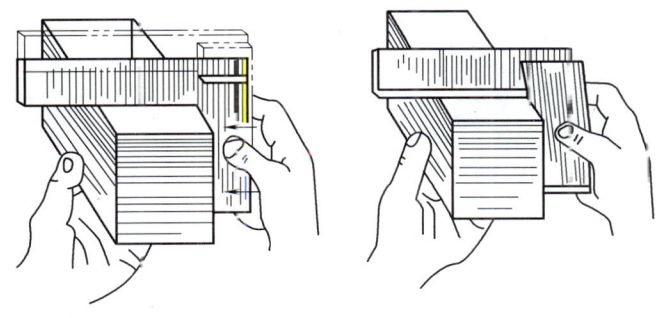

图1-27 垂直度的检验

任务实施

一、识读零件图样

1. 分析加工要素

二阶魔方由八个大小相同的魔方零件(正方体)构成,如图1-1和图1-2所示。

由图1-2可知,正方体的长度、宽度、高度均为32mm,各尺寸均按未注公差要求,各表面粗糙度值为$Ra3.2\mu m$,所有棱边进行倒钝处理。

2. 选择毛坯

根据图1-2可知,毛坯材料为Q235。

根据魔方零件的长度、宽度、高度尺寸,确定毛坯的尺寸为35mm×35mm×35mm,毛坯的数量为 8 件。

二、制订正确的工艺路线

请根据零件的加工要求,分别从表1-3中选择零件的工艺简图,从表1-4中选择零件的工艺内容,按正确顺序填写在表 1-5 零件的加工工艺中,从附录 A~C 中选择合适的工具、量具、刀具,并参考附录 D 垃圾分类操作指引完善表 1-5 中的其他内容。

表 1-3 二阶魔方零件的工艺简图

序号	工艺简图	序号	工艺简图
1		5	
2		6	
3		7	
4		8	

表 1-4 二阶魔方零件的加工工艺

序号	工步内容	序号	工步内容
1	锉削与 A、B 面相邻的平面并用刀口形直尺检查平面度及与 A、B 面的垂直度(记作 C 面)	5	锐角锐边倒棱,整体检查
2	锉削与 A、D 面相邻的平面并用刀口形直角尺检查平面度及与 A、D 面的垂直度,用钢直尺和卡钳测量并锉至 32mm(记作 E 面)	6	锉削一平面并用刀口形直尺检查平面度(记作 A 面)
3	用钢直尺检查毛坯尺寸 ≥33mm×33mm×33mm	7	锉削与 A 面相邻的平面并用刀口形直尺检查平面度及与 A 面的垂直度(记作 B 面)
4	锉削与 A、B 面相邻的平面并用刀口形直尺检查平面度及与 A、B 面的垂直度,用钢直尺和卡钳测量并锉至 32mm(记作 D 面)	8	锉削与 C、B 面相邻的平面并用刀口形直尺检查平面度及与 C、B 面的垂直度,用钢直尺和卡钳测量并锉至 32mm(记作 F 面)

表 1-5 ＿＿＿＿＿＿零件的加工工艺

工艺序号	工艺简图号码	工步内容号码	使用工具	使用量具	加工刀具	将产生的生产垃圾	垃圾分类

【素养园地——安全意识】

三、制作二阶魔方

1. 二阶魔方的加工过程（表 1-6）

表 1-6 二阶魔方的加工过程

序号	加工步骤	加工内容	加工位置	使用设备或工具	使用量具	使用刀具	本环节产生的生产垃圾	垃圾分类处理
1	准备毛坯	用钢直尺检查毛坯尺寸≥33mm×33mm×33mm					毛坯余料	可回收物 Recyclable
2	锉削 A 平面	锉削一平面并用刀口形直尺检查平面度（记作 A 面）					铁粉	可回收物 Recyclable
3	锉削 B 平面	锉削与 A 面相邻的平面并用刀口形直尺检查平面度及与 A 面的垂直度（记作 B 面）					铁粉	可回收物 Recyclable
4	锉削 C 平面	锉削与 A、B 面相邻的平面并用刀口形直尺检查平面度及与 A、B 面的垂直度（记作 C 面）					铁粉	可回收物 Recyclable

（续）

序号	加工步骤	加工内容	加工位置	使用设备或工具	使用量具	使用刀具	本环节产生的生产垃圾	垃圾分类处理
5	锉削 D 平面	锉削与 A、B 面相邻的平面并用刀口形直尺检查平面度及与 A、B 面的垂直度，用钢直尺和卡钳测量并锉至 32mm（记作 D 面）					铁粉	可回收物 Recyclable
6	锉削 E 平面	锉削与 A、D 面相邻的平面并用刀口形直尺检查平面度及与 A、D 面的垂直度，用钢直尺和卡钳测量并锉至 32mm（记作 E 面）					铁粉	可回收物 Recyclable
7	锉削 F 平面	锉削与 C、B 面相邻的平面并用刀口形直尺检查平面度及与 C、B 面的垂直度，用钢直尺和卡钳测量并锉至 32mm（记作 F 面）					铁粉	可回收物 Recyclable
8	去毛刺	锐角、锐边倒棱，整体检查					铁粉	可回收物 Recyclable
							抹布	其他垃圾 Other waste
9	设备保养	清洁并保养台虎钳、工具、量具、刀具等					机油	有害垃圾 Harmful waste
							油抹布	有害垃圾 Harmful waste

2. 加工注意事项

加工二阶魔方的过程中，需要注意的事项见表1-7。

表1-7 二阶魔方加工注意事项

类别	序号	注意事项内容	备注
常规项	1	加工前，应先检查毛坯材料、尺寸是否满足图样要求	33mm×33mm×33mm
常规项	2	工具、量具、刀具应按摆放规范、整齐，禁止叠放	
常规项	3	在台虎钳上夹紧工件时，不得用锤子敲打台虎钳的手柄，也不得用过重过大的锤子敲击被夹持的工作	
常规项	4	加工过程中，注意对产生的各类垃圾进行有效分类，及时处理	
加工项	1	锉削毛坯表面的氧化皮时，须采用锉刀的侧面直齿	
加工项	2	锉削A平面时，应该利用刀口形直尺测量平面度，加工完成一面测量一面，直至该平面符合要求后才能将其从台虎钳上拆卸下来	重点
加工项	3	锉削B、C平面时，应该先利用刀口形直尺测量平面度，再用宽座直角尺测量与A面的垂直度，加工完成一面测量一面，直至该平面符合要求后才能将其从台虎钳上拆卸下来	重点
加工项	4	锉削D、E、F平面时，应该利用刀口形直尺测量平面度、用宽座直角尺测量与相邻平面的垂直度、用卡钳测量两相对平面的平行度、用钢直尺测量两相对面的距离为32mm，加工完成一面测量一面	重点
加工项	5	加工完成后，锐边倒棱	
检测项	1	使用宽座直角尺、刀口形直尺等测量工具时不得碰撞，应确保棱边的完整性，避免影响测量精度和产生锈蚀	
检测项	2	用刀口形直尺检测平面度时，要在横向、纵向、对角线方向上分别用光隙法检测，且刀口形直尺要轻轻置在工件表面上，不能在工件表面上推动	
检测项	3	用宽座直角尺检测垂直度时，宽座直角尺要垂直向下放置，不能斜放，否则会造成检测结果不准确	
检测项	4	测量时，应将工件放稳，按实际情况使卡钳垂直或平行于工件轴线方向进行检验，不能倾斜	

四、装配注意事项

二阶魔方装配流程如图1-28所示。

装配二阶魔方时要注意以下几点：

1）检测各零件加工后的尺寸精度，对未达标零件应及时修整，并去除毛刺。

2）熟悉装配图、加工工艺及要求。

3）给所有零件的六个面进行涂色。

4）参照装配流程图进行二阶魔方的装配，注意各零件之间的装配关系。

5）如不能按要求顺利装配或配合精度不达标，应对不合格部分或相应零件进行调整，然后完成装配。

6）装配完成后，应对照图1-3所示图样要求进行检测。

7）整理工作场地。

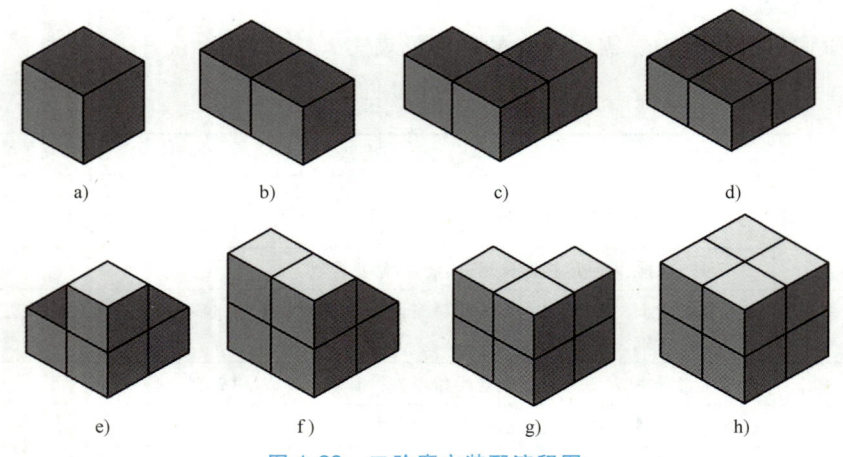

图 1-28 二阶魔方装配流程图

📝 学习评价

一、学习过程评价

请根据本次任务学习过程中的实际情况,在表 1-8 中对自己及学习小组进行评价。

表 1-8 学习过程评价表

学习小组:_____ 姓名:_____ 评价日期:_____

评价人	评价内容	评价等级	情况说明
自我评价	能否按 5S 要求规范着装	能 □ 不确定 □ 不能 □	
	能否针对学习内容主动与其他同学进行沟通	能 □ 不确定 □ 不能 □	
	能否叙述二阶魔方零件的加工工艺过程	能 □ 不确定 □ 不能 □	
	能否规范使用工具、量具、刀具加工零件	能 □ 不确定 □ 不能 □	
	你所负责加工的二阶魔方零件的完成情况	按图样要求完成 □ 基本完成 □ 没有完成 □	
	能否独立且正确检测零件尺寸	能 □ 不确定 □ 不能 □	
小组评价	小组所使用的工具、量具、刀具能否按 5S 要求摆放	能 □ 不确定 □ 不能 □	
	小组组员之间的团结协作、沟通情况	好 □ 一般 □ 差 □	
	小组所有成员制作的零件能否正常装配成二阶魔方	能 □ 不能 □	
教师评价	学生个人在小组中的学习情况	积极 □ 懒散 □ 技术强 □ 技术一般 □	
	学习小组在学习活动中的表现情况	好 □ 一般 □ 差 □	

二、专业技能评价

请参照零件图,使用钢直尺分别对自己负责加工的零件与小组其他成员加工的零件进行检测,并把检测结果填写在表 1-9 中。

表 1-9 二阶魔方零件质量检测表

序号	检测项目	配分	评分标准	自检结果	得分	互检结果	得分
1	长 32mm	10	符合要求得分				
2	宽 32mm	10	符合要求得分				
3	高 32mm	10	符合要求得分				
4	平面度	15	符合要求得分				
5	垂直度	15	符合要求得分				
6	表面粗糙度值	10	每处 $Ra3.2\mu m$，降一级扣 2 分				
7	配合长 64mm	10	符合要求得分				
8	配合宽 64mm	10	符合要求得分				
9	配合高 64mm	10	符合要求得分				
合计		100					

练习与作业

一、课堂练习

（一）选择题

1. 锉刀按其断面形状不同，分为扁锉、方锉、（　　）、半圆锉和圆锉五种。
   A. 平锉　　　　　B. 四方锉　　　　C. 三角锉　　　　D. 异形锉

2. 锉刀由锉身、锉刀尾和（　　）组成，其中锉身包括锉刀面、锉刀边、面齿、底齿。
   A. 锉刀　　　　　B. 锉刀柄　　　　C. 锉刀面　　　　D. 锉刀齿

3. 平面锉削时的检验内容有（　　）和垂直度的检验。
   A. 平面度　　　　B. 直线度　　　　C. 曲面　　　　　D. 角度

4. 锉削平面时一般有（　　）、交叉锉法和推锉法三种锉削方法。
   A. 顺向锉法　　　B. 按压锉法　　　C. 横推锉法　　　D. 逆向锉法

5. 锉削速度一般约（　　）次/min。
   A. 20　　　　　　B. 40　　　　　　C. 60　　　　　　D. 80

6. 锉削过程中产生的铁粉属于（　　）。
   A. 可回收物　　　B. 有害垃圾　　　C. 厨余垃圾　　　D. 其他垃圾

（二）判断题

1. 钢直尺是用来测量和划线的最简单的长度量具，可测量毛坯或尺寸精度高的工件。（　　）

2. 清除锉刀的切屑时，可以用手擦，也可以用嘴吹切屑。（　　）

3. 卡钳是一种间接测量的简单量具，不能直接显示测量数值，不需要与钢直尺或其他能直接显示测量数值的量具配合使用。（　　）

4. 外卡钳可以测量圆柱孔的内径或槽宽。（　　）

5. 工件夹持在台虎钳上，伸出钳口部分越高越好。（　　）

6. 锉刀可以作为锤子使用敲打工件。（　　）

7. 刀口形直尺的测量范围有 0~75mm、0~125mm、0~200mm 等多种，精度等级有 0 级和 1 级两种。（   ）

8. 检测时，刀口形直尺的测量面要轻轻地置于被测表面，尺身不需要垂直于工件被测表面。（   ）

9. 刀口形直尺要轻轻地置于被测表面，改变位置时，可以在工件表面上拖动。（   ）

10. 用外卡钳测量两表面间的距离时，要使两钳脚测量面的连线垂直于测量面，不加外力，靠外卡钳自重滑过两表面。（   ）

（三）填空题

1. 卡钳分为_____和_____两类，又分别有简易型和弹簧型两种。

2. 刀口形直尺又称_____，是用来检验工件的直线度和平面度的量具。

3. 常用钢直尺按长度分为_____ mm、_____ mm、_____ mm 和 0~1000mm 四种规格。

4. 锉削时，两手姿势必须要保证锉刀平直，进退锉刀的两手下压力应_____。

5. 锉削站立时，两腿呈_____步姿势。

（四）思考题

1. 要锉削完成一个合格的平面，技术上有哪些具体要求？

2. 利用刀口形直尺检测平面度时，有哪些注意事项？

二、课后作业

请结合本次任务的学习情况，在课后制作一份 A3 幅面的手抄报，要求如下：

1) 归纳本次任务所学会的知识和技能。
2) 在加工二阶魔方零件的过程中，总结自己或学习小组出现的问题及解决方法。
3) 总结学习心得与反思。
4) 版面清晰，字迹工整，图文并茂，体现创新思想。

生产任务工单 （表1-10）

表1-10 生产任务工单

任务名称		使用设备		加工要求	
零件图号		加工数量			
下单时间		接单小组			
要求完成时间		责任人			
实际完成时间		生产人员			
产品质量检测记录					
	检测项目	自检结果		质检员检测结果	
1	零件完整性				
2	零件关键尺寸不合格数目				
3	零件表面质量				
4	是否符合装配要求				
零件质量最终检测结果及处理意见					
验收人		存放地点		验收日期	

学习任务2

俄罗斯方块的制作

学习内容

1. 钢锯的使用。
2. 游标卡尺的使用。
3. 锯削加工。
4. 选择T形俄罗斯方块（图2-1）的加工工艺。
5. 制作T形俄罗斯方块。
6. T形俄罗斯方块零件的质量检测。

图2-1　T形俄罗斯方块

俄罗斯方块的制作

学习目标

知识目标

1. 明白锯削的定义。
2. 认识钢锯架的结构与组成。
3. 清楚锯条的规格、用途及安装方法。
4. 明白锯削时工件的装夹要求，知道起锯的方法。
5. 认识游标卡尺的结构与用途，清楚游标卡尺的测量原理。
6. 掌握游标卡尺的读数原理。
7. 掌握俄罗斯方块的制作工艺流程。

能力目标

1. 能正确使用手锯切割材料。
2. 学会锯削操作技巧。
3. 能锯削加工平面。
4. 能正确使用游标卡尺测量零件尺寸。
5. 能在老师的指引下，根据零件的加工要求制订其加工工艺。
6. 能正确使用锉刀加工出合格的相互垂直（90°内角）的两个面。

学习任务2 俄罗斯方块的制作

7. 能正确使用刀口形直尺测量两垂直面的垂直度误差。
8. 能在老师的指引下，根据零件的加工要求正确选择锉刀。
9. 能在老师的指引下，选择合适的量具对T形俄罗斯方块零件进行质量检测。

> 职业素质目标

1. 能够在制订俄罗斯方块零件加工工艺方案时提出自己的见解。
2. 能够与小组同学团结协作完成学习任务。
3. 能在老师的指引下，规范使用工具、量具，并做好工具、量具、刀具的日常保养。
4. 能在老师的指引下，按5S要求做好物品的整理与清洁工作。
5. 能在老师的指引下运用所学的知识对实训过程中本小组遇到的困难提出解决问题的建议。

> 职业素养目标

1. 具备责任意识，爱护实训中使用的工具、量具、刀具和实训设备。
2. 具备精益求精的工匠精神，严格进行零件检测。
3. 具备团队合作精神，积极参与小组讨论与学习。
4. 具备良好的职业意识，能按照老师要求，刻苦训练，按质按时完成零件加工。
5. 具备环保意识，节约学习资源，对生产过程中产生的断锯条、余料等，能有效分类并按要求投放。
6. 学习过程中严格遵守5S要求，安全文明生产。

> 思维导图

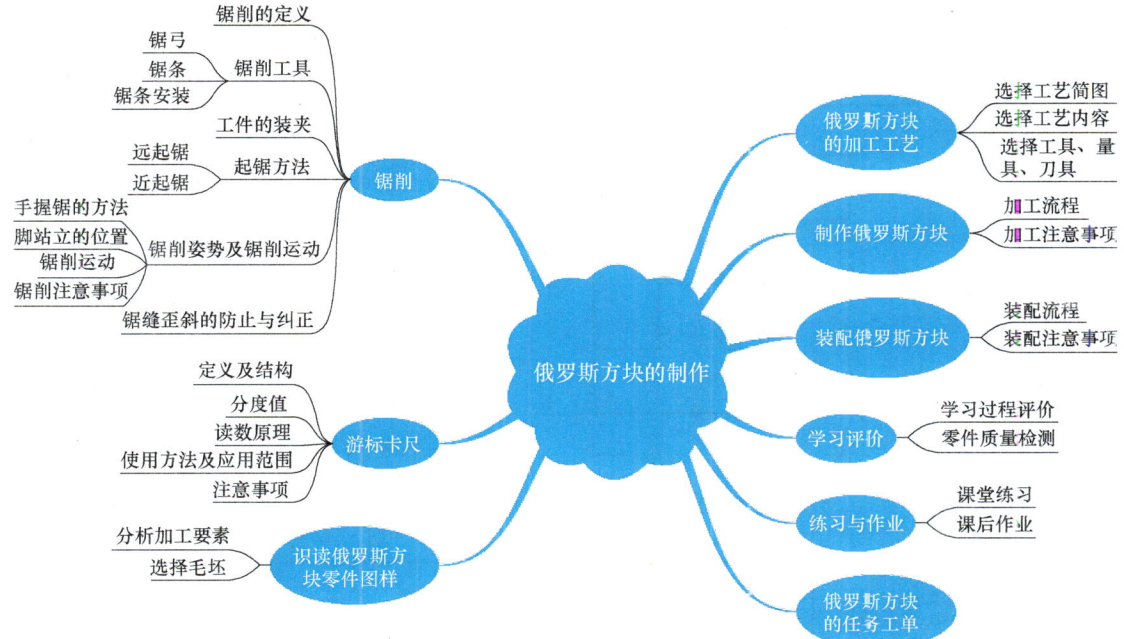

> 任务描述

俄罗斯方块是最经典的游戏之一，广泛应用于各类电子产品中。它由俄罗斯人阿列克谢·帕基特诺夫发明。俄罗斯方块原名是俄语 Тетрис（英语是 Tetris），这个名字来源于希腊语Tetra，意思是"四"，而游戏的作者最喜欢网球（Tennis）。于是，他把两个词Tetra和Tennis合而为一，命名为Tetris，这就是俄罗斯方块名字的由来。

现有企业订单，要求利用金属材料加工益智玩具T形俄罗斯方块，数量若干。零件图和装配图分别如图2-2和图2-3所示。

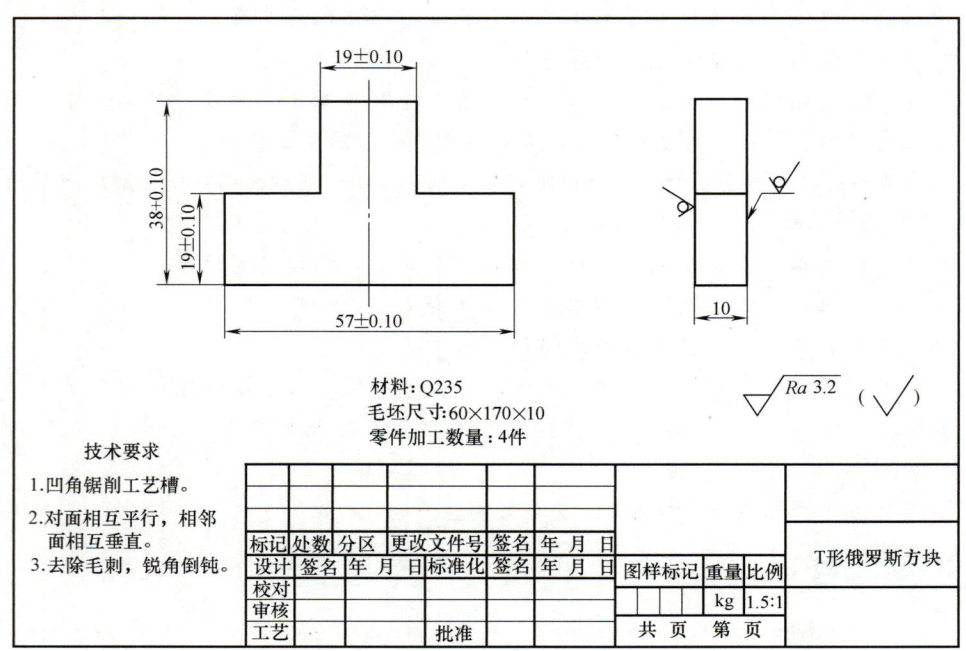

图2-2　T形俄罗斯方块零件图

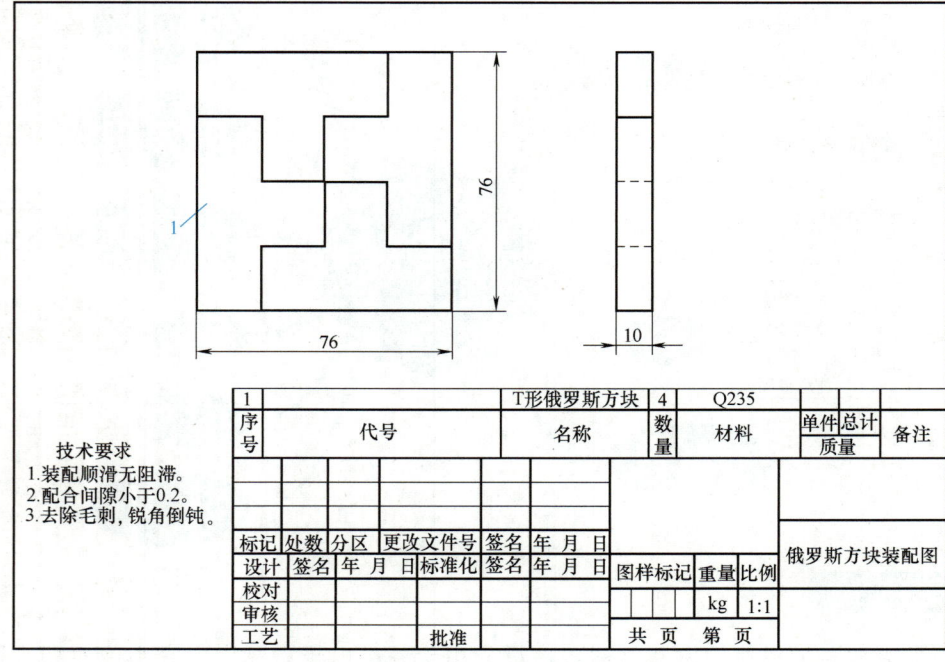

图2-3　俄罗斯方块装配图

【素养园地——质量意识】

任务分析

一、制订工作计划

利用钳工技能完成 T 形俄罗斯方块的制作，分别需要完成选料，选取工具、量具、刀具，零件加工，质量检测，5S 现场管理等任务内容，请根据本小组的实际情况，与组员协商分工，填写表 2-1 的相关内容。

表 2-1 小组分工合作计划

组　名		小组成员			
序　号	任　务　内　容		计划用时	完成时间	负责人

二、选取加工设备

请根据 T 形俄罗斯方块的零件图及小组工作计划，分别从附录 A~C 中选择制作 T 形俄罗斯方块的工具、量具、刀具，并填写在表 2-2 中。

表 2-2 加工 T 形俄罗斯方块的工具、量具、刀具

序　号	名　　称	规格型号	数　量	备　注

三、知识准备

通过观看俄罗斯方块的加工视频可知,俄罗斯方块零件是先利用钢锯在毛坯料上进行锯削,然后利用锉刀进行锉削加工而成的。为了保证零件产品质量符合图样要求,加工过程中,需要采用钢直尺、刀口形直尺、宽座角尺、游标卡尺等量具进行必要的检测工作。接下来,让我们一起来学习锯削与游标卡尺等新的准备知识吧!

1. 锯削

(1) 锯削的定义 锯削是用钢锯对工件材料进行切割或开槽的加工方法。它具有方便、简单和灵活的特点,适用于单件小批量、较小材料、异形工件、开槽、修整及在临时场地的加工。锯削的主要作用是锯断各种原材料或半成品,锯掉工件上的多余部分,以及在工件上锯槽等。

(2) 锯削工具 钳工用的锯削工具主要是钢锯。钢锯由钢锯架(俗称锯弓)和手用钢锯条(简称锯条)组成,将手用钢锯条安装在钢锯架上就组成了钢锯,如图2-4所示。

锯削工具

图 2-4 钢锯

1) 钢锯架。钢锯架是用来夹持和拉紧手用钢锯条,且可以双手操持的工具。根据其构造,钢锯架可分为可调节式和固定式两种,如图2-5所示。因其使用的灵活性,钳工常用可调节式钢锯架。

按所用材料,钢锯架又可分为钢板制钢锯架和钢管制钢锯架两种。

2) 手用钢锯条。手用钢锯条是锯削时用来直接锯削材料或工件的刀具。手用钢锯条一般用渗碳软钢冷轧而成,常用牌号为T12A,也可用碳素工具钢或合金工具钢制成。手用钢锯条的结构如图2-6所示。

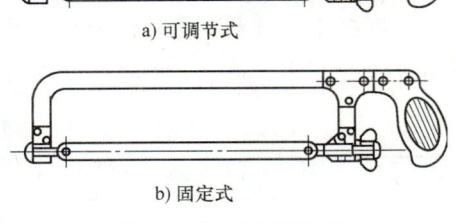

图 2-5 钢锯架的种类

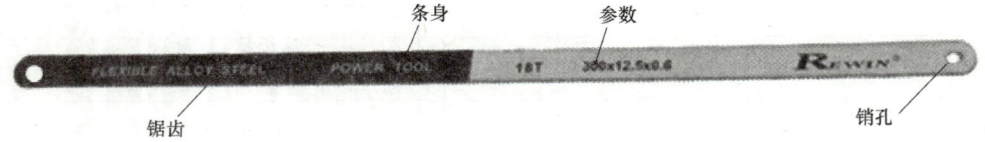

图 2-6 手用钢锯条的结构

手用钢锯条的规格是以其两端安装销孔的中心距来表示的,一般有150mm、200mm、300mm、400mm几种,其宽度为10~25mm,厚度为0.6~1.25mm。钳工常用的手用钢锯条规格为 300mm，其宽度为 12mm，厚度为 0.8mm。

手用钢锯条的齿数（俗称粗细）是以锯条每 25 mm 长度内锯齿的个数来表示的，常用的有 14 齿、18 齿、24 齿和 32 齿四种，分别为粗齿手用钢锯条、中齿手用钢锯条、细齿手用钢锯条和极细齿手用钢锯条。粗齿手用钢锯条适用于锯削软材料、大表面或厚材料，如纯铜、铝等。细齿手用钢锯条适用于锯削硬材料、管子或薄材料，中齿手用钢锯条适用于锯削中等硬度的材料，如中碳钢、黄铜、铸铁等。

3）手用钢锯条的安装。由于钢锯是在向前推进时进行切削，而返回时不起切削作用，所以安装手用钢锯条时要保证齿尖向前，如图 2-7 所示，即在钢锯架上安装手用钢锯条时具有方向性。

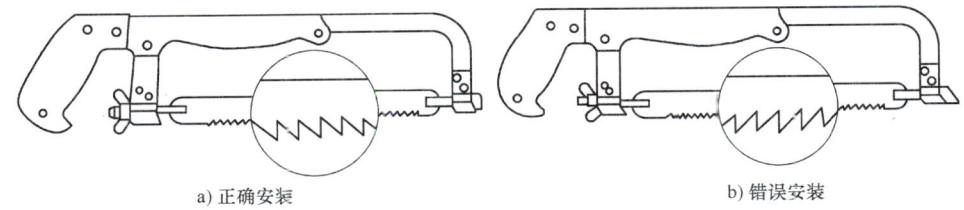

a) 正确安装　　　　　　　　b) 错误安装

图 2-7　手用钢锯条的安装

手用钢锯条安装在钢锯架上以后，需要通过调节蝶形螺母来紧固手用钢锯条。手用钢锯条的松紧程度要适当，如果太紧则手用钢锯条易断，太松则锯缝易歪斜。

（3）工件的装夹　装夹工件应符合以下要求：

1）工件一般夹持在台虎钳的左端，以方便操作。

2）工件不应伸出钳口太长，一般应保持锯缝距离钳口约 20mm，防止在锯削过程中产生振动。

3）锯缝线要与水平面保持垂直。

4）夹持工件时不要用力过大，以免将工件夹变形或夹坏已加工表面。

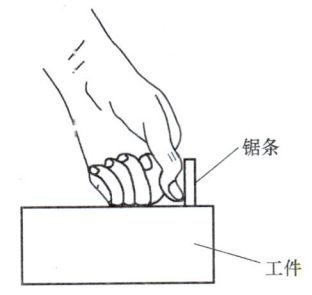

图 2-8　起锯时的定位

（4）起锯方法　起锯时，左手拇指靠近锯条，如图 2-8 所示，使锯条能正确定位，行程要短，压力要小，速度要慢。

常用的起锯方法有远起锯和近起锯两种，如图 2-9 所示。

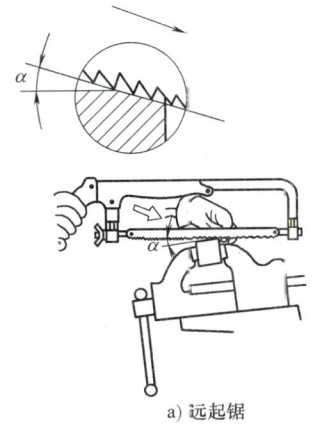

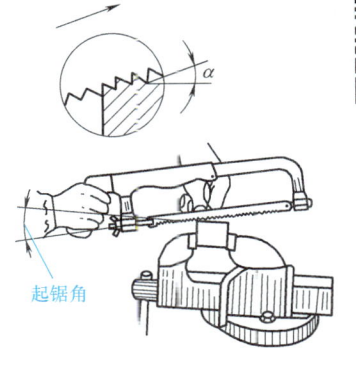

a) 远起锯　　　　　　　　b) 近起锯

图 2-9　起锯方法

远起锯是指从工件远离操作者的一端起锯，能清晰地看到所划的锯削线，锯条逐步切入材料，不易被卡住，防止锯齿卡在棱边而崩裂。

近起锯是指从工件靠近操作者的一端起锯，锯齿会突然切入较深而被棱边卡住，锯条易崩裂。

锯削时，一般采用远起锯的方法，起锯角度要小，为 10°~15°，当锯至槽深 2~3mm 时，再将锯弓摆至水平方向正常锯削。

（5）锯削姿势及锯削运动

1）手握锯的方法。

钳工常用的握锯方法为抱锯法，如图 2-10 所示。

手握锯时要自然舒展，一般右手握手柄，左手轻扶钢锯架前端，如图 2-11 所示。

2）脚站立的位置。

锯削时，双脚站立的位置如图 2-12 所示。

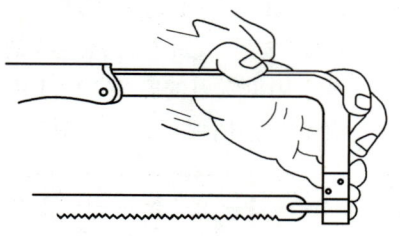

图 2-10 抱锯法

锯削姿势

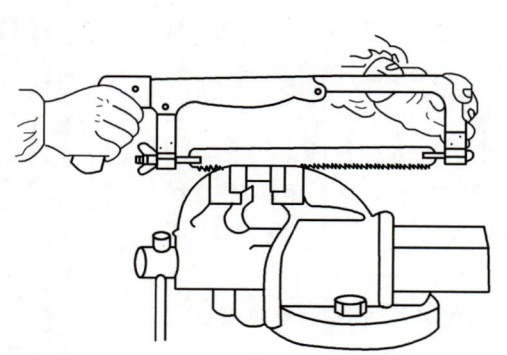

图 2-11 手握锯的方法

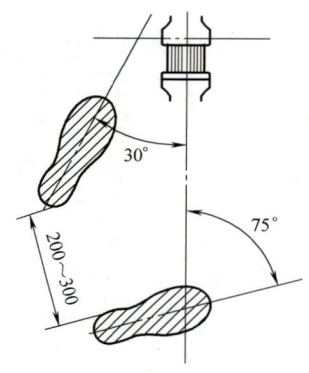

图 2-12 双脚站立的位置

3）锯削运动。

锯削时，右腿伸直，左腿弯曲，身体向前倾斜，重心落在左脚上，两脚站稳不移动，靠左膝的屈伸使身体做往复摆动。在起锯时，身体稍微向前倾斜，与竖直方向成 10°角左右，此时右肘尽量向后收，随着推锯的行程增大，身体逐渐向前倾斜；当行程达 2/3 时，身体倾斜 18°角左右，左、右臂均向前伸出；当锯削最后 1/3 行程时，用手腕推进钢锯架，身体随着锯的反作用力退回到 15°角位置。锯削行程结束后不再施加压力，手和身体都退回到初始位置，如图 2-13 所示。

4）锯削注意事项：

① 锯削速度以 20~40 次/min 为宜。速度过快，锯条容易发热，加重磨损；速度过慢则影响锯削效率。一般锯削软材料可稍快些，锯削硬材料可慢些。

② 锯削时，尽量使锯条全长范围内所有锯齿参与切削，以延长锯条的使用寿命。

锯缝歪斜的纠正

③ 锯削过程中如发现锯齿崩裂，即使是一个齿崩裂，也应立即停止使用，

图 2-13 锯削操作姿势

锯削操作

否则该齿后面的锯齿也会迅速崩裂。

(6) 锯缝歪斜的防止与纠正　在锯削中,应注意钢锯架的握持与运动要以锯条的条身侧平面为基准,条身应与加工线平行或重合,眼睛不断观察并及时调整锯条的角度,才能有效地防止锯缝歪斜。

当发现锯缝明显歪斜时,先将锯条尽量调紧绷直,然后将锯条置于锯缝歪斜的起始点,左手扶住钢锯架,适度用力向锯缝的弯曲侧倾斜,然后以短行程、慢速锯削,直至修正锯缝后再恢复正常锯削。

2. 游标卡尺

(1) 定义及结构　游标卡尺是一种测量长度、内外径、深度的量具。游标卡尺主要由尺身、游标和深度尺构成,如图 2-14 所示。

(2) 分度值　根据游标上的分格数量不同,游标卡尺可分为 10 分度游标卡尺、20 分度游标卡尺、50 分度游标卡尺,游标上的分度值分别为 0.1mm、0.05mm、0.02mm,如图 2-15~图 2-17 所示,而尺身的标尺间隔均为 1mm。

(3) 读数原理　读数时,首先校正尺身 0 线与游标 0 线对齐,再以游标 0 线为基准,读取尺身上处于游标 0 线左侧的标尺间隔数目为整数部分,然后看游标上与尺身标尺标记对齐的游标的相应标尺标记,读取小数部分,即

$$L_{总读数}=整数部分+小数部分$$

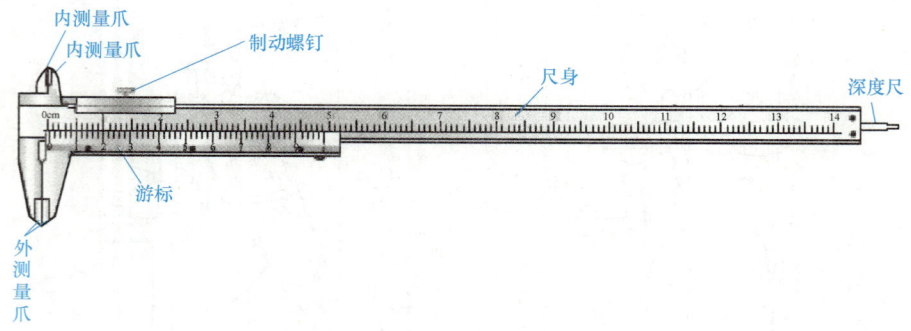

图 2-14　游标卡尺的结构

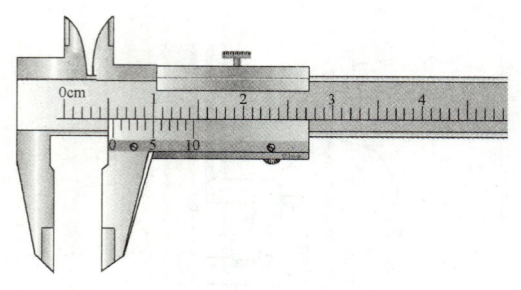

图 2-15　10 分度游标卡尺

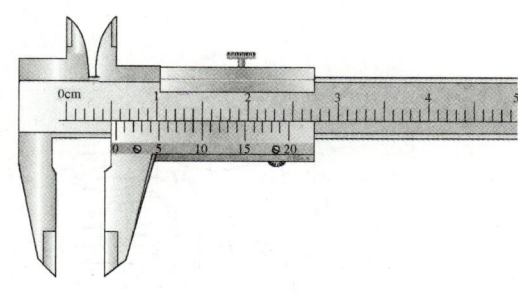

图 2-16　20 分度游标卡尺

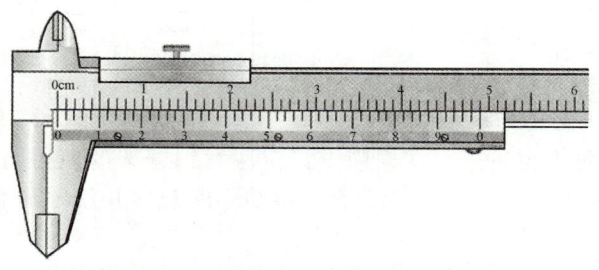

图 2-17　50 分度游标卡尺

以 50 分度（把 1mm 分成 50 等份）游标卡尺为例，分度值为 0.02mm，即游标上的标尺间隔为 0.02mm，游标上的数字为小数点后的十分位，即 1 个标尺间隔表示 0.1mm，2 个标尺间隔表示 0.2mm，以此类推。如图 2-18 所示，尺身上的读数为游标 0 线左侧，为 6 个标尺间隔，所以整数部分读数为 6mm；游标上数字 7 右边第 4 条标尺标记与尺身标尺标记对齐，则读数为 L = 6mm+0.78mm = 6.78mm。

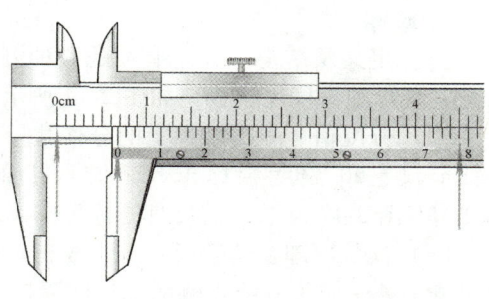

图 2-18　读数

（4）使用方法及应用范围

1）测量前：先去除工件毛刺，再用软布将测量爪擦干净，检查卡尺的两个测量面和测量刀口是否平直无损，使其并拢时无明显的间隙，查看游标和尺身上的0线是否对齐。如果对齐就可以进行测量，如没有对齐则要记取零误差，并把零误差值累积在计数结果上。

2）测量时：左手拿待测外径（或内径）的物体，右手四指握住尺身，大拇指顶住游标使之左右移动，待测量爪紧贴测量物体后，左手拧紧制动螺钉，然后读数。读数时，目光垂直落在尺身标尺上，如图2-19所示。

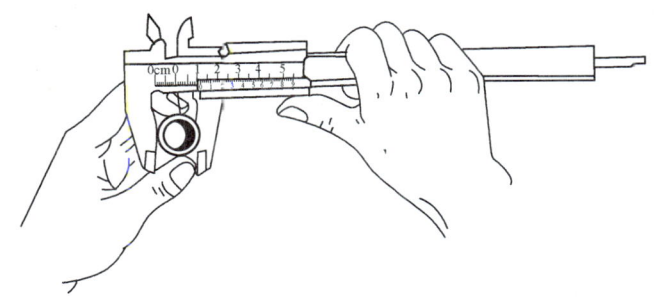

游标卡尺

图2-19　游标卡尺的使用

（5）注意事项

1）游标卡尺是比较精密的测量工具，要轻拿轻放，不得碰撞或跌落地上。

2）使用时不要用来测量粗糙的物体，以免损坏测量爪，避免与刀具放在一起，以免刀具划伤游标卡尺。

3）不使用时应涂上防锈油并置于干燥的地方，远离酸、碱性物质，防止锈蚀。

4）用制动螺钉固定尺框时，卡尺的读数不应有所改变。在移动尺框时，不要忘记松开制动螺钉。

5）用游标卡尺测量零件时，不允许过分地施加压力，应使两个测量爪刚好接触零件表面。

6）为了获得正确的测量结果，可以多测量几次，即在零件同一截面的不同方向进行测量。

7）读数时，应将游标卡尺水平拿着，在光线充足的地方，使人的视线和卡尺的标尺表面垂直，以免由于视线的歪斜造成读数误差。

任务实施

一、识读零件图样

1. 分析加工要素

俄罗斯方块由四个大小相同的T形俄罗斯方块零件构成，如图2-1～图2-3所示。

由图2-2可知，T形俄罗斯方块由一个凸台构成，其总长度为（57±0.10）mm、总高度为（38±0.10）mm、总厚度为10mm、凸台长度为（19±0.10）mm、两侧台阶高度为（19±0.10）mm，各侧面要求的表面粗糙度值为$Ra3.2\mu m$，前、后大平面为非去除材料方式获得的表面，故无须加工。所有棱边进行倒钝处理。

由图2-3可知，俄罗斯方块装配后是尺寸为76mm×76mm的正方形，厚度为10mm。要求装配顺滑无阻滞，配合间隙小于0.2mm。

2. 选择毛坯

根据图2-2可知，毛坯材料为Q235。

根据T形俄罗斯方块的长度、高度、厚度尺寸，确定每套俄罗斯方块所需的毛坯的尺寸为60mm×170mm×10mm，毛坯的数量为1条，可截成4块尺寸为60mm×40mm×10mm的毛坯。

二、制订正确的工艺路线

请根据零件的加工要求，分别从表2-3中选择零件的工艺简图，从表2-4中选择零件的工艺内容，按正确顺序填写在表2-5零件的加工工艺中，从附录A~C中选择合适的工具、量具、刀具，并参考附录D垃圾分类操作指引完善表2-5中的其他内容。

表2-3 T形俄罗斯方块零件的加工简图

序号	工艺简图	序号	工艺简图
1	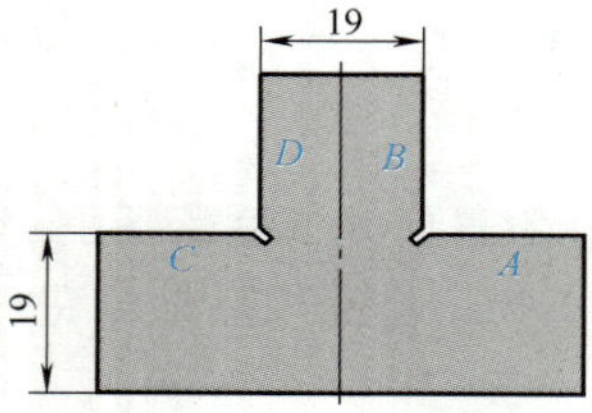	5	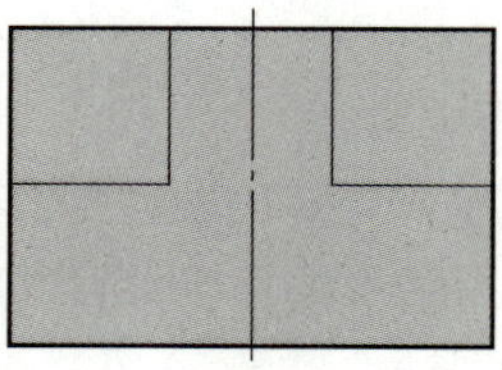
2	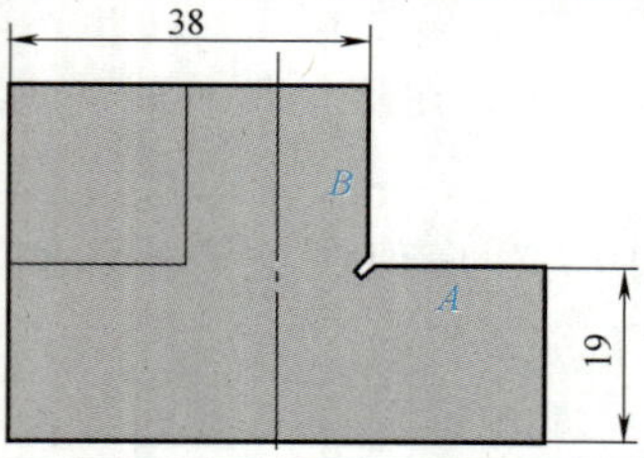	6	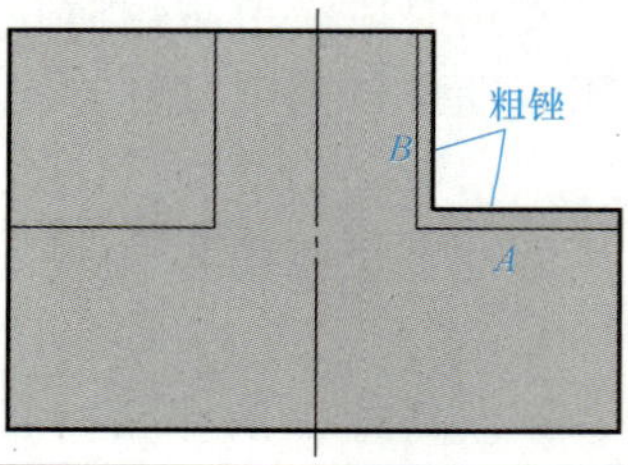
3	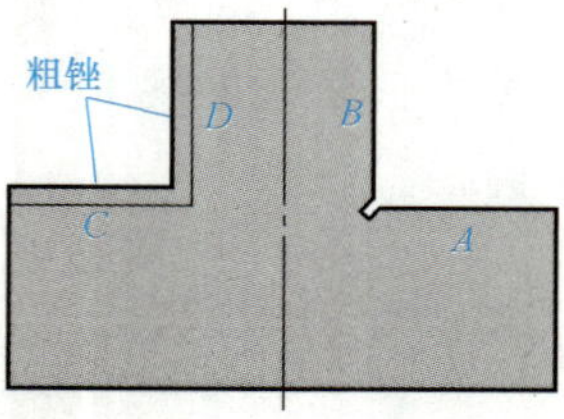	7	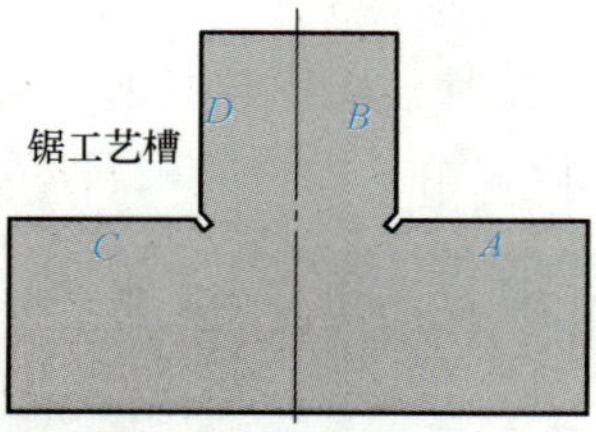
4	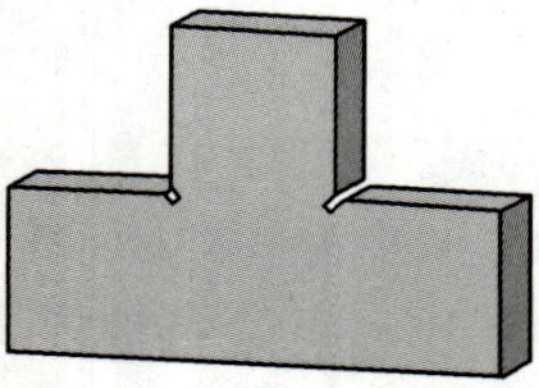	8	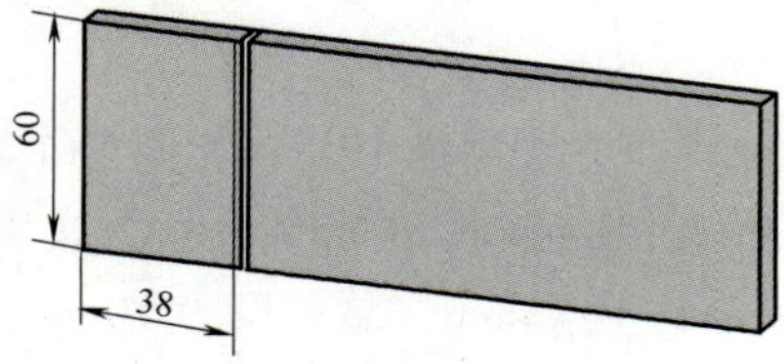

（续）

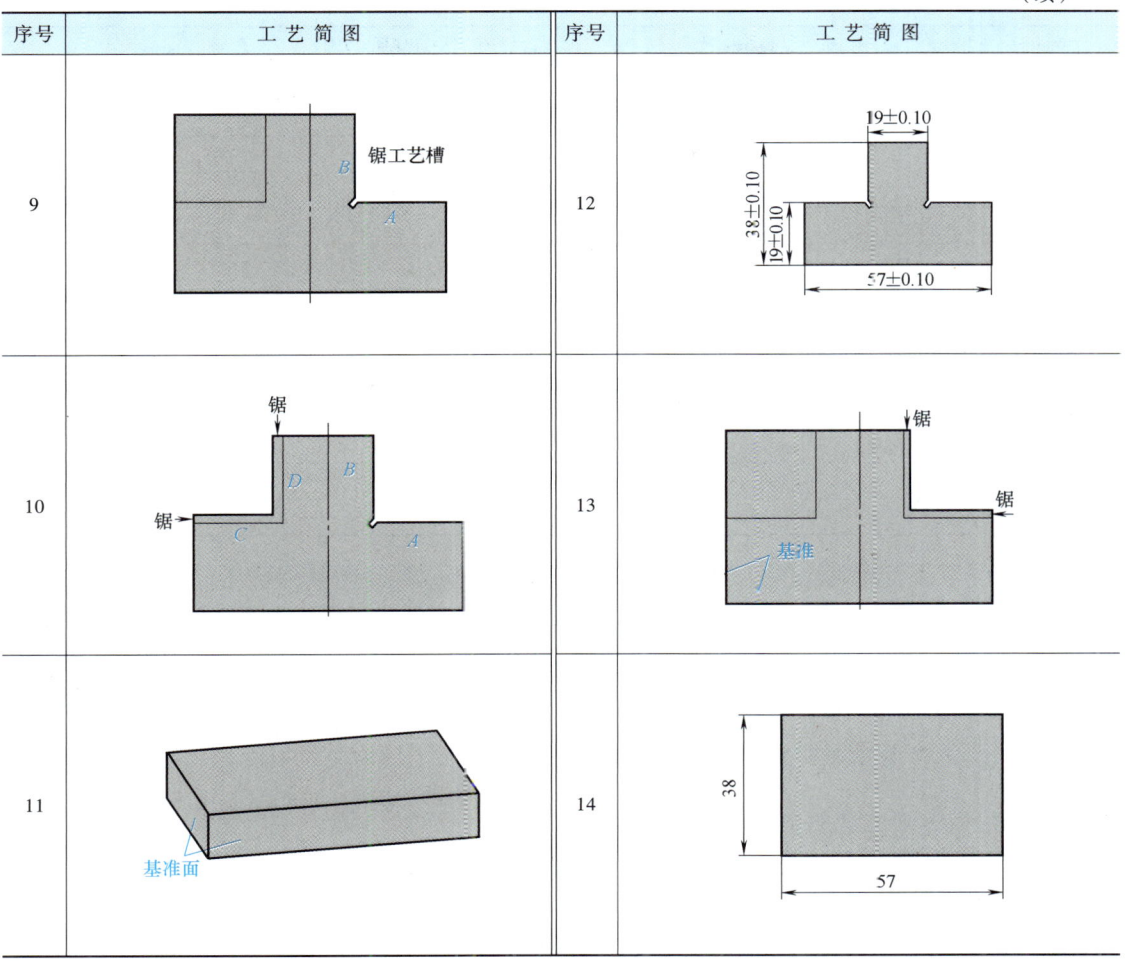

表 2-4　T 形俄罗斯方块零件的加工工艺

序号	工步内容	序号	工步内容
1	锉削另外两侧面，保证其与基准面垂直，并保证尺寸 38mm 和 57mm	8	根据图样尺寸利用基准面对零件进行划线，完成后要检查一遍，确保划线的准确性
2	锯削去除非基准面的余料	9	下料保证尺寸大于 58mm×38mm
3	去除毛刺	10	精加工 C、D 面，保证尺寸 19mm、19mm
4	锯削左直角工艺槽	11	精加工 A、B 面，保证尺寸 19mm、38mm
5	锯削去除另一处余料	12	粗锉 A、B 面
6	检测一遍整个零件	13	检测毛坯总体情况，锉削一直角作为基准面
7	粗加工 C、D 面	14	锯削右直角工艺槽

表 2-5 _____零件的加工工艺

工艺序号	工艺简图号码	工步内容号码	使用工具	使用量具	加工刀具	将产生的生产垃圾	垃圾分类

【素养园地——环境意识】

三、制作 T 形俄罗斯方块

1. T 形俄罗斯方块的加工过程（表 2-6）

表 2-6 T 形俄罗斯方块的加工过程

序号	加工步骤	加工内容	加工位置	使用设备或工具	使用量具	使用刀具	本环节产生的生产垃圾	垃圾分类处理
1	准备毛坯	下料，保证尺寸大于58mm×38mm，小组备料（4人）：60mm×170mm×10mm，单人备料从小组备料中锯得					铁粉	可回收物 Recyclable
2	锉削基准面	检查毛坯总体情况，锉削一直角作为基准面，用刀口形直尺检查平面度及两基准面的垂直度误差，作基准面记号					铁粉	可回收物 Recyclable
3	锉削两侧面	锉削另外两侧面，保证与基准面垂直并保证尺寸为 38mm 和 57mm					铁粉	可回收物 Recyclable

（续）

序号	加工步骤	加工内容	加工位置	使用设备或工具	使用量具	使用刀具	本环节产生的生产垃圾	垃圾分类处理
4	划线	根锯图样尺寸要求，利用基准面对零件进行划线，完成后要检查一遍，确保划线的准确性					铁粉	可回收物 Recyclable
5	锯削非基准面的毛坯余料	锯削去除非基准面的毛坯余料，单边留约0.5mm的余量					毛坯余料	可回收物 Recyclable
6	粗锉A、B面	粗锉A、B面至尺寸线					铁粉	可回收物 Recyclable
7	锯削工艺槽	锯削A、B面间的直角工艺槽					铁粉	可回收物 Recyclable
8	精锉A、B面	精锉A、B面，保证尺寸为19mm、38mm，用刀口形直尺检查两平面的平面度及其垂直度					铁粉	可回收物 Recyclable
9	锯削去除毛坯余料	锯削去除另一个毛坯余料，C、D面各留约0.5mm的余量					铁粉	可回收物 Recyclable
10	粗锉C、D面	粗锉C、D面至尺寸线					铁粉	可回收物 Recyclable
11	锯削工艺槽	锯削C、D面的直角工艺槽					铁粉	可回收物 Recyclable

(续)

序号	加工步骤	加工内容	加工位置	使用设备或工具	使用量具	使用刀具	本环节产生的生产垃圾	垃圾分类处理
12	精锉C、D面	精锉C、D面,保证尺寸为19mm、19mm,用刀口形直尺检查两平面的平面度及其垂直度					铁粉	可回收物 Recyclable
13	检测	对整个零件进行检测,包括各尺寸及各面的平面度及A与B面的垂直度;C面与D面的垂直度						
14	去毛刺	锐角、锐边倒棱,整体检查					铁粉 / 抹布	可回收物 Recyclable / 其他垃圾 Other waste
15	设备保养	清洁并保养台虎钳、工具、量具、刀具等					机油 / 油抹布	有害垃圾 Harmful waste / 有害垃圾 Harmful waste

2. 加工注意事项

加工T形俄罗斯方块的过程中,需要注意的事项见表2-7。

表2-7 T形俄罗斯方块加工注意事项

类别	序号	注意事项内容	备注
常规项	1	加工前,应先检查毛坯尺寸是否符合要求	60mm×170mm×10mm
	2	工具、量具、刀具应摆放规范、整齐,禁止叠放	
	3	划针应保持尖锐,不用时划针不能插入口袋中,以免扎伤	
	4	在台虎钳上夹紧工件时,不得用锤子敲打台虎钳的长手柄,也不得用过重过大的锤子敲击被夹持的工件	

(续)

类别	序号	注意事项内容	备注
加工项	1	锉削毛坯表面的氧化反时，须采用锉刀的侧面直齿	
	2	选择有关的外表面作为划线和测量的基准，以保证基准面达到最小几何误差要求	
	3	划线应整体一次到位，使划出的线条均匀、清晰、准确，不要重复划线，否则线条会变粗，使划线模糊不清	
	4	划线完成后应按照图样仔细地进行对照检查，确认无误后方可下锯，下锯时应预留锉削加工余量，避免锯开后才发现错误而造成产品报废	
	5	由于受测量工具的限制，加工19mm凸台时，只能先加工一直角面，至达到尺寸要求后，再加工另一直角面，否则无法保证对称度要求，从而影响装配精度	重点
	6	工件加工时应注意控制各加工面之间平行、垂直，及凸台两侧台阶的高度尺寸对称，以免使配合面之间间隙过大及造成外形不美观	重点
	7	注意内角的清理	
	8	加工完成后要去除工件表面的毛刺	
检测项	1	使用直角尺、刀口形直尺等测量工具时不得碰撞，应确保棱边的完整性，避免影响测量精度和产生锈蚀	
	2	用刀口形直尺检测平面度时，要在横向、纵向、对角线方向上分别用光隙法检测，且刀口形直尺要轻轻放置在工件表面上，不能在工件表面推动	
	3	用直角尺检测垂直度时要垂直向下放置，不能斜放，否则会造成检测结果不准确	
	4	使用卡钳测量时，切不可把卡钳使劲地往测量面上卡去，这样会使两个卡爪往外弹开发生变形，影响测量精度。测量时，应将工件放稳，按实际情况将卡钳垂直或平行于工作轴线方向进行检验，不能倾斜	

四、装配注意事项

俄罗斯方块的装配流程如图2-20所示。装配时要注意以下几点：

1）检测各工件加工后的尺寸精度，对未达标工件应及时修整，并去除毛刺。
2）熟悉装配图、加工工艺及要求。
3）给所有工件编号，如图2-20d所示。
4）参照装配流程图进行俄罗斯方块的装配，注意各工件之间的装配关系。
5）如不能按要求顺利装配或配合精度不达标，应对不合格工件或相应工件进行调整，然后完成装配。
6）装配完成后，应对照图2-3所示图样要求检测各配合尺寸。
7）整理工作场地。

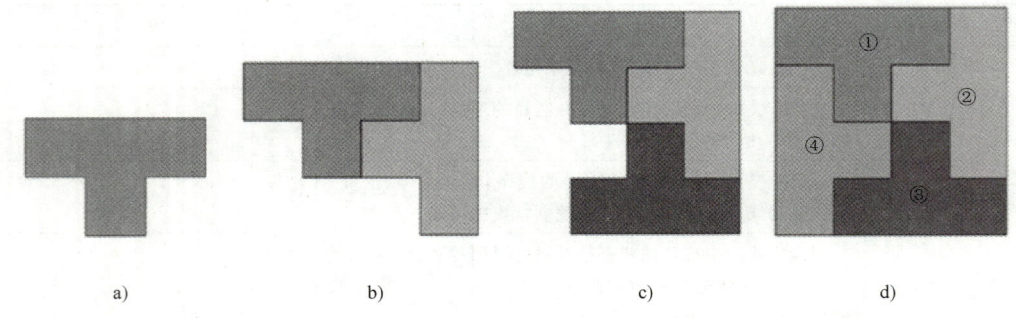

| | a) | b) | c) | d) |

图 2-20 俄罗斯方块装配流程

学习评价

一、学习过程评价

请根据本次任务学习过程中的实际情况，在表 2-8 中对自己及学习小组进行评价。

表 2-8 学习过程评价表

学习小组：_____   姓名：_____   评价日期：_____

评价人	评价内容	评价等级			情况说明
自我评价	能否按 5S 要求规范着装	能 □	不确定 □	不能 □	
	能否针对学习内容主动与其他同学进行沟通	能 □	不确定 □	不能 □	
	能否叙述 T 形俄罗斯方块零件的加工工艺过程	能 □	不确定 □	不能 □	
	能否规范使用工具、量具、刀具加工零件	能 □	不确定 □	不能 □	
	你所负责加工的俄罗斯方块零件的完成情况	按图样要求完成 □ 基本完成 □		没有完成 □	
	能否独立且正确检测零件尺寸	能 □	不确定 □	不能 □	
小组评价	小组所使用的工具、量具、刀具能否按 5S 要求摆放	能 □	不确定 □	不能 □	
	小组成员之间团结协作、沟通情况	好 □	一般 □	差 □	
	小组所有成员制作的零件能否正常装配	能 □		不能 □	
教师评价	学生个人在小组中的学习情况	积极 □ 技术强 □		懒散 □ 技术一般 □	
	学习小组在学习活动中的表现情况	好 □	一般 □	差 □	

二、专业技能评价

请参照零件图，使用钢直尺分别对自己负责加工的零件与小组其他零件进行检测，并把检测结果填写在表 2-9 中。

表 2-9 俄罗斯方块零件质量检测表

序号	检测项目	配分	评分标准	自检结果	得分	互检结果	得分
1	长（57±0.1）mm	10	符合要求得分				
2	高（38±0.1）mm	10	符合要求得分				
3	厚（10±0.1）mm	10	符合要求得分				
4	长（19±0.1）mm	10	符合要求得分				
5	高（19±0.1）mm 两处	20	符合要求得分				
6	对称度两处	10	每处不合格扣 5 分				
7	表面粗糙度值	10	每处 $Ra3.2\mu m$，降一级扣 2 分				
8	配合长 76mm	10	符合要求得分				
9	配合高 76mm	10	符合要求得分				
合计		100					

练习与作业

一、课堂练习

（一）选择题

1. 利用钳工技能完成俄罗斯方块的制作，分别需要完成选料，选取工具、量具、刀具，还有（　　）等。

　　A. 零件加工　　　B. 质量检测　　　C. 5S 现场　　　D. 以上都对

2. T 形俄罗斯方块任务一共需完成（　　）个零件的加工。

　　A. 一　　　　　B. 二　　　　　C. 三　　　　　D. 四

3. 由于手锯是在向前推进时进行切削，所以锯条的正确安装方法是（　　）。

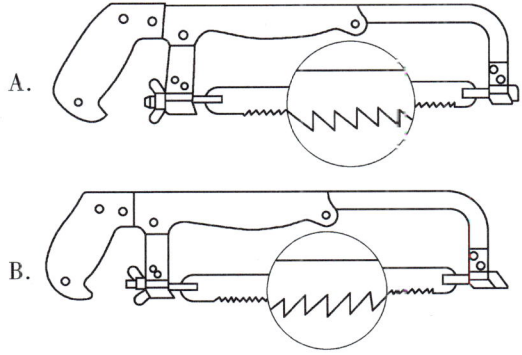

4. 锯条的齿数是以锯条每 25mm 长度内锯齿的个数来表示的，常用的 14 齿锯条属于（　　）锯条。

　　A. 粗齿　　　　B. 中齿　　　　C. 细齿　　　　D. 极细齿

5. （多选题）钢锯架是用来夹持和拉紧锯条、且可以双手操持的工具。根据其构造，钢锯架可分为（　　　）和（　　　）式两种。

　　A. 固定式　　　　B. 机械式　　　　C. 可调节　　　　D. 活动式

6. 锯削过程中锯条断了，锯条属于（　　　）。

　　A. 可回收物　　　B. 有害垃圾　　　C. 厨余垃圾　　　D. 其他垃圾

（二）判断题

1. 本学习任务是单人独立完成四件 T 形俄罗斯方块的加工和装配。（　　　）

2. 锯削直角工艺槽，可以在精加工后进行。（　　　）

3. 加工 T 形俄罗斯方块零件时，下料尺寸保证有 58mm×38mm 就足够了。（　　　）

4. 在对零件进行划线和测量时，一定要选择有关的外表面作为划线和测量的基准，以保证基准面达到最小几何误差要求。（　　　）

5. 零件加工完成后不要去除表面的毛刺。（　　　）

6. 加工前，应先检查毛坯尺寸是否符合要求。（　　　）

7. 锯削是用钢锯对工件材料进行切割或开槽的加工方法。（　　　）

8. 锯削主要作用是锯断各种原材料或半成品，锯掉工件上的多余部分，以及在工件上锯槽等。（　　　）

9. 手用钢锯条一般用渗碳软钢冷轧而成，常用牌号为 T12A，也可用碳素工具钢或合金工具钢制成。（　　　）

10. 使用游标卡尺读数时，应将游标卡尺水平拿着，在光线充足的地方，使人的视线和卡尺的标尺表面垂直，以免由于视线的歪斜造成读数误差。（　　　）

（三）填空题

1. 钳工用的锯削工具主要是钢锯，钢锯由＿＿＿＿和＿＿＿＿组成。

2. 根据其构造，钢锯架可分为＿＿＿＿式和＿＿＿＿式两种。

3. 常用的起锯方法有＿＿＿＿和＿＿＿＿两种。

4. 钳工常用的握锯方法有＿＿＿＿法、＿＿＿＿法、＿＿＿＿法和＿＿＿＿法四种。

5. 锯削速度以＿＿＿＿次/min 为宜。

（四）思考题

1. 锯缝歪斜的防止与纠正方法有哪些？

2. 简述游标卡尺的读数步骤。

二、课后作业

请结合本次任务的学习情况,在课后制作一份 A3 幅面的手抄报。要求如下:
1) 归纳本次任务所学会的知识、技能。
2) 加工 T 形俄罗斯方块零件过程中,总结自己或学习小组出现的问题及解决方法。
3) 总结学习心得与反思。
4) 版面清晰,字迹工整,图文并茂,体现创新思想。

生产任务工单 (表2-10)

表 2-10 生产任务工单

任务名称		使用设备		加工要求	
零件图号		加工数量			
下单时间		接单小组			
要求完成时间		责任人			
实际完成时间		生产人员			
产品质量检测记录					
	检测项目	自检结果		质检员检测结果	
1	零件完整性				
2	零件关键尺寸不合格数目				
3	零件表面质量				
4	是否符合装配要求				
	零件质量最终检测结果及处理意见				
	验收人		存放地点		验收日期

学习任务3

鲁班锁的制作

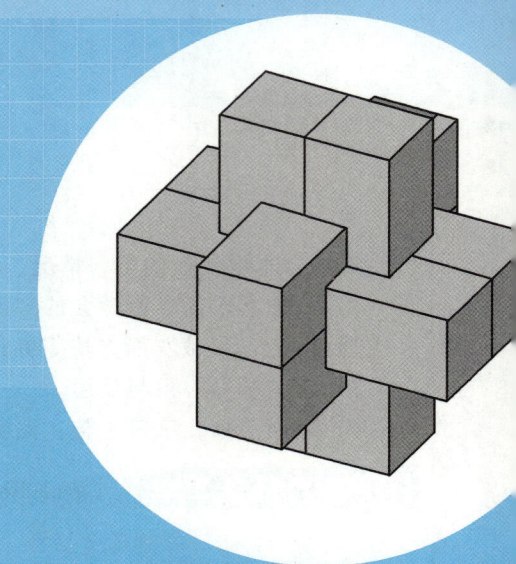

学习内容

1. 游标高度卡尺的使用。
2. 划线相关知识与划线操作。
3. 钻孔相关知识与钻孔加工。
4. 錾削相关知识与錾削加工。
5. 选择鲁班锁（图3-1）的加工工艺。
6. 制作鲁班锁零件。
7. 鲁班锁零件的质量检测。

图3-1 鲁班锁

鲁班锁—天梁的制作

鲁班锁—地衡的制作

鲁班锁—前檐的制作

学习目标

知识目标

1. 明白划线的定义及作用，清楚划线的基本要求。

2. 知道划线的分类，清楚划线的常用工具及作用。
3. 认识游标高度卡尺的结构与用途，清楚利用游标高度卡尺进行划线的方法。
4. 知道常用的钻孔设备，清楚常用的钻头种类。
5. 明白划线钻孔的方法，清楚钻孔加工的注意事项。
6. 明白錾削的定义，知道錾削常用工具。
7. 清楚錾削的基本操作及注意事项。
8. 掌握鲁班锁的制作工艺流程。

能力目标

1. 会正确使用游标高度卡尺进行精密划线。
2. 能在老师的指引下正确使用划线工具完成零件的划线。
3. 能在老师的指引下，正确选择鲁班锁的加工工艺。
4. 能根据孔的加工要求正确选择钻头。
5. 能在老师的指引下正确操作钻床加工出合格的孔。
6. 能在老师的指引下正确使用錾削工具加工出合格的錾削面。
7. 能在老师的指引下正确检测零件的錾削质量。
8. 在老师的指引下，会选择合适的工具对鲁班锁零件进行加工。
9. 在老师的指引下，会选择合适的量具对鲁班锁零件进行质量检测。

职业素质目标

1. 能够在鲁班锁零件划线阶段对划线基准的选择及划线方案的制订提出自己的见解。
2. 能够与小组同学团结协作完成鲁班锁零件划线学习任务。
3. 清楚钻床的安全操作注意事项，能在老师的指引下，与小组同学团结协作，正确选择钻头，规范使用钻床。
4. 清楚錾削的安全操作注意事项，能在老师的指引下，与小组同学团结协作，按安全文明生产要求完成錾削加工。
5. 能规范使用工具、量具，并做好工具、量具的日常保养。
6. 学习过程中，按5S要求做好安全文明生产工作。
7. 能够与小组同学团结协作，对实训过程中本小组成员遇到的问题提出解决的方法。

职业素养目标

1. 了解鲁班锁的历史，学习古人的智慧，树立文化自信，培养创新意识。
2. 在老师的指引下严格按照划线要求用游标高度卡尺等划线工具进行精准划线，培养精益求益的工匠精神。
3. 在钻孔与錾削时能严格按照安全文明生产要求规范操作，培养安全文明生产意识。
4. 节约学习资源，对学习过程中产生的断锯条、余料等各类生产垃圾能有效分类并按要求投放，培养环保意识。
5. 能按时、按质完成本人所负责的加工任务，使本组鲁班锁能够顺利完成装配，培养严谨、负责的职业意识。

思维导图

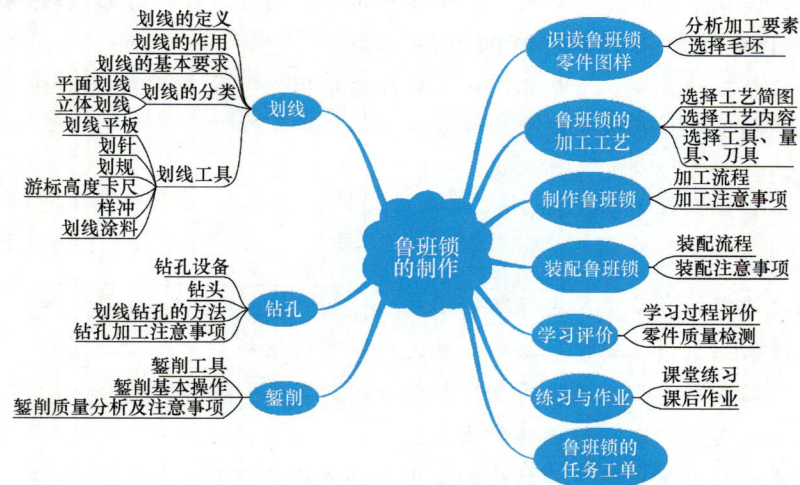

【素养园地——人物事迹：鲁班】

任务描述

鲁班锁也称八卦锁、孔明锁，曾是广泛流传于我国民间的智力玩具，是中国古代汉族传统的土木建筑固定结合器，民间还有"别闷棍""六子联方""莫奈何""难人木"等叫法。它不使用钉子和绳子，完全依靠自身结构的连接支撑，就像一张纸对折一下就能够立起来，看似简单，却凝结着不平凡的智慧。

现有企业订单，要求利用金属材料加工鲁班锁益智玩具，数量若干。各零件图及鲁班锁装配图如图3-2~图3-5所示。

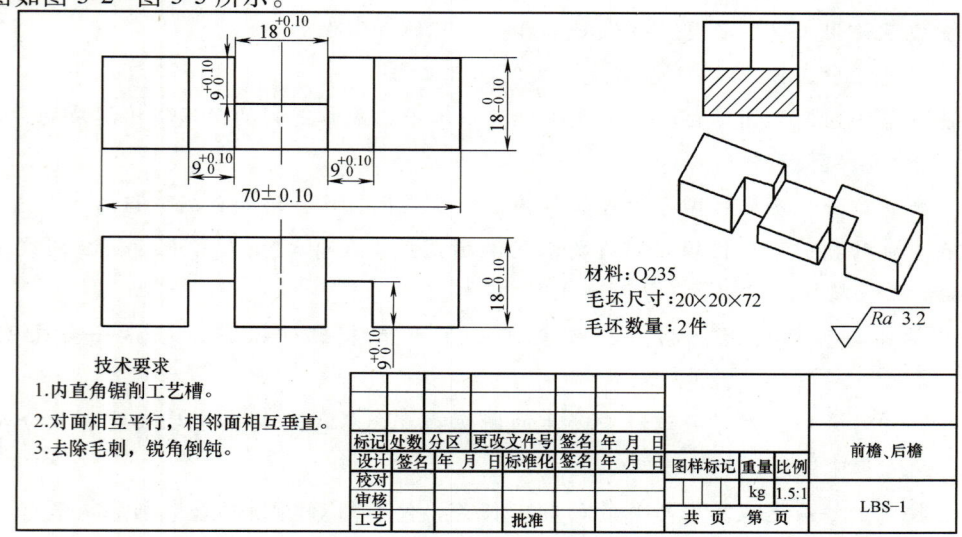

图3-2 鲁班锁前檐、后檐

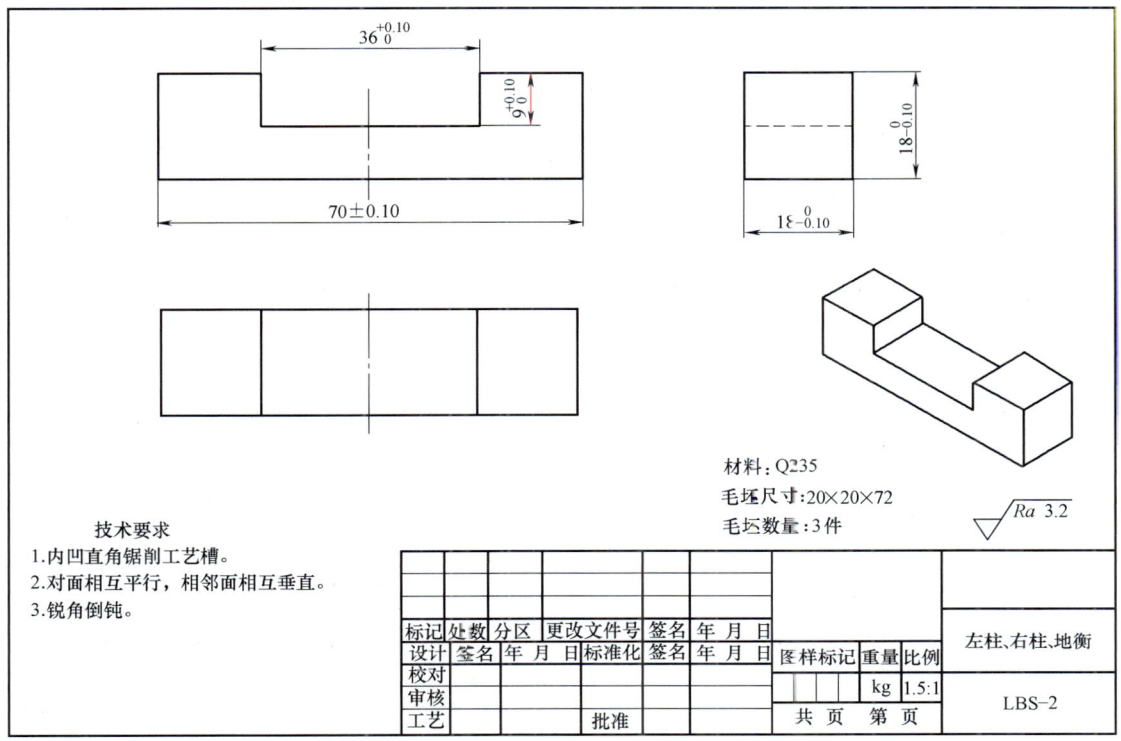

图 3-3　鲁班锁左柱、右柱、地衡

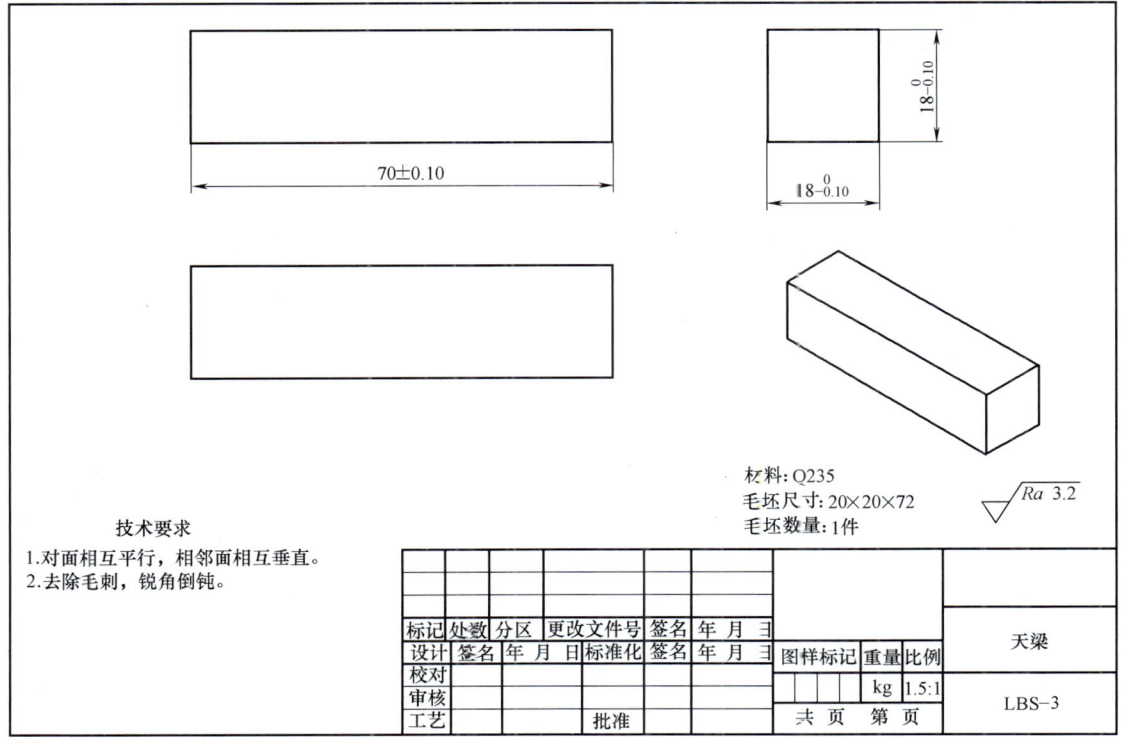

图 3-4　鲁班锁天梁

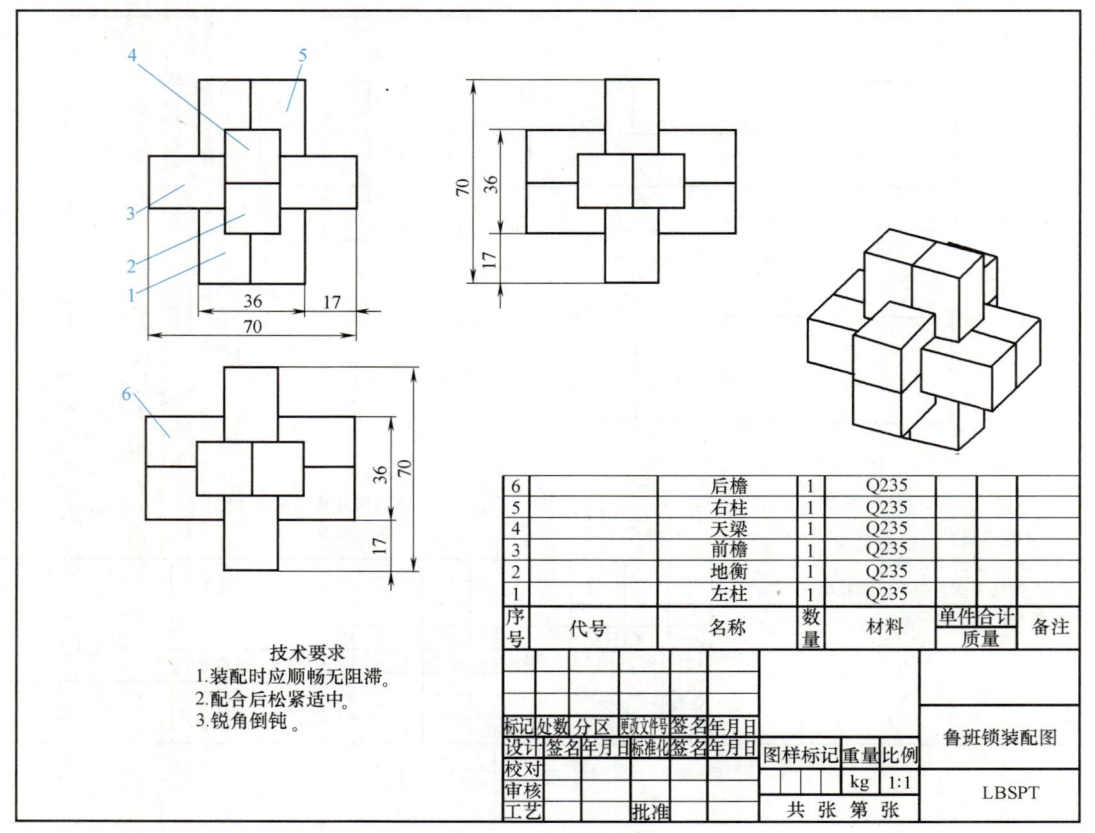

图 3-5 鲁班锁装配图

任务分析

一、制订工作计划

利用钳工技能完成鲁班锁的加工，分别需要完成选料，选取工具、量具、刀具，件 1～件 6 的加工，质量检测，5S 现场管理等任务内容。请根据本小组的实际情况，与组员协商分工，填写表 3-1 的相关内容。

二、选取加工设备

请你根据鲁班锁的零件图及小组工作计划，分别从附录 A～C 中选择制作鲁班锁的工具、量具、刀具，并填写在表 3-2 中。

三、知识准备

通过观看鲁班锁的加工视频可知，鲁班锁零件是综合运用锉削、划线、钻孔、錾削、锯削等技能加工而成的。为了保证零件产品质量符合图样要求，加工过程中，需要采用钢直尺、刀口形直尺、宽座角尺、游标卡尺等量具进行必要的检测工作。接下来，让我们一起来学习划线、钻孔、錾削等新的准备知识吧！

表 3-1　小组分工合作计划

组　名		小组成员			
序　号	任　务　内　容		计划用时	完成时间	负 责 人

表 3-2　加工鲁班锁的工具、量具、刀具

序号	名　称	规 格 型 号	数　量	备　注

1. 划线

（1）划线的定义　根据图样和技术要求，在毛坯或半成品上用划线工具划出加工界限，或划出作为基准的点、线的操作过程称为划线。

（2）划线的作用

1）确定加工界限、加工余量和孔的位置等。

2）能够检查毛坯是否合格，避免后期加工造成损失。对一些局部存在缺陷的毛坯，可以利用划线校正加工余量来进行补救，以提高工件的合格率。

3）合理分配各表面的加工余量，使切削加工有明确的尺寸界线标志。

（3）划线的基本要求

划线是加工的依据，对划线的要求是线条清晰、均匀，尺寸（特别是定形尺寸、定位尺寸准确）。考虑到线条宽度等因素，一般要求划线精度达到 0.25～0.5mm。应当注意，工件的加工精度不能完全由划线确定，而应该在加工过程中通过测量来保证。

（4）划线的分类　划线分为平面划线和立体划线两种。

1）平面划线：只需要在工件一个表面上即能明确表明加工界限的划线，如图 3-6 所示。

2）立体划线：需要在工件几个互成不同角度（一般是互相垂直）的表面上划线才能明确表明加工界限的划线，如图 3-7 所示。

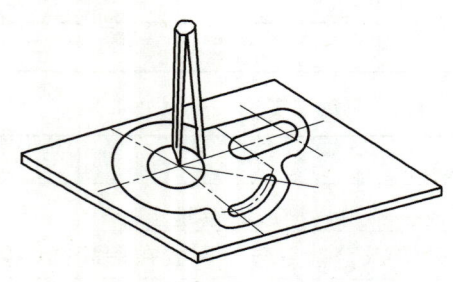

图 3-6　平面划线

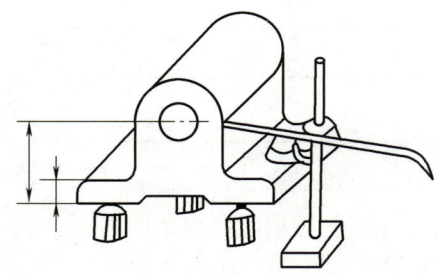

图 3-7　立体划线

（5）划线工具　常用的划线工具有划线平板、划针、划规、游标高度卡尺、钢直尺、样冲、划线涂料等。

1）划线平板：又称为划线平台，是由铸铁毛坯精刨和刮削制成的，如图 3-8 所示。其作用是安放工件和划线工具，并在平板表面上完成划线工作，以保证划线的精度。

划线平板的正确使用和保养方法如下：

① 安装时，必须使工作平面保持水平位置。

② 在使用过程中，要保持工作面的清洁，以防铁屑、灰尘等在划线过程中划伤平板表面。

③ 划线时，工件和工具在平板上要轻拿轻放，防止平板受撞击，严禁在平板上进行任何敲击工作。

图 3-8　划线平板

④ 平板工作面的各处均匀使用，避免局部受磨损而凹下，影响平板的平整性。

⑤ 平板使用后应擦净，涂防锈油。

⑥ 定期对划线平板进行检查，并及时调整、研磨，以保证工作面的水平

划针的使用

度和平面度。

2）划针。

划针是钳工划线时用来在工件表面上划出线条的工具，常与钢直尺、直角尺或划线样板等导向工具一起使用，如图3-9所示。划针常用弹簧钢或高速钢制成，直径为3～6mm，尖端磨成15°～20°角，并经淬硬，使其不易磨损和变钝，如图3-10所示。

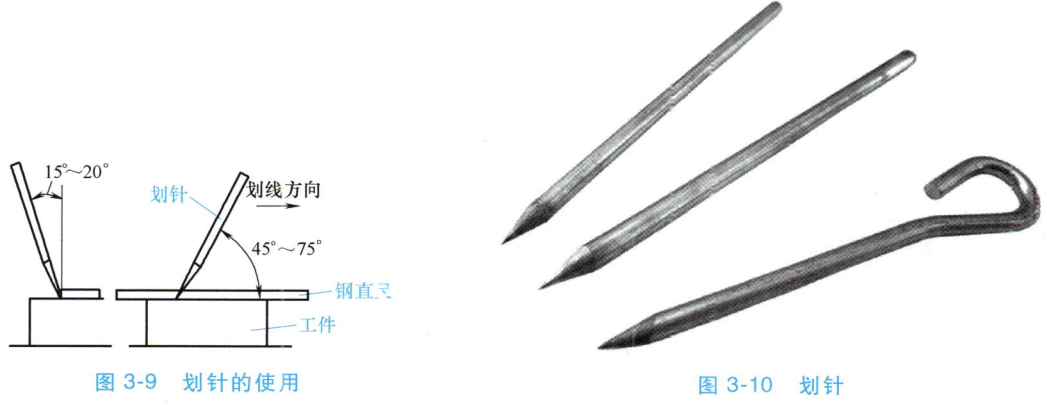

图3-9 划针的使用　　　　　　　图3-10 划针

划针的使用注意事项如下：

① 对铸铁毛坯划线时，应使用焊有硬质合金的划针尖，以便保持长期锋利，其线条宽度应在0.1～0.15mm范围内。

② 划线时，一手压紧导向工具防止其滑动，另一手使划针紧贴导向工具的边缘，并使划针上部向外倾斜15°～20°，同时向划线移动方向倾斜45°～75°，如图3-9所示。

③ 划线要尽量一次划成，使画出的线条均匀、清晰和准确，不要重复划线。

④ 划针平时不使用时应放入笔套，以使划针尖保持锐利。

3）划规。

划规也称圆规、划卡、划线规等。在钳工划线工作中可以划圆和圆弧、等分线、等分角度以及量取尺寸等，是用来确定轴及孔的中心位置、划平行线的基本工具。

钳工常用的划规有普通划规、扇形划规和弹簧划规，如图3-11所示。

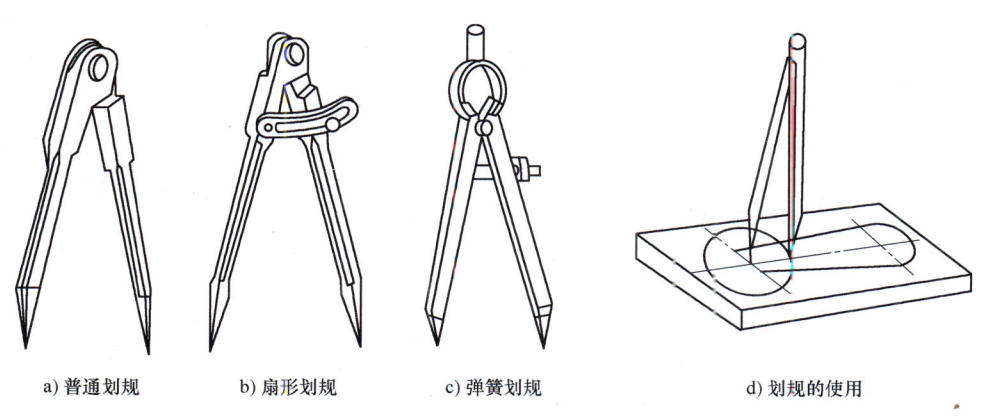

a）普通划规　　b）扇形划规　　c）弹簧划规　　d）划规的使用

图3-11 划规

4）游标高度卡尺。

游标高度卡尺简称高度尺，是精确的量具及划线工具，其结构如图 3-12 所示，其分度值有 0.02mm、0.05mm、0.1mm 三种，其读数原理与游标卡尺一样。

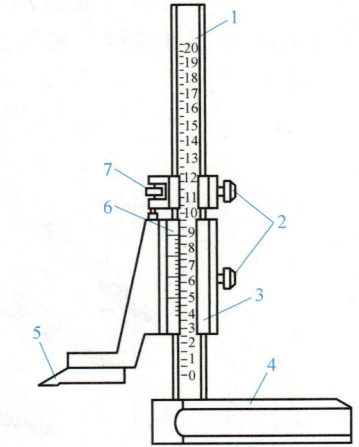

游标高度卡尺的使用

图 3-12　游标高度卡尺

1—尺身　2—制动螺钉　3—尺框　4—底座　5—划线量爪　6—游标尺　7—微动装置

游标高度卡尺的操作要点如下：

① 使用游标高度卡尺进行划线操作时，底座下表面应擦拭干净，先检查划线量爪是否贴紧划线平板，尺身和尺框的 0 线是否对齐。

② 划线时，底座工作面应紧贴划线平板移动，防止底座晃动。

③ 划线时，划线量爪应与工件被划表面约成 45°夹角，并在工件表面轻轻划过，不可用力过大，以免损坏划线量爪，影响划线精度。

④ 划线量爪磨坏后，应及时修整刃磨。

5）样冲。样冲（图 3-13）用于在划出的加工线上标记定位、定心，确定轮廓线或用于在钻孔中心处打样冲眼，防止钻孔时中心滑移。

样冲的使用

图 3-13　样冲

打样冲眼时的注意事项如下：

① 样冲眼的位置要准确，中心不能偏离线条。

② 样冲眼间的距离要视划线的形状、长短而定，直线上可稀，曲线上则稍密，转折交叉点处需打样冲眼。

③ 样冲眼的大小要根据工件材料表面情况而定，薄的工件应浅些，粗糙的工件可深些，软的工件应轻些。精加工表面禁止打样冲眼，钻孔除外。

④ 孔中心处的样冲眼最好打得大些，以便钻孔时钻头容易对准圆心。

6）划线涂料。

为了使工件上划出的线条清晰，划线前需要在划线部位涂上一层涂料。常用的涂料有：

① 白喷漆、石灰水、锌钡白：适用于一般的铸件和锻件的划线。

② 无水涂料、品紫：适用于已加工表面的划线。

③ 墨汁：用于铸铝工件表面上的划线。

2. 钻孔

孔加工方法主要有两类：一类是用麻花钻、中心钻在实体工件上进行钻孔操作；另一类是用扩孔钻、锪钻和铰刀进行的扩孔、锪孔和铰孔操作。

（1）钻孔设备　钳工常用的钻孔设备有台式钻床、立式钻床、摇臂钻床和手电钻四类，如图 3-14~图 3-17 所示。

（2）钻头　钻头是钻孔过程中应用的切削刀具，其种类繁多，根据结构特点和用途可分为麻花钻、中心钻、深孔钻、扁钻等。

麻花钻是通过其相对固定轴线的旋转切削来钻削工件圆孔的工具，因其容屑槽成螺旋状形似麻花而得名。麻花钻可被夹持在手电钻、钻床、铣床、车床乃至加工中心上使用。钻头材料一般为高速工具钢或硬质合金。标准麻花钻由柄部、颈部和工作部分组成，工作部分又分为切削部分和导向部分，如图 3-18 所示。

（3）划线钻孔的方法

1）工件的划线：根据图样要求，划出孔的十字中心线，然后打样冲眼，再按孔直径划出检查圆，最后将样冲眼重打扩大，以便于钻头定心。

台式钻床操作—
工件装夹

台式钻床操作—
钻头选用

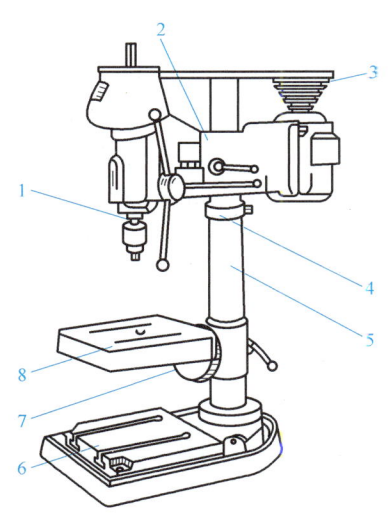

图 3-14　台式钻床

1—主轴　2—头架　3—塔形带轮　4—保险环
5—立柱　6—底座　7—转盘　8—工作台

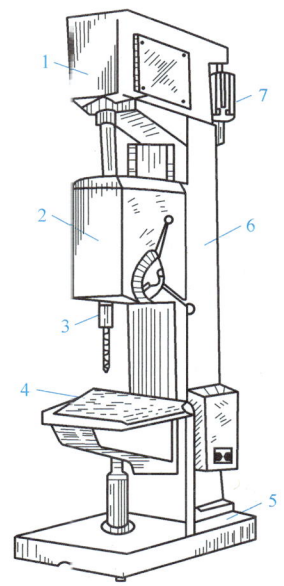

图 3-15　立式钻床

1—主轴箱　2—进给箱　3—主轴
4—工作台　5—底座　6—立柱　7—电动机

53

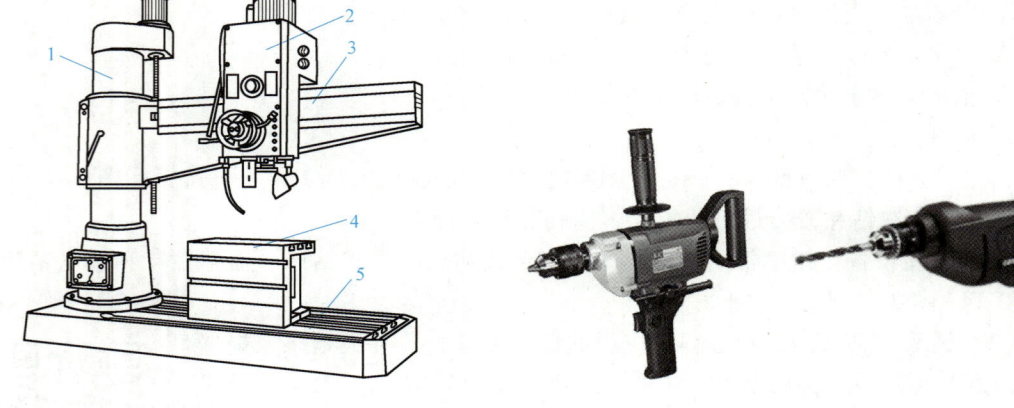

图 3-16　摇臂钻床　　　　　　　　图 3-17　手电钻

1—立柱　2—主轴箱　3—摇臂

4—工作台　5—底座

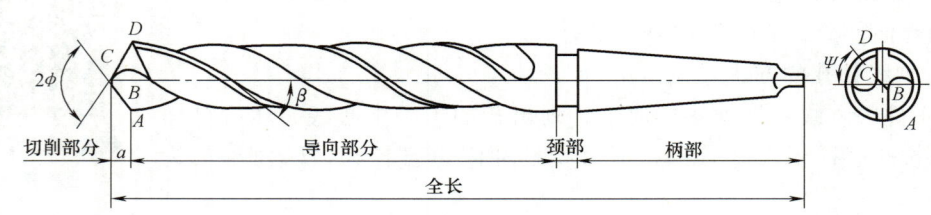

图 3-18　麻花钻

2）装夹钻头：钻头通过钻夹头或钻套夹持在钻床上。

3）装夹工件：必须用钳子或机用平口钳夹持；在圆柱形工件上钻孔，要用 V 形块和压板夹紧。

4）钻削用量的选择：钻削时钻床主轴的转速、进给量和钻削深度统称为钻削用量。钻削用量的选择应根据工件材料、孔的精度、孔壁表面粗糙度值和钻头直径等要求来确定。转速高、进给量小的适合钻小孔；转速低、进给量大的适合钻大孔；当工件材料较硬时，进给量和转速都应相应降低；当工件材料较软时，进给量和转速应相应提高。

5）试钻：钻孔时，先用钻尖对准圆心处的样冲眼钻出一个小浅坑，然后观察浅坑的圆周与加工线的同心程度，若无偏移则可继续加工，若发生偏移则应通过移动工作台的方式来调整，直至找正为止。

台式钻床操作—
钻孔操作

6）手动钻削：当试钻完成后，即可进行手动钻削。注意钻削时进给量要适当。当钻孔深度达到直径的 3 倍时，钻头要退出排屑；当钻孔将要达到目标深度或钻穿时，应该减少进给量。钻孔过程中需要检查时，应先停车，避免出现事故。

7）加注切削液：钻削时，为了使钻头能及时散热，需要加注切削液，以延长钻头的寿命，改善工件的表面质量。

（4）钻孔加工注意事项

1）钻孔前，应根据孔的大小选择正确的麻花钻。

2）进行钻孔操作时，必须戴防护眼镜，严禁戴手套，女生应规范佩戴工作帽。

3）当切屑排出时，禁止用嘴吹、用手指拉扯切屑。

4）钻孔时，当钻床主轴卡死或夹头打滑时，应先停车，然后手动反向转动主轴使钻头退出。

5）钻孔结束时，工件会有较高温度，切勿匆忙抓取工件。

3. 錾削

錾削是用锤子打击錾子对金属工件进行切削加工的方法。它主要去除毛坯上的凸缘、毛刺，分割材料，錾削平面及油槽等，经常用于不便于机械加工的场合。

（1）錾削工具　錾削工具主要是錾子和锤子。

1）錾子。錾子是錾削操作中所需的刀具，是最简单的切削刀具，由碳素工具钢锻制成形。錾子按形状不同可分为扁錾、尖錾和油槽錾，如图3-19所示。

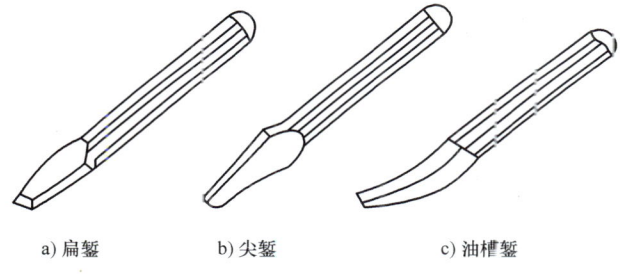

a) 扁錾　　　b) 尖錾　　　c) 油槽錾

图 3-19　錾子

2）锤子。

锤子是錾削加工必需的工具。锤子由锤头、锤柄组成，如图3-20所示。

图 3-20　锤子

錾削操作

（2）錾削基本操作

1）錾子的握法。

錾子主要用左手的中指、无名指和小指握持，大拇指与食指自然合拢，让錾子的头部伸出约20mm。錾削时，小臂要自然平放，使之处于水平位置，并使錾子保持正确的后角。錾子的握法有正握法、反握法和立握法三种，如图3-21所示。

2）锤子的握法。

锤子的握法分为紧握法和松握法，如图3-22所示。

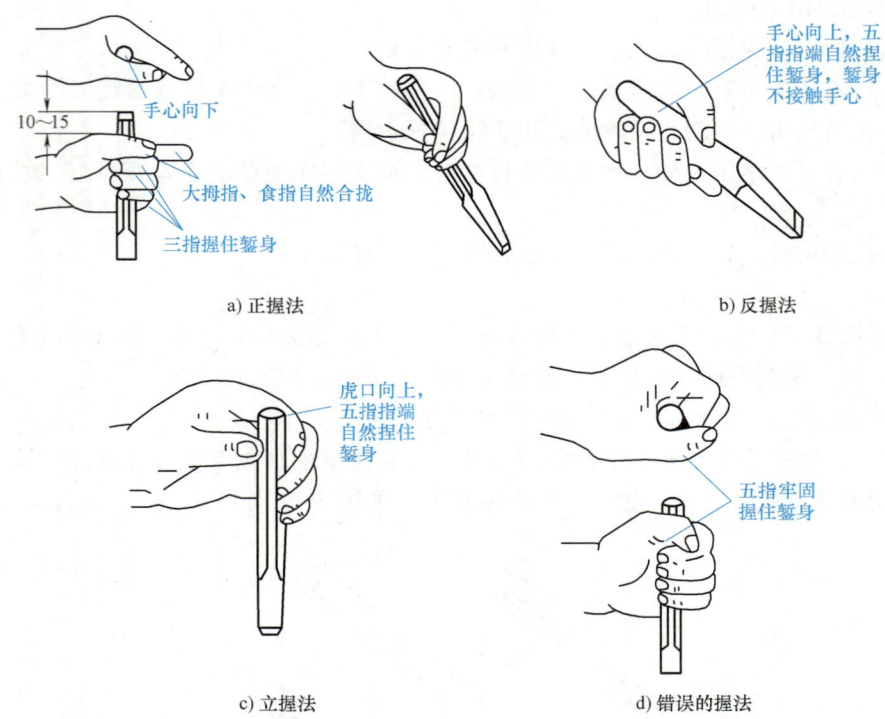

图 3-21　錾子的握法

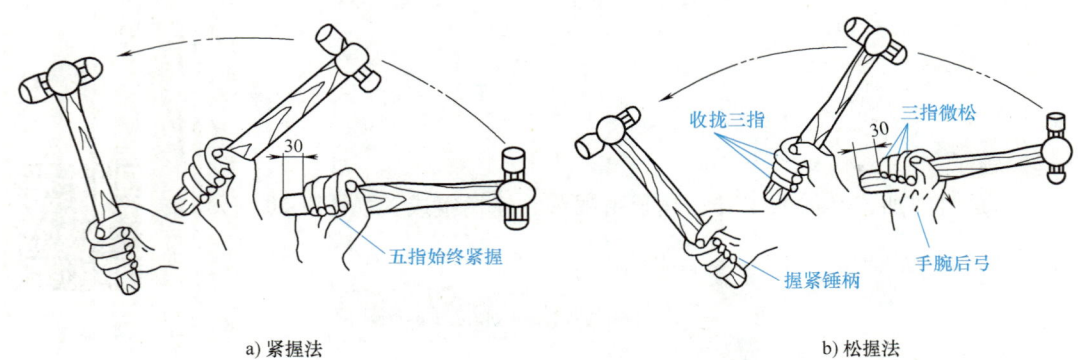

图 3-22　锤子的握法

3）挥锤的方法。

挥锤的方法分腕挥、肘挥和臂挥三种，如图 3-23 所示。

4）錾削站立位置与姿势。

錾削操作与锯削姿势基本一致，如图 3-24 所示。

（3）錾削质量分析及注意事项

1）錾削时的质量分析如下：

① 锤击力度不均匀，錾削基本手法不熟练。

② 錾子刃口爆裂或刃口不够锋利。

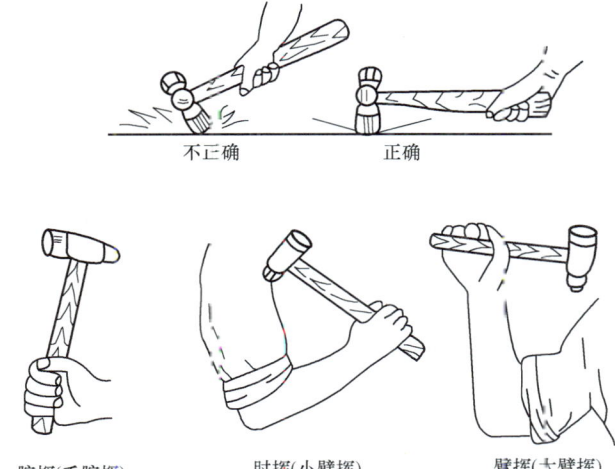

图 3-23 挥锤的方法

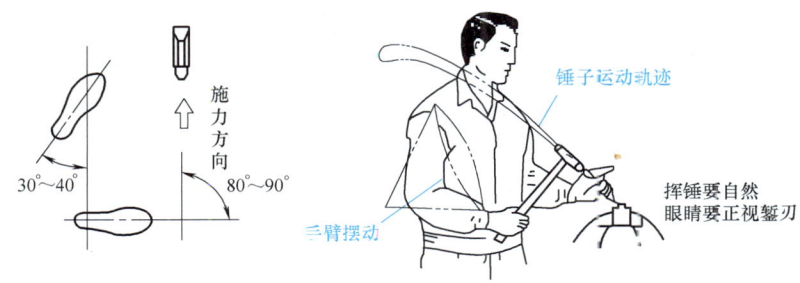

图 3-24 錾削操作姿势

③ 錾子未放正、未握稳。
④ 錾子顶部变形使受力方向改变。
⑤ 錾子刃口没有和錾子中心线垂直。
⑥ 錾削时錾子的工作后角过大或过小。
⑦ 起錾量过大。
⑧ 錾削至与工件尽头相距 10mm 左右时，未调头錾削。
2）錾削加工注意事项如下：
① 不使用锤柄开裂和松动的锤子。
② 錾子和锤子不允许沾油，以免滑脱。
③ 錾削时不准戴手套，要戴好防护眼镜。
④ 錾子顶部有明显毛刺时，要及时磨掉，以免碎裂伤人。
⑤ 不允许正对着人进行錾削加工，以防錾屑飞出伤人。
⑥ 使用过程中要保持錾子刃口锋利。
⑦ 规范放置錾削工具，以免砸脚伤人。
⑧ 进行錾削操作要适当休息，以免手臂过度疲劳击偏伤人。

任务实施

一、识读零件图样

1. 分析加工要素

鲁班锁由六个零件构成,分别为前檐、后檐、左柱、右柱、地衡、天梁。其中,前檐与后檐的形状和尺寸均相同,地衡、左柱与右柱的形状和尺寸均相同,如图3-2~图3-4所示。

由图3-2可知,前檐、后檐零件主要由一条宽槽、两条窄槽构成,其总体长、宽、高尺寸分别为(70±0.1)mm、$18_{-0.10}^{0}$mm、$18_{-0.10}^{0}$mm,宽槽的长、宽、高尺寸分别为$18_{0}^{+0.10}$mm、$18_{-0.10}^{0}$mm、$9_{0}^{+0.10}$mm,两条窄槽的长、宽、高尺寸分别为$9_{0}^{+0.10}$mm、$9_{0}^{+0.10}$mm、$18_{-0.10}^{0}$mm,所有零件表面粗糙度值为$Ra3.2\mu m$。

由图3-3可知,左柱、右柱、地衡零件主要由一条宽槽构成。其总体长、宽、高尺寸分别为(70±0.1)mm、$18_{-0.10}^{0}$mm、$18_{-0.10}^{0}$mm,宽槽的长、宽、高尺寸分别为$36_{0}^{+0.10}$mm、$18_{-0.10}^{0}$mm、$9_{0}^{+0.10}$mm,所有零件外轮廓要求的表面粗糙度值为$Ra3.2\mu m$。

由图3-4可知,天梁零件的长、宽、高尺寸分别为(70±0.1)mm、$18_{-0.10}^{0}$mm、$18_{-0.10}^{0}$mm。所有零件的所有棱边均须进行倒钝处理。

由图3-5可知,鲁班锁配合完成后,总体尺寸为70mm×70mm×70mm,要求装配时顺畅无阻滞,配合后松紧适中。

2. 选择毛坯

根据图3-2~图3-4可知,毛坯材料为Q235。

根据鲁班锁的总长、总宽、总高尺寸,确定每套鲁班锁的毛坯的尺寸为20mm×20mm×72mm,毛坯的数量为6条。

二、制订正确的工艺路线

请根据零件的加工要求,分别从表3-3中选择自己负责零件的工艺简图,从表3-4中选择自己负责零件的工艺内容,按正确的加工顺序填写在表3-5中,并从附录A~C中选择合适的工具、量具、刀具,完善表3-5中的其他内容。

表3-3 鲁班锁零件的加工简图

序号	工艺简图	序号	工艺简图
1		2	

（续）

序号	工 艺 简 图	序号	工 艺 简 图
3	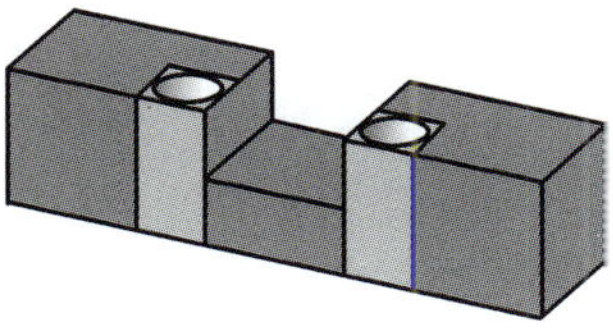	8	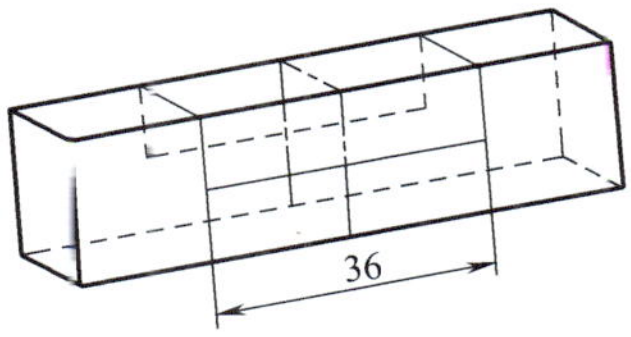 36
4	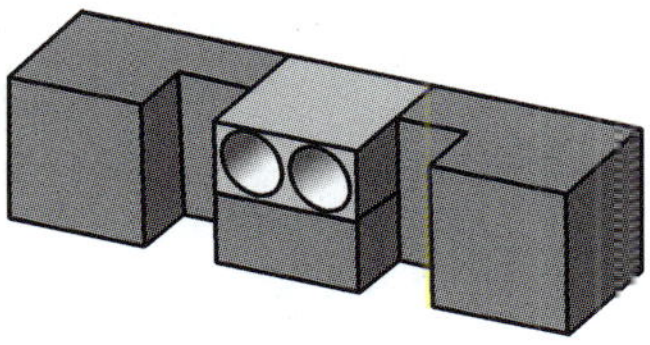	9	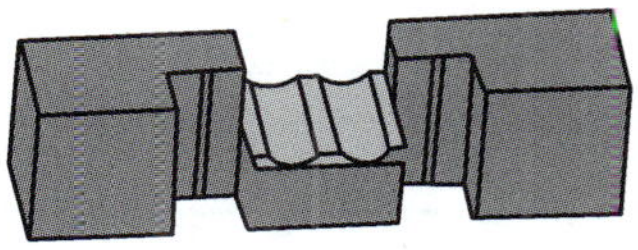
5	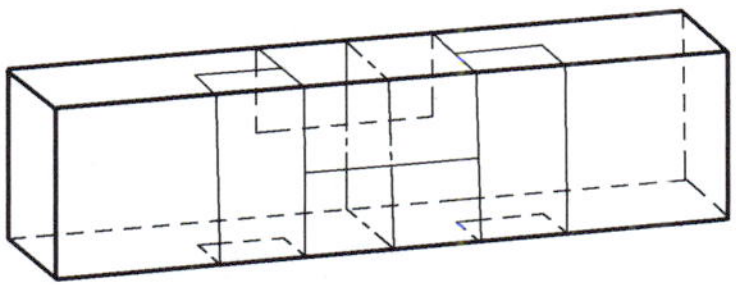	10	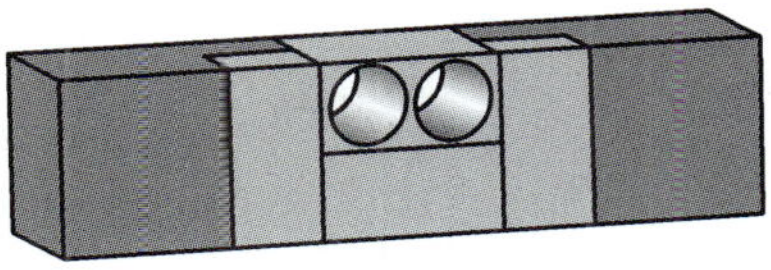
6	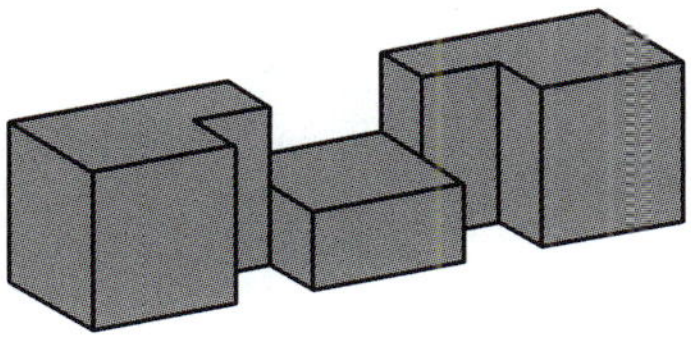	11	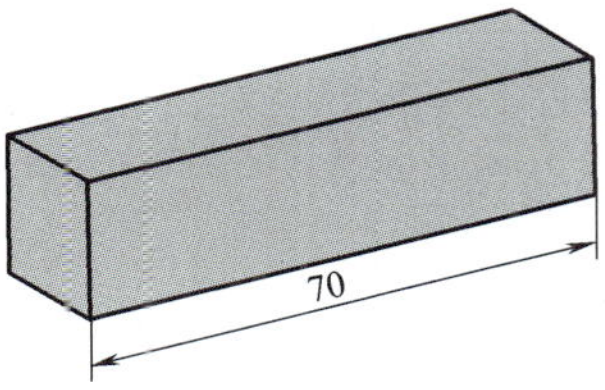 70
7	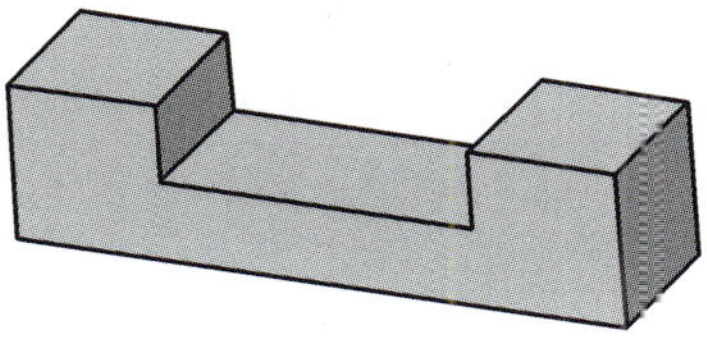	12	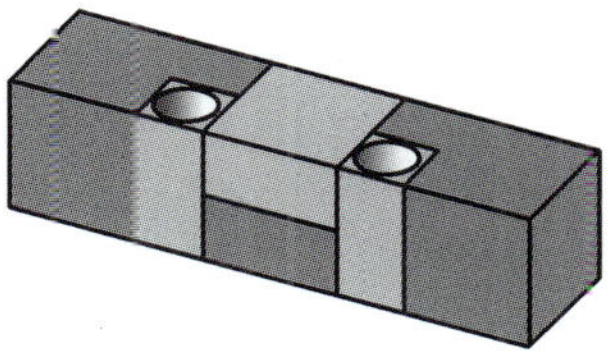

学习任务3　鲁班锁的制作

59

(续)

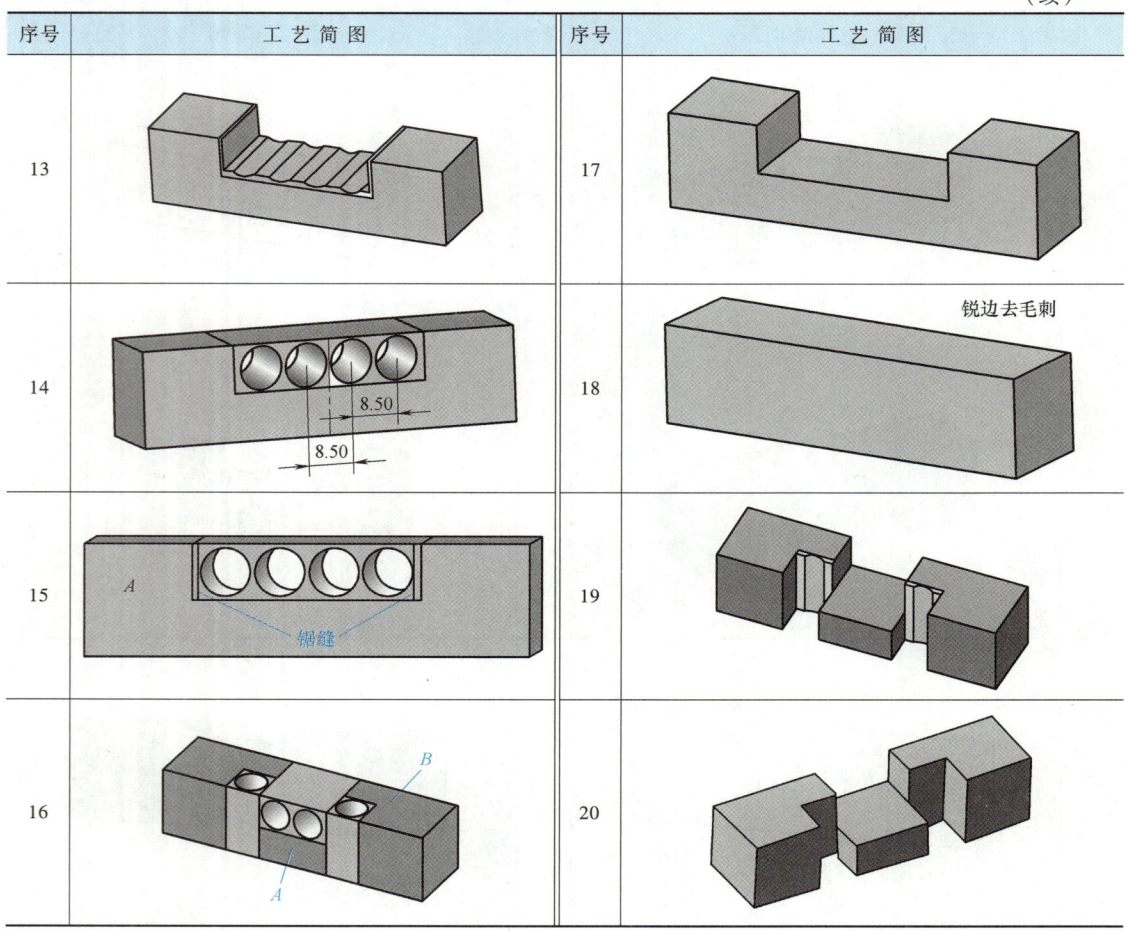

序号	工艺简图	序号	工艺简图
13		17	
14		18	锐边去毛刺
15		19	
16		20	

表 3-4 鲁班锁零件的加工工艺

序号	工步内容	序号	工步内容
1	沿 9mm×9mm 槽内侧锯两条锯缝,锯缝与 φ8mm 通孔相切	10	錾削加工,去除 18mm×9mm 槽内多余材料
2	锉削四面,保证各面相互垂直且对边距离为 18mm	11	锉削两端面,保证两面平行且距离为 70mm
		12	在 B 面 9mm×9mm 槽内各钻一个 φ8mm 通孔
3	在 A 面 18mm×9mm 槽内钻两个 φ8mm 通孔	13	锉削加工 36mm×9mm 槽两侧面,保证槽宽 36mm,并加工两内直角处的工艺沟槽
4	锉削加工 9mm×9mm 槽,保证尺寸精度与位置精度,并加工两内直角处的工艺槽	14	沿 36mm×9mm 槽内侧锯两条锯缝,锯缝与 φ8mm 通孔相切
5	錾削加工,去除 36mm×9mm 槽内多余材料	15	按图 3-2 在零件上进行立体划线
6	修整工件,所有锐边去毛刺	16	沿 18mm×9mm 槽内侧锯两条锯缝,锯缝与 φ8mm 通孔相切
7	在 A 面 36mm×9mm 槽内钻四个 φ8mm 通孔	17	錾削加工,去除 9mm×9mm 槽内多余材料
8	按图 3-3 在零件上进行立体划线		
9	锉削加工 18mm×9mm 槽,保证尺寸精度与位置精度,并加工两内直角处的工艺沟槽	18	锉削加工 36mm×9mm 槽的底面,保证槽深 9mm

表 3-5　鲁班锁零件的加工工艺

工艺序号	工艺简图号码	工步内容号码	使用工具	使用量具	加工刀具	将产生的生产垃圾	垃圾分类

三、制作鲁班锁零件

1. 鲁班锁零件的加工过程（表 3-6~表 3-8）

表 3-6　天梁零件的加工过程

序号	加工步骤	加工内容	加工位置	使用设备或工具	使用量具	使用刀具	本环节产生的生产垃圾	垃圾分类处理
1	准备毛坯	选取毛坯材料，尺寸约为 20mm×20mm×72mm						
2	锉削四面	锉削四面，保证平面度及各相邻面相互垂直且对边距离为 18mm					铁粉	可回收物 Recyclable
3	锉削两端面	锉削两端面，保证两面平行且距离为 70mm					铁粉	可回收物 Recyclable

61

表 3-7　左柱、右柱、地衡零件的加工过程

序号	加工步骤	加工内容	加工位置	使用设备或工具	使用量具	使用刀具	本环节产生的生产垃圾	垃圾分类处理
1	准备毛坯	选取毛坯材料，尺寸约为 20mm×20mm×72mm						
2	锉削四面	锉削四面，保证平面度及各相邻面相互垂直且对边距离为18mm					铁粉	可回收物 Recyclable
3	锉削两端面	锉削两端面，保证两面平行且距离为70mm					铁粉	可回收物 Recyclable
4	划线	按图样尺寸进行划线，完成后要检查一遍，确保划线的准确性					抹布	其他垃圾 Other waste
5	钻孔	使用台式钻床，在 A 面 36mm×9mm 的槽内钻四个尺寸为φ8.5mm 的排料通孔					钻孔切屑	可回收物 Recyclable
6	锯削排料孔两侧	沿 36mm×9mm 的槽内侧锯削两条锯缝，锯缝与φ8.5mm 通孔相切					铁粉 / 断锯条	可回收物 Recyclable / 可回收物 Recyclable
7	錾削排料	錾削加工，去除 36mm×9mm 槽内多余材料					余料	可回收物 Recyclable

学习任务3　鲁班锁的制作

（续）

序号	加工步骤	加工内容	加工位置	使用设备或工具	使用量具	使用刀具	本环节产生的生产垃圾	垃圾分类处理
8	锉削宽槽	锉削加工 36mm×18mm×9mm 宽槽 1）锉削底面，保证槽深为9mm 2）锉削左侧面，保证左侧面与左端面的距离为17mm 3）锉削右侧面，保证其与左侧面的距离为36mm	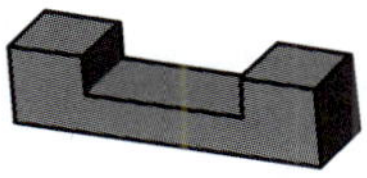		  		铁粉 	可回收物 Recyclable
9	锯削工艺槽	锯削内侧直角的工艺槽	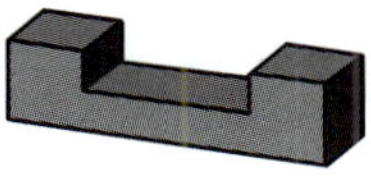		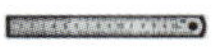		铁粉  断锯条 	可回收物 Recyclable 可回收物 Recyclable
10	去毛刺	锐角、锐边倒棱，整体检查	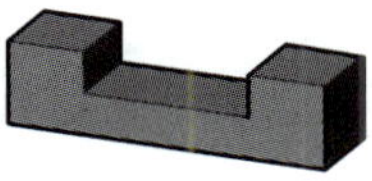				铁粉  抹布 	可回收物 Recyclable 其他垃圾 Other waste
11	设备保养	清洁并保养台虎钳、工具、量具、刀具等					机油  油抹布 	有害垃圾 Harmful waste 有害垃圾 Harmful waste

63

表 3-8 前檐、后檐零件的加工过程

序号	加工步骤	加工内容	加工位置	使用设备或工具	使用量具	使用刀具	本环节产生的生产垃圾	垃圾分类处理
1	准备毛坯	选取毛坯材料，尺寸约为 20mm×20mm×72mm						
2	锉削四面	锉削四面，保证平面度及各相邻面相互垂直且对边距离为 18mm	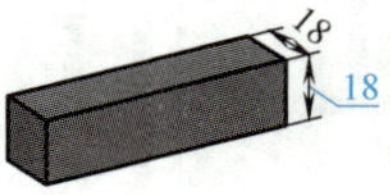				铁粉 	可回收物 Recyclable
3	锉削两端面	锉削两端面，保证两面平行且距离为 70mm	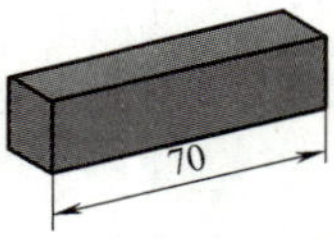		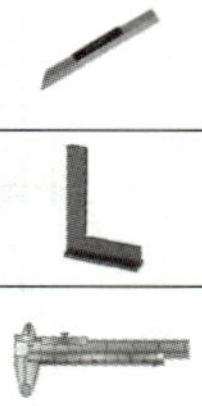		铁粉 	可回收物 Recyclable
4	划线	按图样尺寸进行划线，完成后要检查一遍，确保划线的准确性	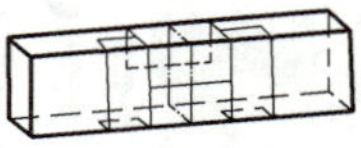				抹布 	其他垃圾 Other waste
5	钻孔	使用台式钻床，分别在顶面和侧面钻两个尺寸为 φ8mm 的排料通孔	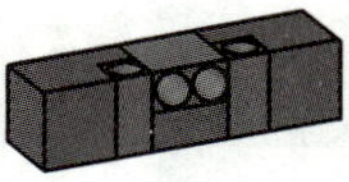			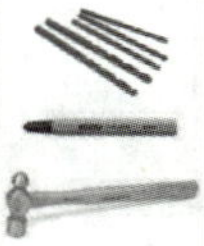	钻孔切屑 	可回收物 Recyclable
6	锯削排料锯缝	在划线位置内侧、靠近排料通孔的位置锯削六条锯缝	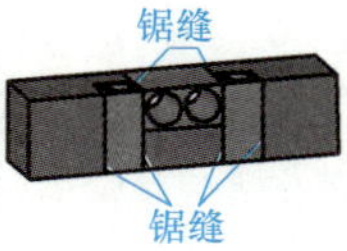				铁粉  / 断锯条 	可回收物 Recyclable
7	錾削排料	錾削加工，去除 18mm×18mm×9mm 槽内多余材料	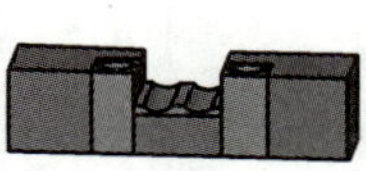			 	余料 	可回收物 Recyclable

（续）

序号	加工步骤	加工内容	加工位置	使用设备或工具	使用量具	使用刀具	本环节产生的生产垃圾	垃圾分类处理
8	锉削中间宽槽	锉削加工18mm×18mm×9mm的宽槽，保证其尺寸精度和位置精度达到图样要求	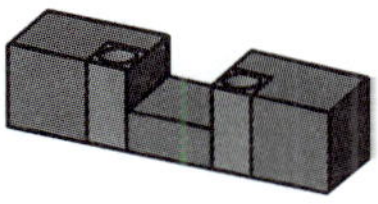		  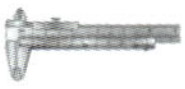		铁粉 	可回收物 Recyclable
9	錾削排料	錾削加工，去除两条9mm×18mm×9mm槽内多余材料	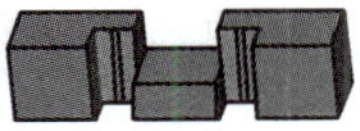			 	余料 	可回收物 Recyclable
10	锉削两侧宽槽	锉削两条9mm×18mm×9mm的槽，保证其尺寸精度和位置精度达到图样要求	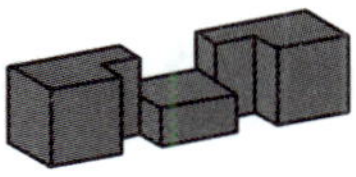		  		铁粉 	可回收物 Recyclable
11	锯削工艺槽	锯削内侧槽直角的工艺槽	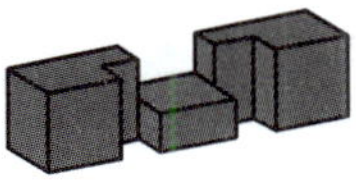				铁粉  / 断锯条 	可回收物 Recyclable / 可回收物 Recyclable
12	去毛刺	锐角、锐边倒棱，整体检查			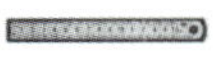		铁粉  / 抹布 	可回收物 Recyclable / 其他垃圾 Other waste
13	设备保养	清洁并保养台虎钳、工具、量具、刀具等					机油  / 油抹布 	有害垃圾 Harmful waste / 有害垃圾 Harmful waste

2. 加工注意事项

加工鲁班锁的过程中，需要注意的事项见表3-9。

表3-9 鲁班锁加工注意事项

类别	序号	注意事项内容	备注
常规项	1	检查毛坯材料尺寸是否满足图样要求	20mm×20mm×72mm
	2	使用电动工具时，要有绝缘防护和安全措施	
	3	钻孔时，必须按规范着装，戴防护眼镜，禁止戴手套	
	4	开动钻床前，应检查是否有钻夹头钥匙或斜铁插在钻轴上	
	5	严禁在钻床运转状态下装拆工件、检验工件和变换主轴转速，必须在钻床停止状况下进行上述操作	
加工项	1	锉削四面时，应先加工互相垂直的两个面作为基准面，并做好标记以便查看，然后依次锉削第3、第4面	(基准面示意图)
	2	用大锉刀进行锉削粗加工，留0.2~0.3mm余量，再用小锉刀进行精加工，注意尺寸余量和公差的控制	
	3	加工外形时，垂直度、平行度误差应控制在最小范围内，外形实际尺寸的测量必须正确，并取各点实测值的平均值	
	4	加工时应先钻排孔再锯削，防止先锯削造成钻排孔时失去支撑力而无法进行钻削	重点
	5	钻排孔时要求孔与孔要相切，否则进行去余料錾削时阻力较大，难以去除	
	6	正确使用锤子进行錾削加工，小心锤子打滑砸伤手	安全
	7	修锉凹形体清角时，锉刀一定要修磨好，用力要掌握好，防止修成圆角或锉坏相邻面	
	8	修配时各方面都要兼顾到，做到经常测量，判断影响配合质量的真正原因，找准问题部位，谨慎修整，使零件逐渐达到图样的装配要求	重点
	9	装配时应根据装配图各零件的装配顺序进行组合安装，以免零件之间无法组合	
检测项	1	平板一般用于划线，不宜承受冲击、重压，使用时应避免因局部使用频繁而磨损过多	
	2	正确使用刀口形直尺测量平面度，正确使用直角尺测量垂直度	
	3	使用游标卡尺时，要掌握好测量爪与被测工件表面接触时的压力，既不能太大也不能太小，以刚好使测量面与工件接触，同时测量爪还能沿着工件表面自由滑动为宜	
	4	不准以游标卡尺代替卡钳在工件上来回拖拉，使用游标卡尺时不可用力与工件撞击，以防损坏游标卡尺	
	5	使用游标卡尺测量时，至少要测量3处	(测量处1 测量处2 测量处3示意图)

四、装配注意事项

鲁班锁的装配流程如图 3-25 所示。装配时要注意以下几点：
1) 了解总装图，熟悉装配工艺规程。
2) 检查所有工件是否齐全。
3) 仔细检测各工件的尺寸精度，使相互配合的工件精度要匹配，以确保工件的装配和拆卸比较方便。
4) 对应图样分别给所有工件编号，如图 3-25d 所示。
5) 参照鲁班锁的装配流程图，按装配工艺进行装配。
6) 装配完成后，对照图 3-5 所示图样要求检测各配合尺寸。
7) 如配合后尺寸达不到装配要求，应对相应的工件进行修整。
8) 整理工作场地。

鲁班锁的装配

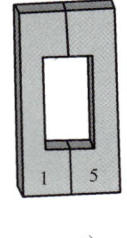
a)
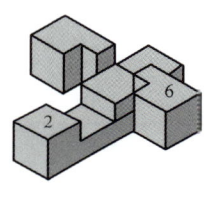
b)
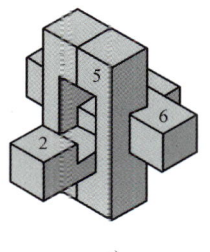
c)
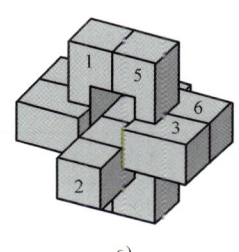
c)
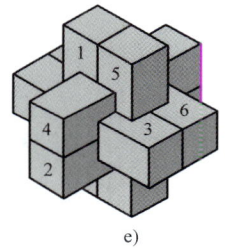
e)

图 3-25 鲁班锁的装配流程图

学习评价

一、学习过程评价

请根据本任务学习过程中的实际情况，在表 3-10 中对自己及学习小组进行评价。

表 3-10 学习过程评价表

评价人	评价内容	评价等级	情况说明
	学习小组：_____ 姓名：_____ 评价日期：_____		
自我评价	能否按 5S 要求规范着装	能 □ 不确定 □ 不能 □	
	能否针对学习内容主动与其他同学进行沟通	能 □ 不确定 □ 不能 □	
	能否叙述自己所负责的鲁班锁零件的加工工艺过程	能 □ 不确定 □ 不能 □	
	能否规范使用工具、量具、刀具及钻孔设备加工零件	能 □ 不确定 □ 不能 □	
	你所负责加工的鲁班锁零件的完成情况	按图样要求完成 □ 基本完成 □ 没有完成 □	
	能否独立且正确检测零件尺寸	能 □ 不确定 □ 不能 □	

67

(续)

评价人	评价内容	评价等级	情况说明
小组评价	小组所使用的工具、量具、刀具能否按5S要求摆放	能□ 不确定□ 不能□	
小组评价	小组组员之间团结协作、沟通情况	好□ 一般□ 差□	
小组评价	小组所有成员制作的零件能否正常装配成鲁班锁	能□ 不能□	
教师评价	学生个人在小组中的学习情况	积极□ 懒散□ 技术强□ 技术一般□	
教师评价	学习小组在学习活动中的表现情况	好□ 一般□ 差□	

二、专业技能评价

请参照零件图,使用游标卡尺等量具分别对自己负责加工的零件与小组其他零件进行检测,并把检测结果填写在表3-11~表3-14中。

表3-11 前檐、后檐零件质量检测表

序号	检测项目	配分	评分标准	自检结果	得分	互检结果	得分
1	长(70 ± 0.10)mm	10	符合要求得分				
2	宽$18_{\ 0}^{+0.10}$mm	10	符合要求得分				
3	高$18_{-0.10}^{\ \ 0}$mm	10	符合要求得分				
4	槽长$18_{-0.10}^{\ \ 0}$mm	8	符合要求得分				
5	左槽长$9_{\ 0}^{+0.10}$mm	8	符合要求得分				
6	右槽长$9_{\ 0}^{+0.10}$mm	8	符合要求得分				
7	槽宽$9_{\ 0}^{+0.10}$mm	8	符合要求得分				
8	槽深$9_{\ 0}^{+0.10}$mm	8	符合要求得分				
9	平面度(四面)	20	符合要求得分				
10	表面粗糙度值	10	每处$Ra3.2\mu m$,降一级扣1分				
合计		100					

表3-12 左柱、右柱、地衡零件质量检测表

序号	检测项目	配分	评分标准	自检结果	得分	互检结果	得分
1	长(70 ± 0.10)mm	10	符合要求得分				
2	宽$18_{-0.10}^{\ \ 0}$mm	15	符合要求得分				
3	高$18_{-0.10}^{\ \ 0}$mm	15	符合要求得分				
4	槽长$36_{\ 0}^{+0.10}$mm	10	符合要求得分				

（续）

序号	检测项目	配分	评分标准	自检结果	得分	互检结果	得分
5	槽深 $9_{\ 0}^{+0.10}$ mm	10	符合要求得分				
6	平面度（四面）	30	符合要求得分				
7	表面粗糙度值	10	每处 $Ra3.2\mu m$，降一级扣 1 分				
合计		100					

表 3-13　天梁零件质量检测表

序号	检测项目	配分	评分标准	自检结果	得分	互检结果	得分
1	长（70±0.10）mm	20	符合要求得分				
2	宽 $18_{-0.10}^{\ 0}$ mm	20	符合要求得分				
3	高 $18_{-0.10}^{\ 0}$ mm	20	符合要求得分				
4	平面度（四面）	30	符合要求得分				
5	表面粗糙度值	10	每处 $Ra3.2\mu m$，降一级扣 2 分				
合计		100					

表 3-14　鲁班锁装配质量检测表

序号	检测项目		配分	评分标准	自检结果	得分	互检结果	得分
1	主视图	70mm	10	符合要求得分				
2		36mm	10	符合要求得分				
3		17mm	10	符合要求得分				
4	俯视图	70mm	10	符合要求得分				
5		36mm	10	符合要求得分				
6		17mm	10	符合要求得分				
7	左视图	70mm	10	符合要求得分				
8		36mm	10	符合要求得分				
9		17mm	10	符合要求得分				
10	装配效果		10	配合松动不得分				
合计			100					

练习与作业

一、课堂练习

（一）选择题

1. 加工前檐零件槽时需要钻孔，至少需要（　　）次装夹才能完成。
   A. 1　　　　　B. 2　　　　　C. 3　　　　　D. 4

2. 由铸铁制成，工作表面经过刮削加工，作为划线时的基准平面的是（　　）。
   A. 划线平板　　B. 钳工台面　　C. 台虎钳平面　　D. 工作台

3. 划线除要求划出的线条（　　）均匀外，最重要的是要保证尺寸（　　）。
   A. 大小、准确　　B. 清晰、准确　　C. 清晰、数值　　D. 明显、数值

4. 常用的划线工具有（　　）。
   A. 划线平板、划针　　　　　B. 划规、样冲
   C. 游标高度卡尺、钢直尺　　D. 以上都是

5. （多选题）以下鲁班锁零件中，（　　）的形状、尺寸是一样的。
   A. 天梁　　　B. 左柱　　　C. 右柱　　　D. 地衡

6. （多选题）游标高度卡尺可以用来（　　）和（　　）。
   A. 测量内孔　　B. 测量高度　　C. 划线　　D. 测量内槽

（二）判断题

1. 地衡零件正确的加工流程是：选毛坯、锉四面、锉两端面、划线、钻排孔、锯削、錾削排料、锉削槽至尺寸要求。（　　）

2. 划线应整体一致到位，使划出的线条均匀、清晰、准确，要重复划线，使线条变粗。（　　）

3. 划针应保持尖锐，不用时划针可以插入口袋中。（　　）

4. 錾子錾顶部有明显毛刺时，要及时磨掉，以免碎裂伤人。（　　）

5. 锤击的力度不均匀，錾削基本手法不熟练，不会影响錾削质量。（　　）

6. 握錾子时，应是左手五指死死握住錾身。（　　）

7. 钳工常用的划规有普通划规、扇形划规、弹簧划规。（　　）

8. 錾子按形状不同可分为：扁錾、尖錾、油槽錾。（　　）

9. 锤子的握法分紧握法和松握法。（　　）

10. 錾削加工时，挥锤要自然，眼睛要正视工件。（　　）

（三）填空题

1. 制作鲁班锁时，六个零件均可以先按_____的尺寸要求加工，然后再加工相应的槽。

2. 錾削是利用_____的锤击力使錾子进行金属工件的錾切加工。

3. 挥锤的方法有_____、_____和臂挥三种。

4. 錾子的握法有_____、_____、_____三种。

5. 游标高度卡尺的读数原理与_____一样。

(四) 思考题

1. 钻孔加工有哪些注意事项？

2. 使用游标高度卡尺进行划线操作时，有哪些注意事项？

二、课后作业

请你结合本次任务的学习情况，在课后制作一份 A3 幅面的手抄报。要求如下：
1) 归纳本次任务所学会的知识和技能。
2) 加工鲁班锁零件的过程中，自己或者学习小组出现的问题及解决方法。
3) 学习心得与反思。
4) 版面清晰，字迹工整，图文并茂，体现创新思想。

生产任务工单 （表 3-15）

表 3-15 生产任务工单

任务名称		使用设备		加工要求	
零件图号		加工数量			
下单时间		接单小组			
要求完成时间		责任人			
实际完成时间		生产人员			
产品质量检测记录					
	检测项目	自检结果		质检员检测结果	
1	零件完整性				
2	零件关键尺寸不合格数目				
3	零件表面质量				
4	是否符合装配要求				
零件质量最终检测结果及处理意见					
验收人		存放地点		验收日期	

学习任务4

八角宫的制作

学习内容

1. 圆弧面的锉削方法。
2. 半径样板的使用。
3. 角度样板的使用。
4. 选择八角宫（图4-1）的加工工艺。
5. 制作八角宫零件。
6. 八角宫零件的质量检测。

学习目标

知识目标

1. 明白内、外圆弧锉削的运动原理。
2. 知道外圆弧锉削方法的种类。
3. 知道半径样板的定义及用途。
4. 掌握半径样板的使用方法及注意事项。
5. 明白角度样板的测量原理，掌握角度样板的测量方法。
6. 掌握八角宫零件的制作工艺流程。

能力目标

1. 能根据零件图样的要求，利用工具、量具进行八角宫的划线操作。
2. 小组协商互助学习，学会圆弧面的锉削技巧。
3. 能在老师的指导下，锉削加工出合格的内、外圆弧面。
4. 能正确使用半径样板测量内、外圆弧面。
5. 能正确使用角度样板测量角度。
6. 会选择合适的量具对八角宫零件进行质量检测。
7. 能独立完成八角宫零件的加工，最终小组配合完成八角宫的装配。

图4-1 八角宫

八角宫的制作

学习任务4　八角宫的制作

🔷 职业素质目标

1. 在八角宫划线阶段，小组协商学习，能正确选择划线工具并按图样要求进行八角宫的划线操作。

2. 能与小组成员协商，共同完成八角宫的划线和加工流程的制订等学习任务。

3. 能够理清内、外圆弧的锉削方法。

4. 能根据图样要求，正确选用半径样板、角度样板等量具对工件进行检测。

5. 在八角宫装配过程中，能对装配过程中出现的问题提出解决意见。

🔷 职业素养目标

1. 了解八角宫的历史，学习古人的智慧，树立文化自信，培养创新意识。

2. 能正确选用半径样板、角度样板等量具精确检测零件，清楚零件的质量并提出改进意见，培养精益求精的工匠精神。

3. 在实操过程中能严格按照安全文明生产要求规范操作，培养安全文明生产意识。

4. 积极参与小组合作学习，对小组学习过程中遇到的问题能共同分析并提出解决意见，具有团队合作精神。

5. 按质按时完成本人所负责的零件加工任务，具备良好职业意识。

6. 节约学习资源，对学习过程中产生的断锯条、余料等各类生产垃圾，能指导同学进行有效分类并按要求投放，培养环保意识。

🔷 思维导图

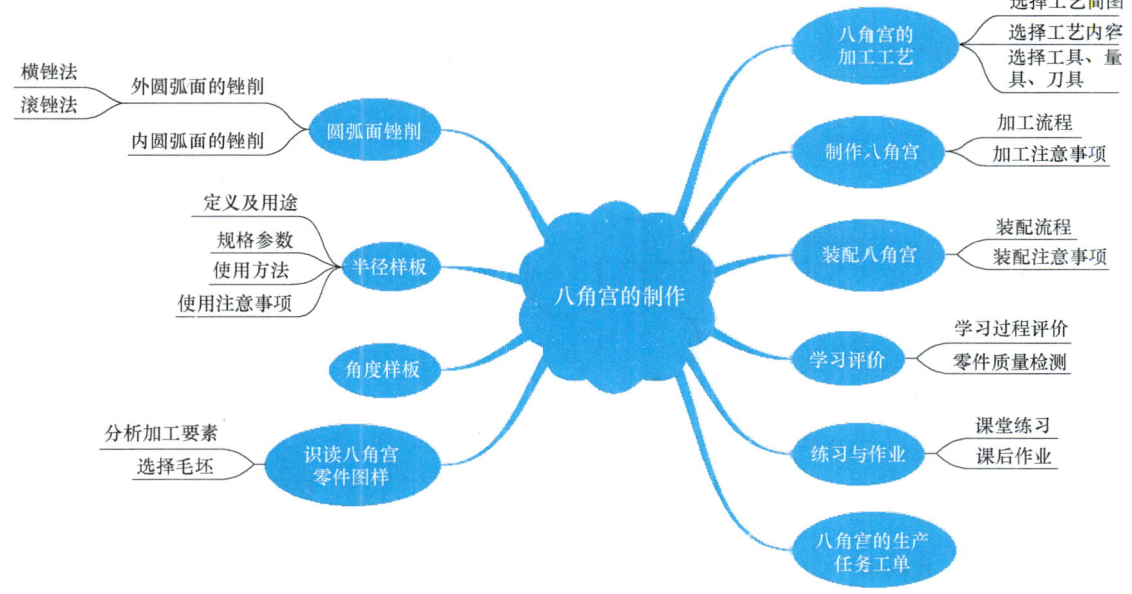

🔷 任务描述

八角宫，建于清雍正十年（1734年），位于潮州市饶平县东北，马岗溪旁，因其宫顶为八角形状而得名。图 4-1 所示八角宫为宫顶模型,是拼图类益智玩具。

现有企业订单,要求利用金属材料加工八角宫益智玩具,数量若干。零件图及装配图如图 4-2、图 4-3 所示。

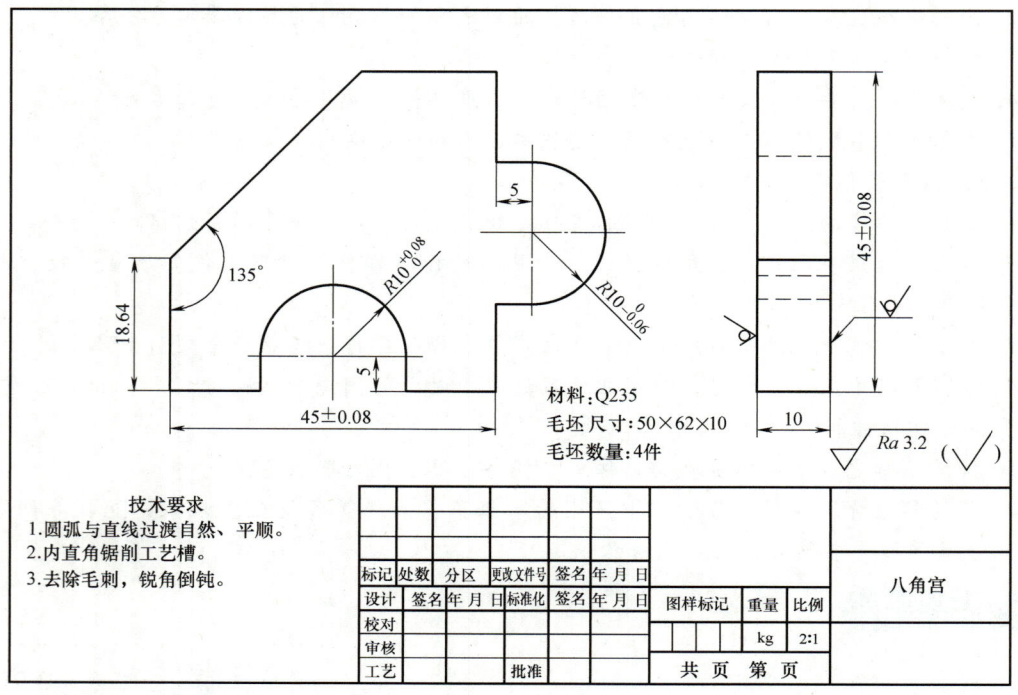

图 4-2　八角宫零件图

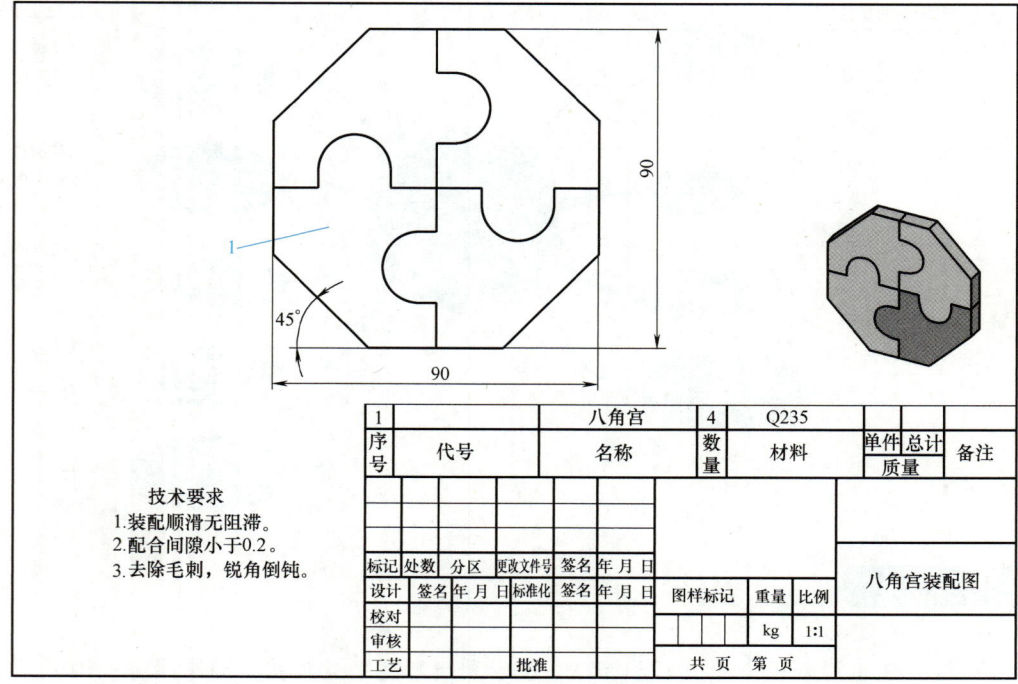

图 4-3　八角宫装配图

学习任务4　八角宫的制作

任务分析

一、制订工作计划

利用钳工技能完成八角宫的制作，分别需要完成选料，选取工具、量具、刀具，零件加工，质量检测，5S现场管理等任务内容。请根据本小组的实际情况，与组员协商分工，填写表4-1的相关内容。

表4-1　小组分工合作计划

组　名		小组成员			
序　号	任　务　内　容		计划用时	完成时间	负　责　人

二、选取加工设备

请根据八角宫的零件图及小组工作计划，分别从附录A~C中选择制作八角宫的工具、量具、刀具，并填写在表4-2中。

表4-2　加工八角宫的工具、量具、刀具

序号	名　称	规　格　型　号	数量	备　注

75

三、知识准备

通过观看八角宫的加工视频可知，八角宫零件是综合运用平面锉削、圆弧面锉削、划线、钻孔、錾削、锯削等技能加工而成的。为了保证零件产品质量符合图样要求，加工过程中，需要采用钢直尺、刀口形直尺、宽座角尺、游标卡尺、半径样板、角度样板等量具进行必要的检测工作。接下来，让我们一起来学习圆弧面锉削、半径样板、角度样板等新的准备知识吧！

1. 圆弧面锉削

（1）外圆弧面的锉削　锉削外圆弧面时，不仅有平面锉削时锉刀的向前运动，还要有锉刀沿工件弧面的转动，因此锉削外圆弧面时，锉刀要完成两种运动。根据加工时锉刀的运动方式可分为横锉法和滚锉法两种。

1）横锉法。

横锉法又称为横向外圆弧锉法。如图4-4所示，锉削时，锉刀的向前运动与圆弧轴线平行，锉刀沿工件圆弧绕圆弧轴线转动。这种方法容易发挥锉削力量，锉削效率高，便于按划线要求均匀地向弧线靠拢锉削，但只能锉成近似圆弧面的多棱形面，故适用于余量大的圆弧面的粗加工。

外圆弧面锉削—
横锉法

图4-4　横锉法

2）滚锉法。

滚锉法又称为顺向外圆弧锉法。如图4-5所示，锉削时，锉刀的前进方向与圆弧轴线方向垂直，并绕工件圆弧中心转动。顺着圆弧面锉削时，锉刀向前，右手紧握锉刀柄部向下压，左手使锉刀前端上抬，在上抬和下压的过程中，施加压力并推进锉刀，如此反复。锉刀上抬和下压的摆幅要大，才易于锉圆，并随时用外圆弧样板检验修正圆弧，直到圆弧面基本成形。这种锉削方法能使圆弧面光滑，但不易发挥锉削力量，锉削位置不易掌握，锉削效率低，故适用于锉削余量小的圆弧或精加工。

外圆弧面锉削—
滚锉法

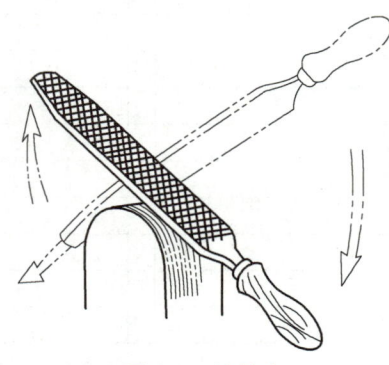

图4-5　滚锉法

（2）内圆弧面的锉削　锉削内圆弧时，锉刀要同时完成三个运动，即沿轴线向前运动、向左或向右移动半个到一个锉刀的宽度、绕锉刀轴线转动约90°，如图4-6所示。锉削内圆弧时可选用圆锉或半圆锉。锉内圆弧时，只有同时完成三个运动，并不断用圆弧样板检验修正圆弧，才能保证锉出的内圆弧面光滑、准确，达到图样要求。

内圆弧面锉削

图4-6　锉刀同时完成三个动作

2. 半径样板

（1）定义及用途　半径样板也称为半径规或R规，是利用光隙法测量圆弧半径的量具，如图4-7所示。一般同一个半径样板两端分别为凸形样板和凹形样板，其中凸形样板用于检测内表面圆弧，如图4-7左端所示，凹形样板用于检测外表面圆弧，如图4-7右端所示。

（2）规格　半径样板的规格一般在半径样板侧面标注，如图4-7所示 $R7\sim R14.5mm$，表示该半径样板可测量 $R7\sim R14.5mm$ 的内外圆弧面，其中每隔0.5mm有一对凸凹样板。

常用的半径样板量程有 $R1\sim R5.5mm$、$R7\sim R14.5mm$、$R15\sim R25mm$、$R26\sim R80mm$，各生产厂家的量程规格有所不同。

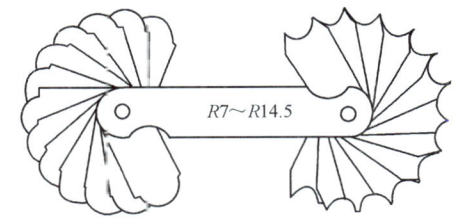

图4-7　半径样板

（3）使用方法　使用半径样板检验工件圆弧半径有两种方法：

1）工件圆弧半径已知。当已知被检验工件的圆弧半径时，可选用相应尺寸的半径样板去检验，如图4-8所示。

2）工件圆弧半径未知。当事先不知道被检工件的圆弧半径时，则要用试测法进行检验。首先目测被检工件的圆弧半径，依次选择不同的半径样板去试测。检测外圆弧时，当光隙位于圆弧的中间部分时，说明工件的圆弧半径 r 大于样板的半径 R，应换一片半径大一些的样板去检验；若光隙位于圆弧的两边，说明工件的半径 r 小于样板的半径 R，则换一片半径小一点的样板去检验，直到两者吻合，则此样板的半径就是被测工件的圆弧半径，如图4-9a所示。检测内圆弧则判定情况相反，如图4-9b所示。

（4）使用注意事项

1）测量时必须使半径样板的测量面与工件的圆弧完全紧密地接触。

2）半径样板使用后应擦净并涂上防锈油，擦拭时要从铰链端向工作端方向擦，切勿逆擦，以防止样板折断或者弯曲。

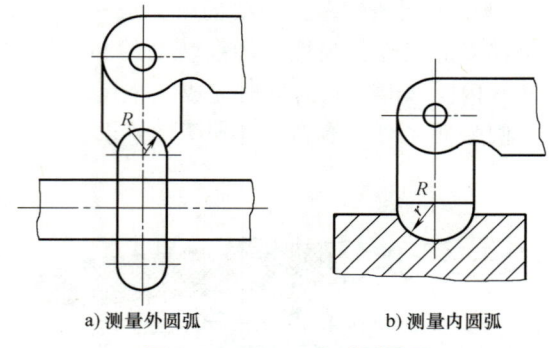

图 4-8　已知 r=R 时测量图

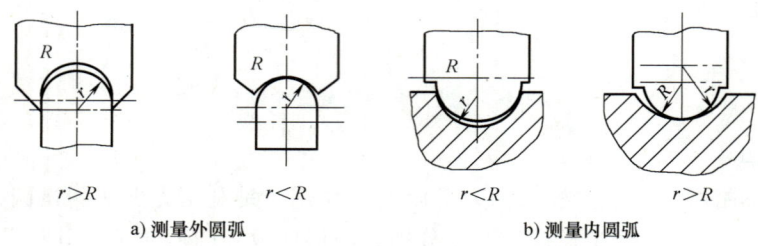

图 4-9　r 未知时测量图

3）半径样板要定期检查，如果样板上标注的半径数值不清，千万不要使用，以防错用。

3. 角度样板

角度样板是检测有一定角度范围要求的两个平面的定制检具。常用的角度样板有 15°、30°、45°、60°、90°。一般需要按要求自制或者找厂家定制，如图 4-10 所示。

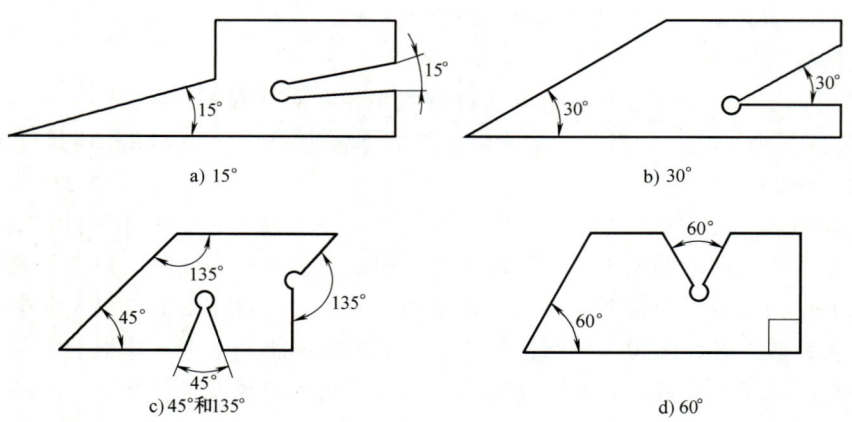

图 4-10　自制角度样板

使用角度样板测量时，要先拿角度样板的一个面轻靠在待检测面上，再轻轻滑动角度样板，使角度样板的第二个面贴上另一个待检测面并使用透光法观察。如果透光均匀或完全不透光，则证明零件的加工角度与角度样板的角度一致。

【素养园地——创新精神】

任务实施

一、识读零件图样

1. 分析加工要素

八角宫由四个零件构成，如图4-1~图4-3所示。

由图4-2可知，八角宫零件主要由一个凸半圆、一个凹半圆、一个斜面构成。八角宫零件的长、宽、高尺寸分别为60mm、10mm、(45±0.08)mm，凸半圆的半径为$10_{-0.06}^{0}$mm，凹半圆的半径为$10_{0}^{+0.08}$mm，斜边与左侧直角边的夹角为135°，四周侧面要求的表面粗糙度值为$Ra3.2\mu m$，上下大平面为非去除材料方式获得的表面，故无须加工。所有棱边均须进行倒钝处理。

由图4-3可知，装配完成后的八角宫的长、宽分别是90mm、90mm，斜边与左侧直角边的夹角的补角为45°。要求装配顺滑无阻滞，配合间隙小于0.2mm。

2. 选择毛坯

根据图4-2可知，毛坯材质为Q235。

根据八角宫的总长、宽、高尺寸，确定每套八角宫的毛坯的尺寸为50mm×62mm×10mm，毛坯的数量为4块。

二、制订正确的工艺路线

请你根据零件的加工要求，分别从表4-3中选择自己负责零件的工艺简图，从表4-4中选择自己负责零件的工艺内容，按正确顺序填写在表4-5零件的加工工艺中，并从附录A~C中选择合适的工具、量具、刀具，参考附录D垃圾分类操作指引，完善表4-5中的其他内容。

表4-3 八角宫零件的加工简图

序号	工 艺 简 图	序号	工 艺 简 图
1	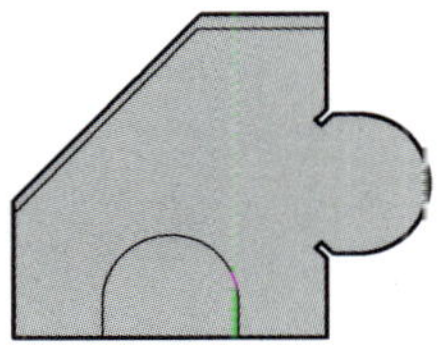	3	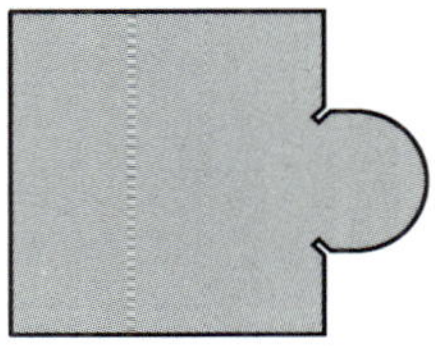
2	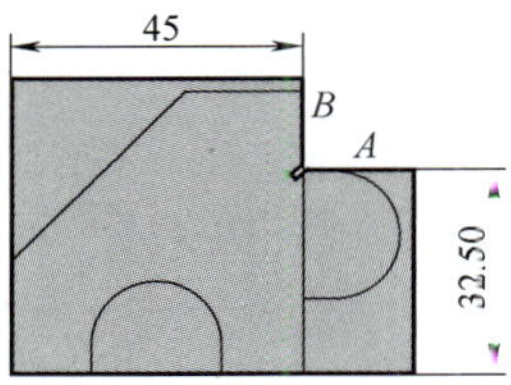	4	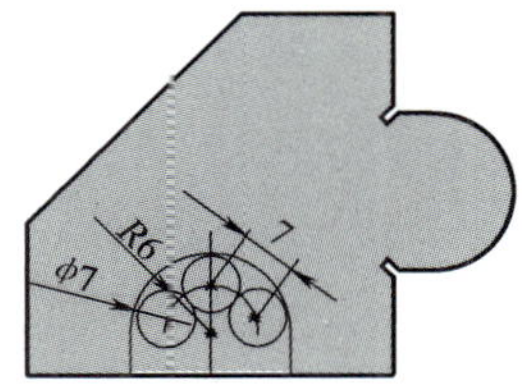

（续）

序号	工 艺 简 图	序号	工 艺 简 图
5	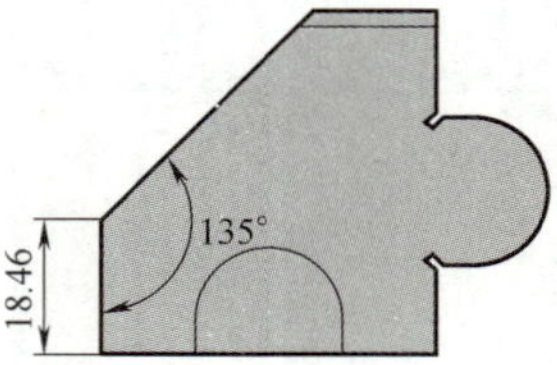 18.46, 135°	11	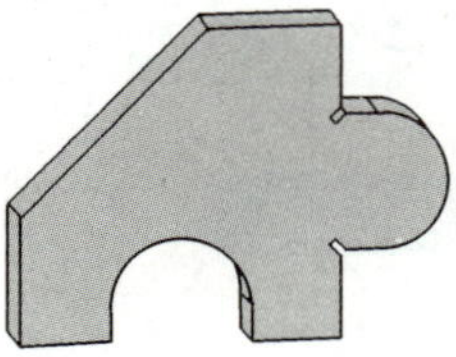
6	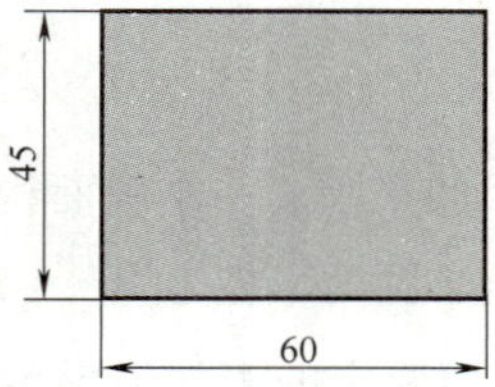 45, 60	12	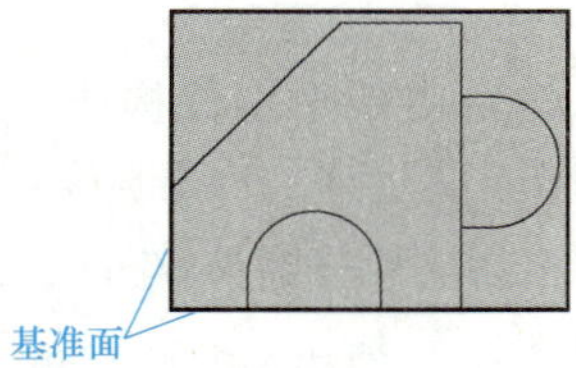 基准面
7	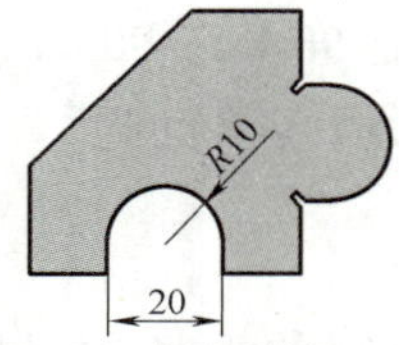 R10, 20 (R10mm内圆弧锉配)	13	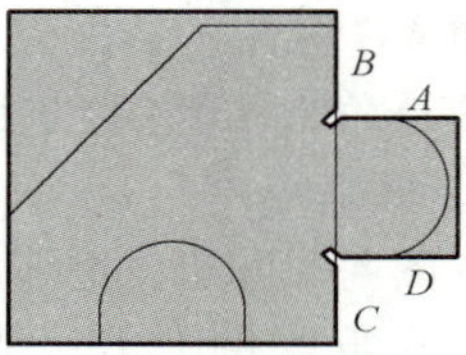 B, A, D, C
8	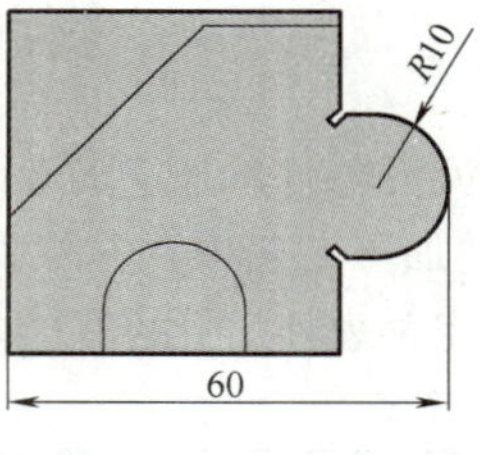 R10, 60	14	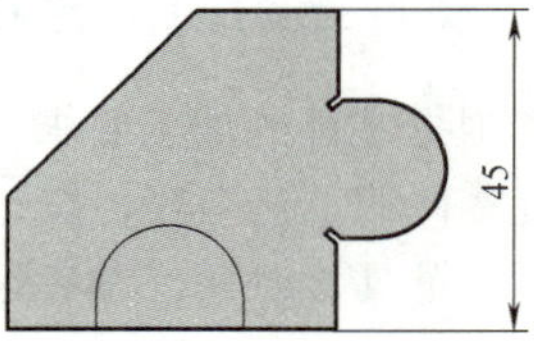 45
9	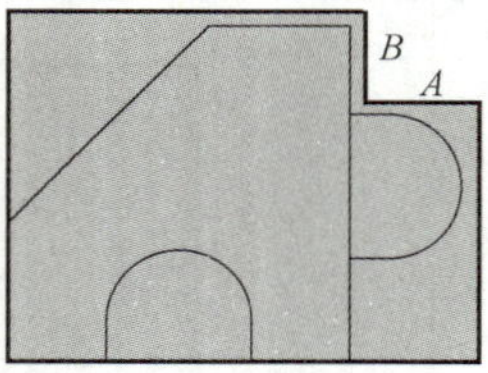 B, A	15	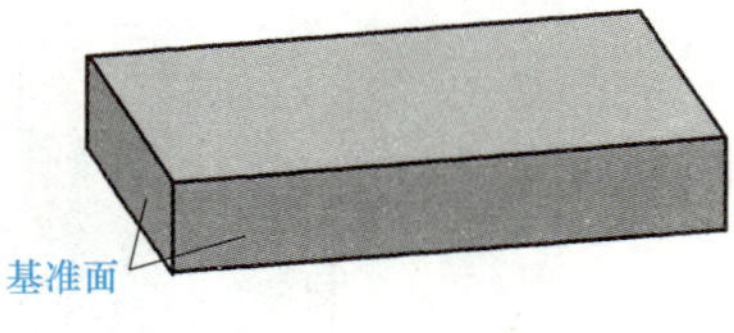 基准面
10		16	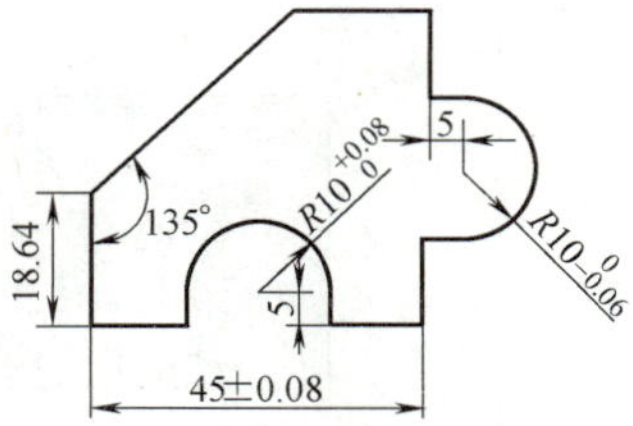 18.64, 135°, $R10^{+0.08}_{0}$, 5, 5, $R10^{0}_{-0.06}$, 45±0.08

（续）

序号	工艺简图	序号	工艺简图
17		20	
18		21	
19		22	（基准面）

表 4-4　八角宫零件的加工工艺

序号	工步内容	序号	工步内容
1	锯削 135°斜角余量	12	粗、精加工内圆弧并保证尺寸 R10mm 与 20mm
2	精加工 A、B 面,保证尺寸 32.5mm、45mm	13	精加工 C、D 面,保证尺寸 20mm、45mm
3	检测一遍整个零件	14	根据图样尺寸利用基准面对零件进行划线
4	加工零件并保证高度尺寸 45mm	15	粗锉 A、E 面
5	钻 φ7mm 排料孔	16	划线确定内圆弧,钻 3×φ7mm 孔的圆心
6	粗、精锉圆弧并保证尺寸 R10mm	17	锯削去除凸圆另一处余料
7	去除毛刺	18	检测毛坯总体情况,锉削一直角作为基准面
8	检测毛坯外形尺寸,需大于 45mm×60mm	19	锯削凸圆余量
9	锯削内圆余料并錾削清除	20	锯削直角工艺槽
10	粗加工 C、D 面	21	锯削去除非基准面的凸圆余料
11	粗、精锉削斜角并保证尺寸 18.64mm 与 135°	22	锯削直角工艺槽

表 4-5　八角宫的加工工艺

工艺序号	工艺简图号码	工步内容号码	使用工具	使用量具	加工刀具	将产生的生产垃圾	垃圾分类

三、制作八角宫

1. 八角宫的加工过程（表4-6）

表4-6 八角宫的加工过程

序号	加工步骤	加工内容	加工位置	使用设备或工具	使用量具	使用刀具	本环节产生的生产垃圾	垃圾分类处理
1	准备毛坯	检查毛坯外形尺寸，保证毛坯尺寸大于45mm×60mm	>45, >60				毛坯余料	可回收物 Recyclable
							铁粉	可回收物 Recyclable
							断锯条	可回收物 Recyclable
2	锉削基准面	检测毛坯总体情况，锉削一直角作为基准面，用刀口形直尺检查平面度及两基准面的垂直度，做基准面记号	基准面				铁粉	可回收物 Recyclable
3	划线	根锯图样尺寸，利用基准面对零件进行划线，完成后要检查一遍，确保划线的准确性	基准面				抹布	其他垃圾 Other waste
4	锯削去除非基准面的凸圆余料	锯削去除非基准面的凸圆余料，单边留约0.5mm余量	基准面				毛坯余料	可回收物 Recyclable
							断锯条	可回收物 Recyclable

83

（续）

序号	加工步骤	加工内容	加工位置	使用设备或工具	使用量具	使用刀具	本环节产生的生产垃圾	垃圾分类处理
5	粗锉 A、B 面	粗锉 A、B 面					铁粉	可回收物 Recyclable
6	锯削工艺槽	锯削 A、B 面间的直角工艺槽					铁粉	可回收物 Recyclable
							断锯条	可回收物 Recyclable
7	精锉 A、B 面	精锉 A、B 面,保证尺寸 32.5mm、45mm,用刀口形直尺检查两面的平面度及其垂直度					铁粉	可回收物 Recyclable
8	锯削凸圆另一个余料	锯削去除凸圆的另一个余料,C、D 面各留约 0.5mm 余量					铁粉	可回收物 Recyclable
							余料	
							断锯条	可回收物 Recyclable
9	粗锉 C、D 面	粗锉 C、D 面至尺寸					铁粉	可回收物 Recyclable
10	锯削工艺槽	锯削 C、D 面的直角工艺槽					铁粉	可回收物 Recyclable
							断锯条	可回收物 Recyclable

（续）

序号	加工步骤	加工内容	加工位置	使用设备或工具	使用量具	使用刀具	本环节产生的生产垃圾	垃圾分类处理
11	精锉 C、D 面	精锉 C、D 面,保证尺寸 20mm、45mm,用刀口形直尺检查两面的平面度及其垂直度	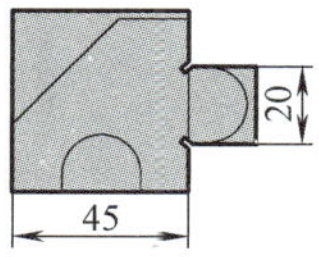 45、20		  		铁粉 	可回收物 Recyclable
12	锯削凸圆余料	锯削凸圆余料	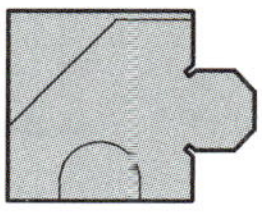		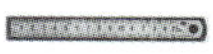		铁粉 	可回收物 Recyclable
							余料 	可回收物 Recyclable
							断锯条 	可回收物 Recyclable
13	锉削圆弧	粗、精锉圆弧并保证尺寸 R10mm、60mm	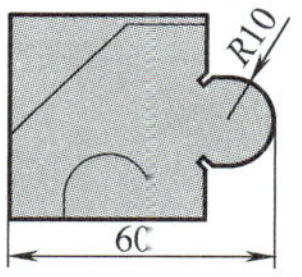 R10、60		 		铁粉 	可回收物 Recyclable
14	锯削 135°斜角余料	锯削 135°斜角余料					余料	可回收物 Recyclable
							断锯条 	可回收物 Recyclable
15	锉削斜角	粗、精锉斜角并保证尺寸 18.64mm、135°	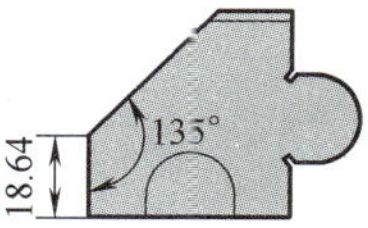 18.64、135°		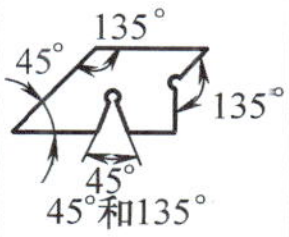 45°和135° 		铁粉 	可回收物 Recyclable

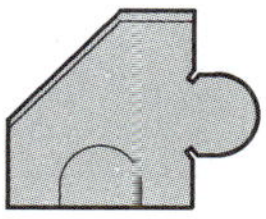

（续）

序号	加工步骤	加工内容	加工位置	使用设备或工具	使用量具	使用刀具	本环节产生的生产垃圾	垃圾分类处理
16	锉削表面	加工零件表面并保证高度尺寸45mm	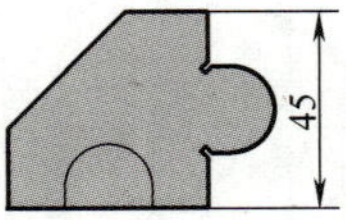		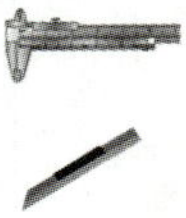		铁粉 	可回收物 Recyclable
17	划线	划线确定内圆弧中 φ7mm 排料孔的圆心	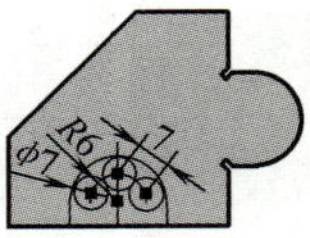				抹布 	其他垃圾 Other waste
18	钻排料孔	按划线的位置钻φ7mm排料孔	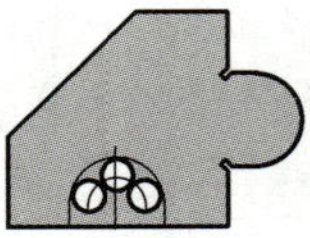			  	钻屑 	可回收物 Recyclable
19	去除余料（先锯后錾）	锯削内圆余料并錾削清除					铁粉	可回收物 Recyclable
							余料	可回收物 Recyclable
20	锉削内圆	粗、精锉内圆,保证尺寸R10mm、20mm	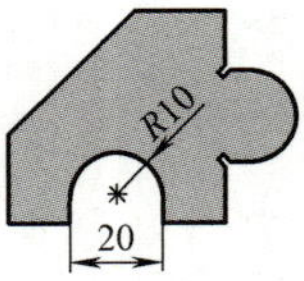		 	 	铁粉 	可回收物 Recyclable
21	检测	检测一遍整个零件			 			

（续）

序号	加工步骤	加工内容	加工位置	使用设备或工具	使用量具	使用刀具	本环节产生的生产垃圾	垃圾分类处理
22	去毛刺	锐角、锐边倒棱，整体检查					铁粉 / 抹布	可回收物 Recyclable / 其他垃圾 Other waste
23	设备保养	清洁并保养台虎钳、工具、量具、刀具等					机油 / 油抹布	有害垃圾 Harmful waste / 有害垃圾 Harmful waste

2. 加工注意事项

加工八角宫的过程中，需要注意的事项见表 4-7。

表 4-7　八角宫加工注意事项

类别	序号	注意事项内容	备注
常规项	1	根据加工要求准确选用毛坯材料和尺寸	50mm×62mm×10mm
	2	研究分析图样，了解零件结构以及制作要求	
	3	在操作过程中要注意工具、量具、刀具的维护与使用	
	4	划线平板、游标高度卡尺底座及二件要清洁干净，无碎料颗粒	
加工项	1	加工中要保证基准面相互垂直，保证划线的准确性及锉配时有较高的测量基准	
	2	选择划线基准时，应尽量使划线基准与图样上的设计基准一致	
	3	斜面划线可借助 V 形铁	方法
	4	加工凸台时注意对称度误差的控制及测量基准的选择	重点
	5	测量外圆弧时，把与被测圆弧面相同的半径样板靠放在被测面上，然后检查它们的接触情况，如果有不均匀的透光现象，说明被测圆弧形面不准确，应继续进行精确修整	
	6	锉削时应注意随时检测尺寸	重点
	7	锉配凹槽处各加工面时，必须根据凸台尺寸来进行配锉，先粗锉后精锉，交替进行，加工过程中不需用半径样板测量	
	8	配合修锉时，一般可通过显点法或涂色法确定加工部位和余量。在做精确修整前，先去毛刺，清洁测量面并将各锐边倒钝，避免因上述因素影响测量精度，造成错误判断	

（续）

类别	序号	注意事项内容	备注
检测项	1	当已知被检验工件的圆弧半径时,可选用相应尺寸的半径样板去检验	
	2	选用相应尺寸的角度样板或角度尺检测工件的135°角	
	3	尺寸要准确控制,除要对工件进行细致测量外,还应检查量具的准确性	

四、装配注意事项

八角宫的装配流程如图 4-11 所示,装配时要注意以下几点:

1) 熟悉装配图、加工工艺及要求。
2) 准备装配所需工具与设备。
3) 检查并清除工件加工时残留的锐角、毛刺和异物,给所有工件编号。
4) 根据八角宫的装配流程及要求,对各个工件进行试配,如图 4-11 所示。
5) 试配时如不能按要求顺利装配,应对相应工件进行修整,不允许猛打乱敲,防止损坏工件和工具,更不能用量具、锉刀等工具代替锤子使用而造成工具损坏。
6) 装配完成后,对照图 4-3 图样要求检测、修正各配合尺寸。
7) 整理工作场地。

八角宫的装配

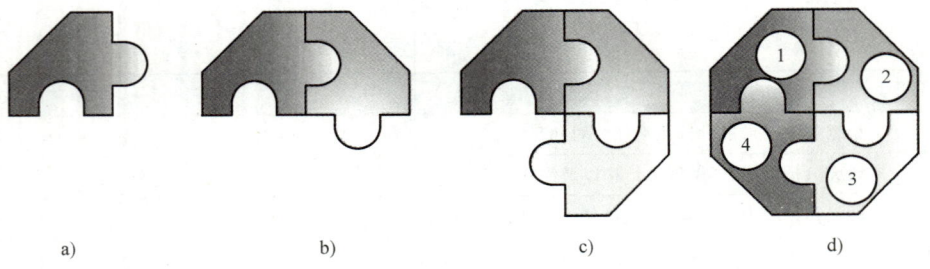

图 4-11　八角宫装配流程图

学习评价

一、学习过程评价

请根据本次任务学习过程中的实际情况,在表 4-8 中对自己及学习小组进行评价。

二、专业技能评价

请参照零件图,使用游标卡尺等量具分别对自己负责加工的零件与小组其他零件进行检测,并把检测结果填写在表 4-9 中。

表 4-8　学习过程评价表

学习小组：_____　　　姓名：_____　　　评价日期：_____

评价人	评 价 内 容	评 价 等 级	情 况 说 明
自我评价	能否按 5S 要求规范着装	能 □　不确定 □　不能 □	
	能否针对学习内容主动与其他同学进行沟通	能 □　不确定 □　不能 □	
	能否叙述八角宫零件的加工工艺过程	能 □　不确定 □　不能 □	
	能否规范使用工具、量具、刀具及钻孔设备加工零件	能 □　不确定 □　不能 □	
	你所负责加工的八角宫零件的完成情况如何	按图样要求完成 □ 基本完成 □　没有完成 □	
	能否独立且正确检测零件尺寸	能 □　不确定 □　不能 □	
小组评价	小组所使用的工具、量具、刀具能否按 5S 要求摆放	能 □　不确定 □　不能 □	
	小组组员之间团结协作、沟通情况	好 □　一般 □　差 □	
	小组所有成员制作的零件能否正常装配成八角宫	能 □　不能 □	
教师评价	学生个人在小组中的学习情况	积极 □　懒散 □ 技术强 □　技术一般 □	
	学习小组在学习活动中的表现情况	好 □　一般 □　差 □	

表 4-9　八角宫零件质量检测表

序号	检测项目	配分	评分标准	自检结果	得分	互检结果	得分
1	长 60mm	10	符合要求得分				
2	高 (45±0.08) mm	10	符合要求得分				
3	宽 10mm	10	符合要求得分				
4	5mm（两处）	10	符合要求得分				
5	18.64mm	5	符合要求得分				
6	$R10^{+0.08}_{0}$ mm	10	符合要求得分				
7	$R10^{0}_{-0.06}$ mm	10	符合要求得分				
8	135°	5	符合要求得分				
9	平面度	10	每处不合格扣 2 分				
10	表面粗糙度值	10	每处 $Ra3.2\mu m$，降一级扣 1 分				
11	配合长 90mm	5	符合要求得分				
12	配合高 90mm	5	符合要求得分				
合计		100					

练习与作业

一、课堂练习

（一）选择题

1. 常使用（　　）工具划圆弧线。
   A. 钢直尺　　　　B. 游标卡尺　　　　C. 划规　　　　D. 钻头
2. 进行外圆弧锉削时通常用（　　）锉刀。
   A. 扁锉　　　　B. 三角锉　　　　C. 圆锉　　　　D. 半圆锉
3. 加工凹形面必须根据（　　）尺寸来进行配锉。
   A. 凸形　　　　B. 样板　　　　C. 划线　　　　D. 图样
4. 锉削圆弧时测量圆弧轮廓用（　　）。
   A. 游标卡尺　　　B. 游标高度卡尺　　　C. 半径样板　　　D. 钢直尺
5. （多选题）试配时，常采用（　　）等方法进行检验。
   A. 塞尺　　　　B. 涂色　　　　C. 比对　　　　D. 透光
6. （多选题）5S 现场管理法 20 世纪 50 年代兴起于日本企业，是指整理、（　　）、（　　）、（　　）、素养 5 个方面。
   A. 整顿　　　　B. 整齐　　　　C. 清扫　　　　D. 清洁

（二）判断题

1. 锉削外圆弧时不需要进行粗加工。（　　）
2. 圆弧轮廓度的测量工具是半径样板。（　　）
3. 加工过程中凸圆两边的余料不能同时锯除。（　　）
4. 精加工时需要经常测量尺寸。（　　）
5. 斜面线可以用钢直尺和划针通过两点一线的方法划出。（　　）
6. 凹圆弧的锉削需同时完成两个运动。（　　）
7. 半径样板，也叫 R 规，是利用光隙法测量圆弧半径的量具。（　　）
8. 角度样板是检测有一定角度范围要求的两个平面的定制检具。常用的角度样板有 15°、30°、45°、60°、90°等。（　　）
9. 选择划线基准时，不必使划线基准与图样上的设计基准一致。（　　）
10. 测量外圆弧时，把与被测圆弧面相同的半径样板靠放在被测面上，然后检查它们的接触情况，如果有不均匀的透光现象，说明被测圆弧形面不准确，应继续进行精确修整。（　　）

（三）填空题

1. 八角宫零件包含_____、_____、_____特征。
2. 八角宫零件需要加工_____个基准面。
3. 通常用于凹圆弧锉削的锉刀有_____、_____。
4. 外圆弧的锉削方法有_____、_____。
5. 八角宫零件中的斜面角度是_____。

（四）思考题

1. 锉削外圆弧时常用什么锉刀？外圆弧锉削的方法有哪几种？圆弧通常用什么量具进行测量？

2. 如何使用角度样板进行零件角度的校验？

二、课后作业

请你结合本次任务的学习情况，在课后制作一份 A3 幅面的手抄报。要求如下：
1）归纳本次任务所学会的知识和技能。
2）加工八角宫零件的过程中，总结自己或者学习小组出现的问题及解决方法。
3）总结学习心得与反思。
4）版面清晰，字迹工整，图文并茂，体现创新思想。

生产任务工单 （表 4-10）

表 4-10　生产任务工单

任务名称		使用设备		加工要求	
零件图号		加工数量			
下单时间		接单小年			
要求完成时间		责任人			
实际完成时间		生产人员			
产品质量检测记录					
	检测项目	自检结果		质检员检测结果	
1	零件完整性				
2	零件关键尺寸不合格数目				
3	零件表面质量				
4	是否符合装配要求				
零件质量最终检测结果及处理意见					
验收人		存放地点		验收日期	

学习任务5

铁轮的制作

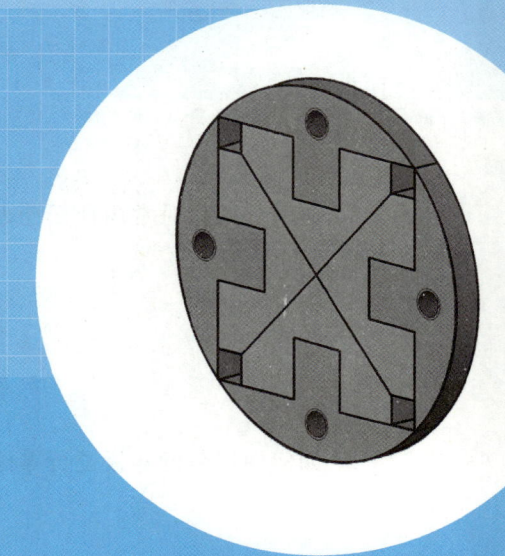

学习内容

1. 外径千分尺的使用。
2. 手动攻螺纹的方法。
3. 配合加工的检验方法。
4. 选择铁轮（图5-1）的加工工艺。
5. 制作铁轮。
6. 铁轮的质量检测。

学习目标

知识目标

1. 认识外径千分尺的结构与用途。
2. 明白外径千分尺的读数原理及使用时的注意事项。
3. 知道手动攻螺纹的定义与分类，知道手动攻螺纹的工具。
4. 掌握螺纹底孔的计算公式。
5. 知道手动攻螺纹的操作方法。
6. 掌握配合加工检验方法。

能力目标

1. 根据零件图样要求，能独立利用工具、量具进行划线操作。
2. 在加工过程中能正确利用外径千分尺测量零件。
3. 能正确选择铁轮零件的加工工艺。
4. 小组协商互助学习，能学会手动攻螺纹的操作。

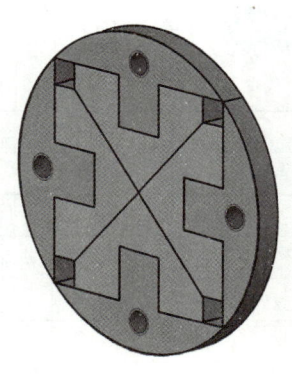

图 5-1 铁轮

铁轮的制作——凸件

铁轮的制作——凹件

5. 能在加工过程中使用配合检验方法，独立加工出合格的铁轮零件。
6. 小组协商互助学习，配合完成铁轮的装配。
7. 能利用各种量具对铁轮零件进行质量检测并得出结论。

职业素质目标

1. 在划线阶段能独立选择划线工具及铁轮的划线方案。
2. 能正确计算螺纹底孔直径，并正确选择钻头。
3. 能正确选择手动攻螺纹的工具，并能正确分辨出Ⅰ攻与Ⅱ攻。
4. 能根据测量要求，正确选择外径千分尺。
5. 能根据测量要求，正确选择配合的检验方法。

职业素养目标

1. 能正确选用外径千分尺等精密量具精确检测零件，清楚零件的质量并提出改进意见，培养精益求精的工匠精神。
2. 实操过程中能严格按照安全文明生产要求规范操作，并能对不规范的行为提出规劝，具备安全文明生产意识。
3. 积极参与小组合作学习，对小组学习过程中遇到的问题能共同分析并提出解决方案，具备团队合作精神。
4. 按质、按时独立完成本人所负责的零件加工任务，具备良好的职业意识。
5. 节约学习资源，对各类生产垃圾能有效分类并按要求投放，同时能对不按要求投放的行为提出规劝，具备环保意识。

思维导图

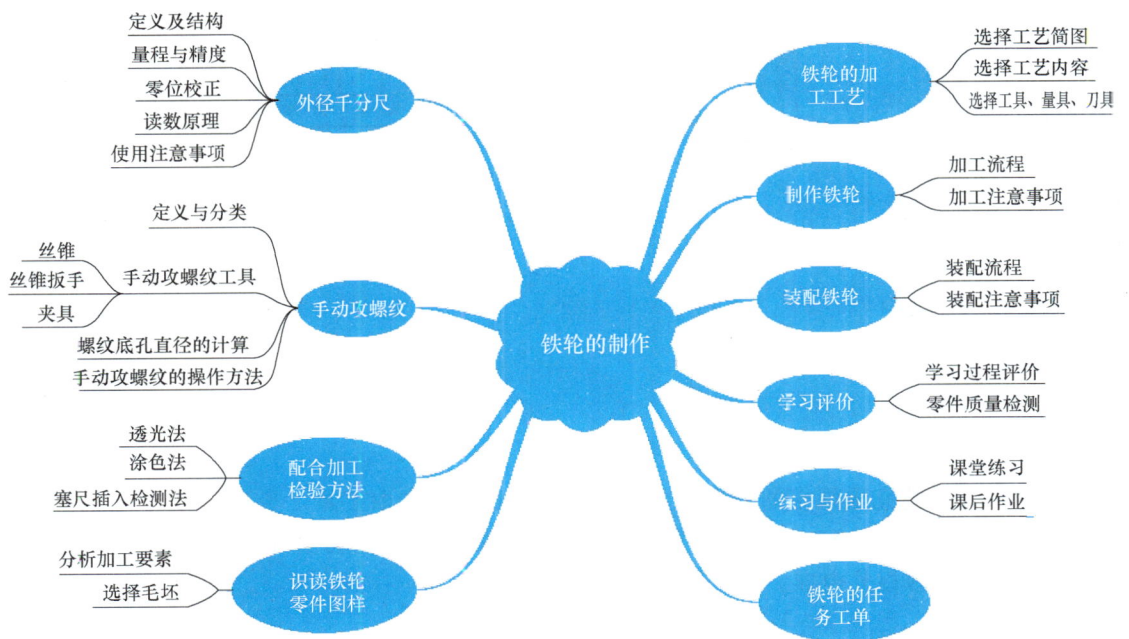

📐 任务描述

铁轮，即用铸铁制造的圆形车轮。现代制造业几乎所有机器、设备上都应用到圆形的轮。本任务是利用 Q235，通过四组凹凸配合零件装配完成一个铁轮形状的益智玩具。

现有企业订单，要求利用金属材料加工铁轮的益智玩具，数量若干。零件图及装配图如图 5-2~图 5-5 所示。

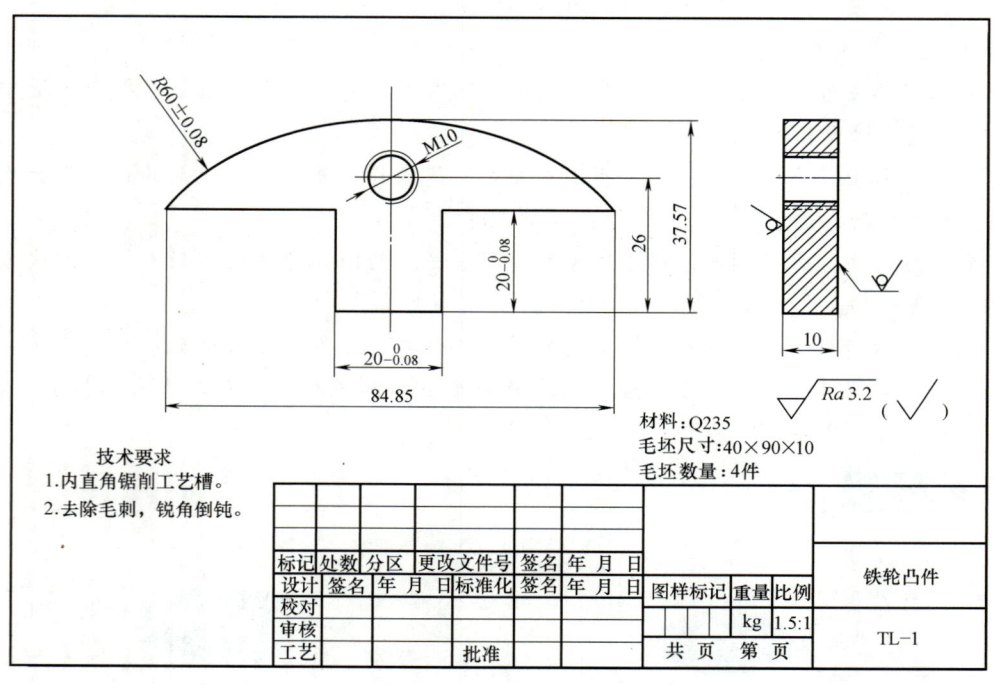

图 5-2　凸件零件图

📐 任务分析

一、制订工作计划

利用钳工技能完成铁轮的制作，分别需要完成选料，选取工具、量具、刀具，凸件与凹件的加工，质量检测，5S 现场管理等任务内容，请根据本小组的实际情况，与组员协商分工，填写表 5-1 的相关内容。

学习任务5　铁轮的制作

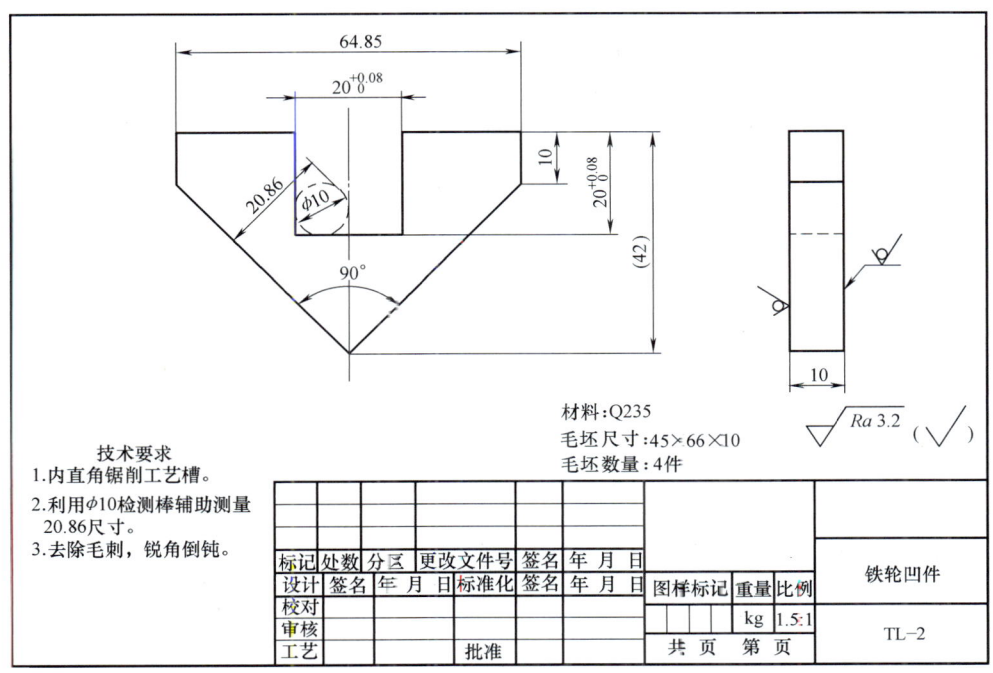

图 5-3　凹件零件图

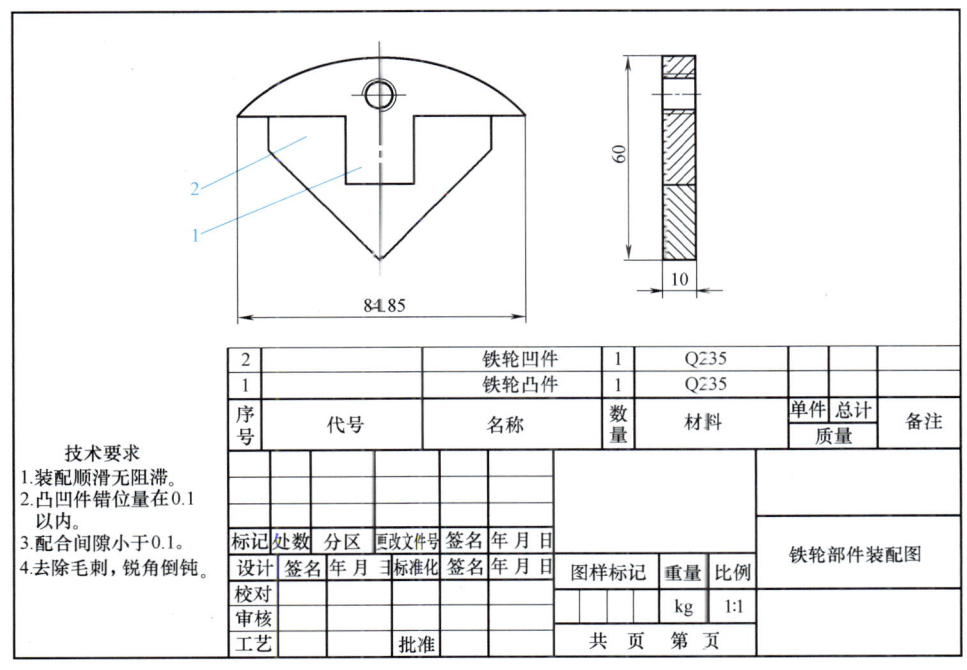

图 5-4　铁轮部件装配图

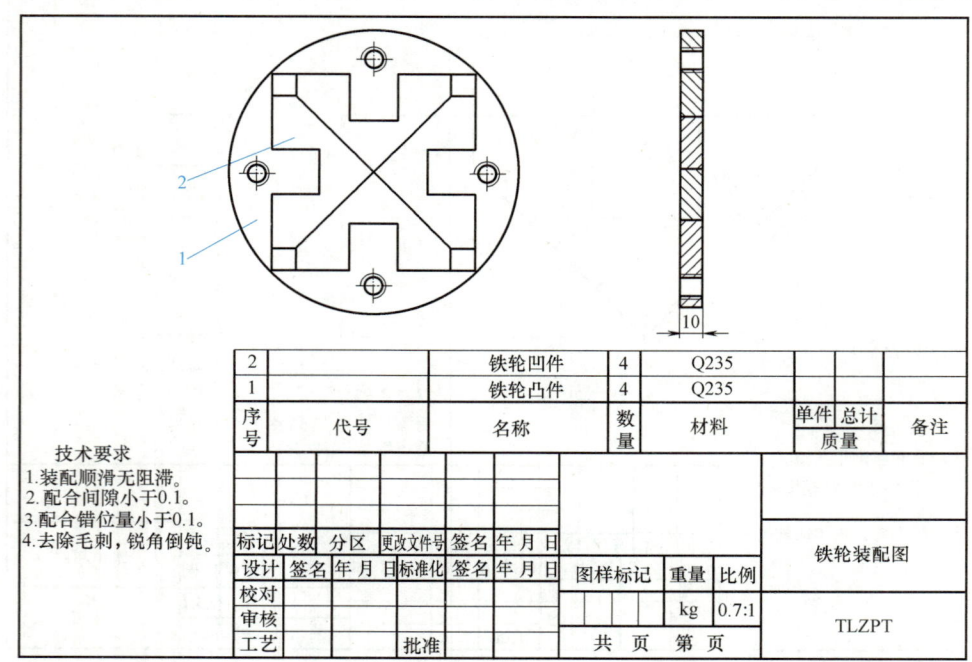

图 5-5 铁轮装配图

表 5-1 小组分工合作计划

组　名			小组成员		
序　号	任　务　内　容		计划用时	完成时间	负 责 人

二、选取加工设备

请根据铁轮的零件图及小组工作计划,分别从附录 A～C 中选择制作铁轮的工具、量具、刀具,并填写在表 5-2 中。

表 5-2　加工铁轮的工具、量具、刀具

序号	名　称	规格型号	数量	备　注

三、知识准备

通过观看铁轮的加工视频可知,铁轮零件是综合运用平面锉削、圆弧面锉削、划线、钻孔、錾削、锯削、攻螺纹等技能加工而成的。为了保证零件产品质量符合图样要求,加工过程中,需要采用钢直尺、刀口形直尺、宽座角尺、游标卡尺、半径样板、角度样板、外径千分尺等量具进行必要的检测工作。接下来,让我们一起来学习外径千分尺、攻螺纹、配合加工检验方法等新的准备知识吧!

1. 外径千分尺

(1) 定义及结构　外径千分尺是用来测量零件直径、长度、宽度、厚度的量具,它是比游标卡尺更精密的长度测量工具,其结构如图 5-6 所示。

(2) 量程与精度　外径千分尺的量程与分度值一般在尺架上注明,如"25～50mm,0.01mm",表示该尺的测量量程为 25～50mm,分度值为 0.01mm。常用的外径千分尺量程有 0～25mm、25～50mm、50～75mm、75～100mm 和 100～125mm。

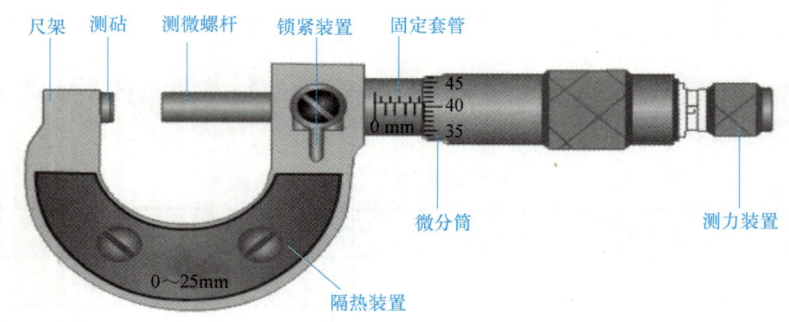

图 5-6 外径千分尺的结构

（3）零位校正　使用千分尺时先要检查其零位是否校准。因此先松开锁紧装置，清除油污，特别是要将测砧与测微螺杆间的接触面清洗干净，检查微分筒的端面是否与固定套管上的零线重合，然后借助量块与专用扳手调节套管的位置，使两零线对齐。

（4）读数原理　外径千分尺的读数由两部分组成，即固定套管数值与微分筒数值之和。其中，固定套管中线上方每 1 个标尺间隔为 1mm，中线下方每 1 个标尺间隔均在上方 1mm 的中间，表示 0.5mm；微分筒上每 1 个标尺间隔为 0.01mm。如图 5-7 所示，a 图读数为 8.27mm，b 图读数为 8.77mm。

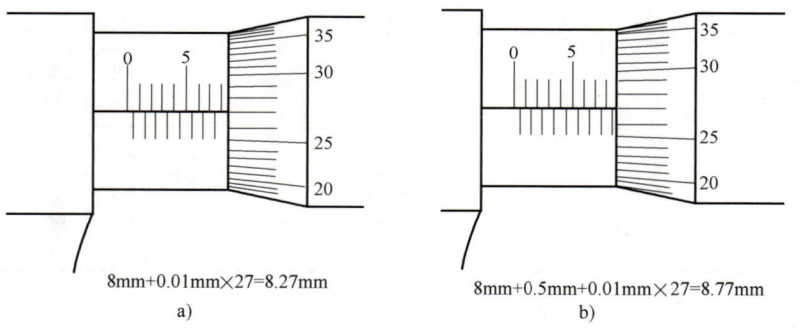

图 5-7 外径千分尺读数

外径千分尺

（5）使用注意事项

1）使用前，必须使用标准量块进行零位校正。

2）测量时，应匀速旋转测力装置，避免冲击。

3）测量外径时应反复找正，选择最小值作为测量值。

4）不要任意拆卸千分尺。

5）保持千分尺的干净整洁。

6）长期不用时，应使用酒精擦洗并涂防锈油，放入包装盒内。

2. 手动攻螺纹

（1）定义与分类　在机械加工中，采用丝锥进行内螺纹加工的方法称为攻螺纹，俗称攻丝，按照加工方式的不同可分为手动攻螺纹和自动攻螺纹。手动攻螺纹一般应用于公称直径较小或不适宜在机床上加工的内螺纹。

（2）手动攻螺纹工具

手动攻螺纹时，常采用丝锥、丝锥扳手、夹具等工具。

1）丝锥。

丝锥是加工圆柱形内螺纹和圆锥形内螺纹的标准工具，加工小直径内螺纹的常用成形工具，一般用高速钢制造，分为手用丝锥和机用丝锥两种。为减少切削力，延长丝锥的使用寿命，常将整个切削量分配给几支丝锥来完成。通常 M6~M24 的丝锥，每套为两支，分别标记为Ⅰ和Ⅱ，如图 5-8 所示。

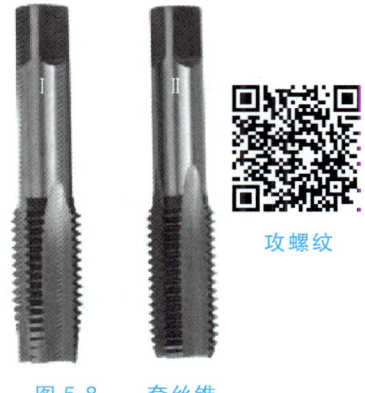

图 5-8　一套丝锥

2）丝锥扳手。

丝锥扳手是用来夹持丝锥的工具，分可调式和固定式两种，如图 5-9 所示，其中可调式应用广泛。

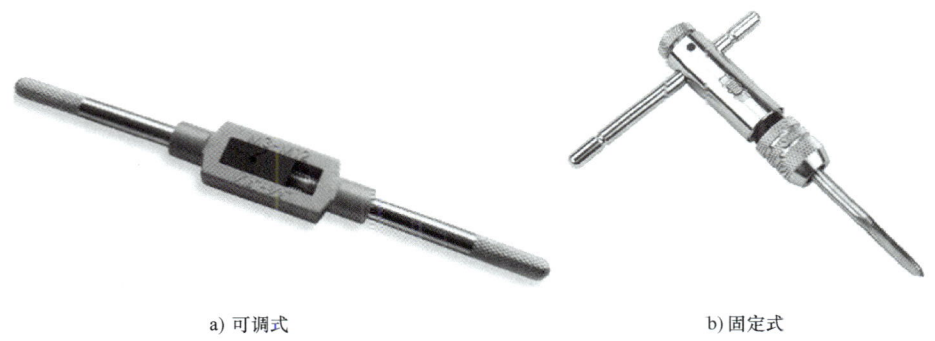

a) 可调式　　　　　　　　　b) 固定式

图 5-9　丝锥扳手

3）夹具。

手动攻螺纹时，常采用机用平口钳、自定心卡盘等通用夹具装夹零件。

（3）螺纹底孔直径的计算　如图 5-2 所示，标注 M10 的内螺纹表示螺纹的公称直径为 10mm，手动攻螺纹前需要加工出孔的小径。在加工过程中，常用下列经验公式计算底孔直径

$$D_1 = D - P \qquad (5-1)$$

$$D_1 = D - (1.05 \sim 1.1)P \qquad (5-2)$$

式中，D_1 表示底孔直径，即螺纹小径，D 表示螺纹公称直径，P 表示螺距。

式（5-1）适用于钢料及韧性材料，式（5-2）适用于铸铁及脆性材料。

（4）攻螺纹的操作方法（图 5-10）

1）用稍大于底孔直径的倒角钻头或锪钻将孔口两端面倒角，以利于丝锥切入。

2）选用Ⅰ攻，注意使丝锥中心与孔的中心重合，然后对丝锥施加压力，沿顺时针方向转动丝锥扳手攻入，退出时为逆时针方向。

3）当丝锥切入 1~2 圈后，要及时目测或使用直角尺检查其垂直度。

4）当形成几圈螺纹后，只要均匀转动丝锥就能顺利攻入，每转 1~2 圈后要倒 1/4 圈，

99

以利于断屑和排屑。

5）Ⅰ攻攻完后，逆时针方向旋出丝锥；再选用Ⅱ攻，应先用手将丝锥旋入1~2圈以定位扶正，再用丝锥扳手攻入，以防乱牙。

6）对于钢件，攻螺纹时要加润滑油以减少摩擦、提高螺纹表面质量，对于铸件一般不用润滑液或可用煤油润滑。

3. 配合加工检验方法

钳工在锉配加工时，为了保证配合精度，一般先按零件图要求加工完成其中一个零件作为基准件，然后以基准件做配合参考完成与之有配合关系的第二个零件。在加工

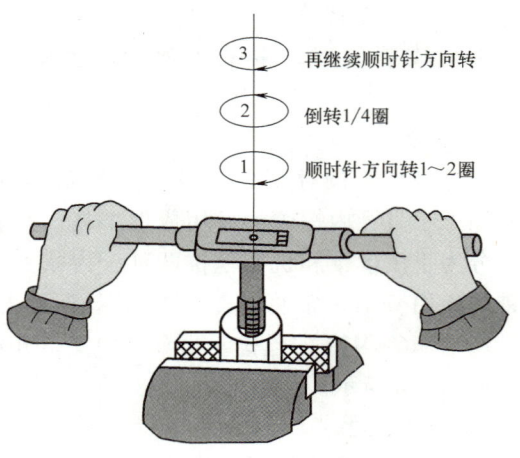

图 5-10　攻螺纹

第二个零件的过程中，需要不断地用基准件进行试配，从而得知待加工面的实际位置、加工余量、配合间隙等，直至达到配合精度要求。试配时，常采用透光法、涂色法、塞尺插入检测法进行检验。

（1）透光法　此法与检验直线度的直角尺透光法类似。操作时，把装配好的两零件朝着亮光举起至与视线平齐的位置，以基准件为标准，用目测法观察加工余量、配合间隙及位置。该法经济实用、方便快捷，但由于是目测法估值，无法得出具体的加工余量或间隙数值，故常用于锉配加工中的试配。

（2）涂色法　试配时，先在基准件的配合面上涂上薄薄一层红丹粉，然后把基准件与另一零件进行压紧配合，再拆开配合移除基准件，观察另一零件配合面的着色面积，面积越大则配合精度越高。此法能有效得知配合面积的大小及位置，适用于型腔类、圆锥类配合件的配合检验。

（3）塞尺插入检测法　塞尺是由一组具有不同厚度级差的薄钢片组成的量规，用来检验两个接合面之间的间隙大小，如图 5-11 所示。

图 5-11　塞尺

当两零件完成装配后，可用塞尺的尺片插入两接合面之间的间隙来检测其间隙的数值。该法可得出精确的间隙值。

塞尺的使用方法为：

① 用干净的布将塞尺测量表面擦拭干净，不能在塞尺沾有油污或金属屑的情况下进行测量，否则将影响测量结果的准确性。

② 将塞尺插入被测间隙中，来回拉动塞尺，感到稍有阻力，说明该间隙值接近塞尺上所标出的数值；如果拉动时阻力过大或过小，则说明该间隙值小于或大于塞尺上所标出的数值。

③ 进行间隙的测量和调整时，先选择符合间隙规定的塞尺插入被测间隙中，然后一边调整，一边拉动塞尺，直到感觉稍有阻力时，取出塞入的塞尺片，计算塞尺片的厚度，此时的数值即为被测间隙值。

任务实施

一、识读零件图样

1. 分析加工要素

铁轮由四组部件构成，每组部件由两个零件装配而成，分别是铁轮凸件、铁轮凹件，如图 5-1~图 5-5 所示。

由图 5-2 可知，铁轮凸件由一个凸台、一个圆弧面、一个内螺纹组成。其中，凸台的长度为 $20_{-0.08}^{0}$mm、高度为 $20_{-0.08}^{0}$mm、宽度为 10mm，圆弧面的半径为 $R(60\pm0.08)$mm，内螺纹为 M10，四周侧面要求的表面粗糙度值为 $Ra3.2\mu m$，上、下大平面为非去除材料方式获得的表面，故无须加工。

由图 5-3 可知，铁轮凹件由一个凹槽、一个 90°直角面组成。其中，零件总长为 (64 ± 0.08)mm，凹槽的长度为 $20_{0}^{+0.08}$mm、高度为 $20_{0}^{+0.08}$mm、宽度为 10mm，左、右两斜面的夹角为 90°，四周侧面要求的表面粗糙度值为 $Ra3.2\mu m$，上、下大平面为非去除材料方式获得的表面，故无须加工。

所有棱边进行倒钝处理。

由图 5-4 可知，由铁轮凸件与凹件组合而成的铁轮部件的总长为 84.85mm，总高为 60mm，宽度为 10mm。

由图 5-5 可知，由四个铁轮部件组成的铁轮直径为 φ120mm，宽度为 10mm。要求装配顺滑无阻滞，配合间隙小于 0.1mm，配合错位量小于 0.1mm。

2. 选择毛坯

根据图 5-2 和图 5-3 可知，毛坯材料为 Q235。

根据铁轮凸件的总长、宽、高尺寸，确定每套铁轮零件需要尺寸为 40mm×90mm×10mm 的毛坯 4 块。

根据铁轮凹件的总长、宽、高尺寸，确定每套铁轮零件需要尺寸为 45mm×66mm×10mm 的毛坯 4 块。

二、制订正确的工艺路线

请根据零件的加工要求，分别从表 5-3、表 5-4 中选择自己负责零件的工艺简图，从表 5-5、表 5-6 中选择自己负责零件的工艺内容，按正确顺序填写在表 5-7 与表 5-8 零件的加工工艺中，并从附录 A~C 中选择合适的工具、量具、刀具。参考附录 D 垃圾分类操作指引，完善表 5-7 与表 5-8 中的其他内容。

表 5-3 铁轮凸件的加工简图

序号	工 艺 简 图	序号	工 艺 简 图
1	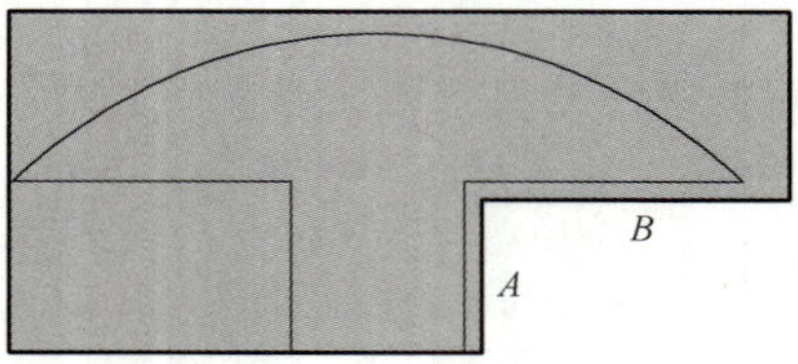	7	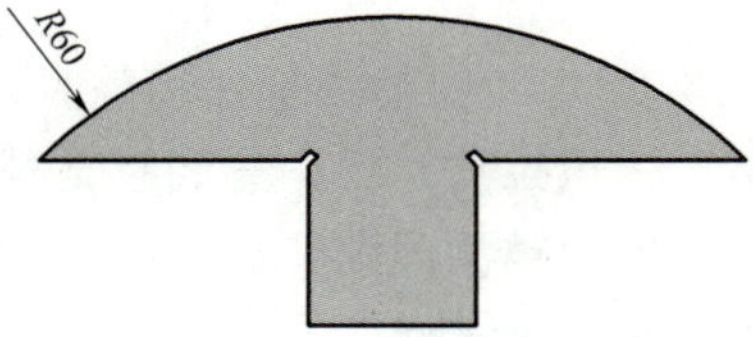
2	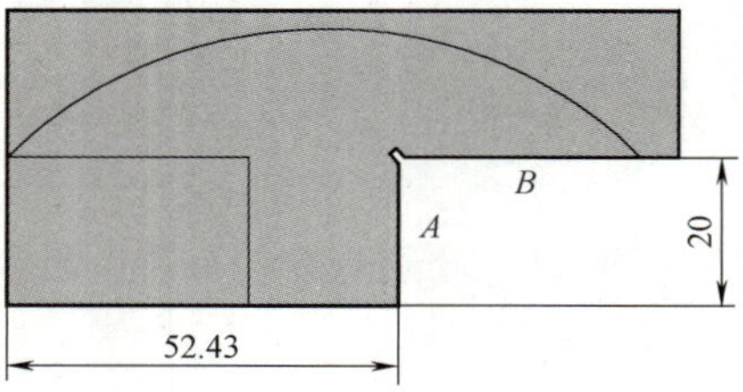	8	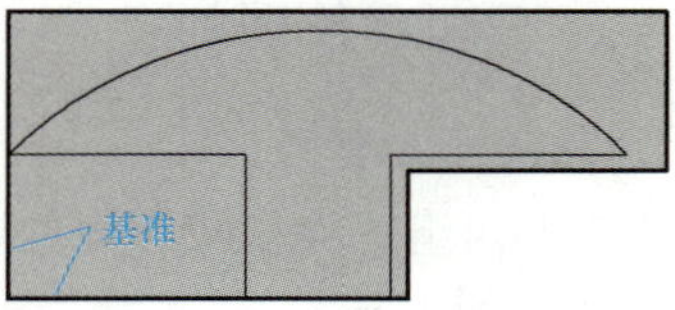
3	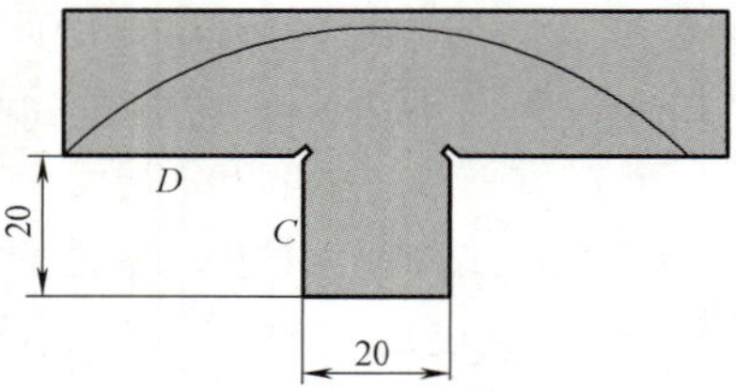	9	
4	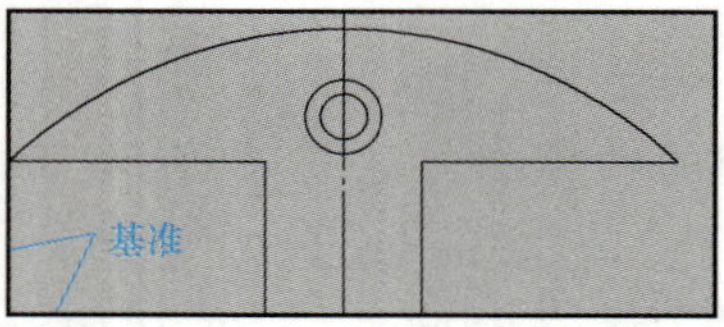	10	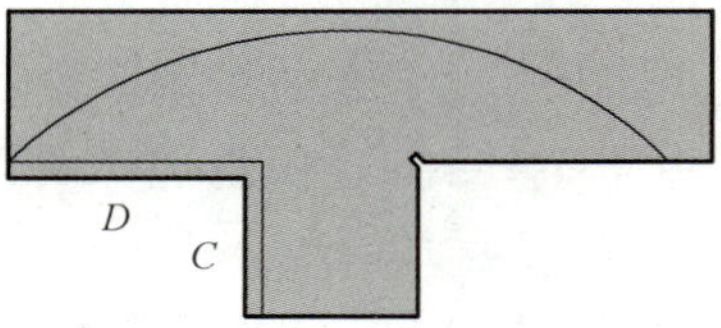
5	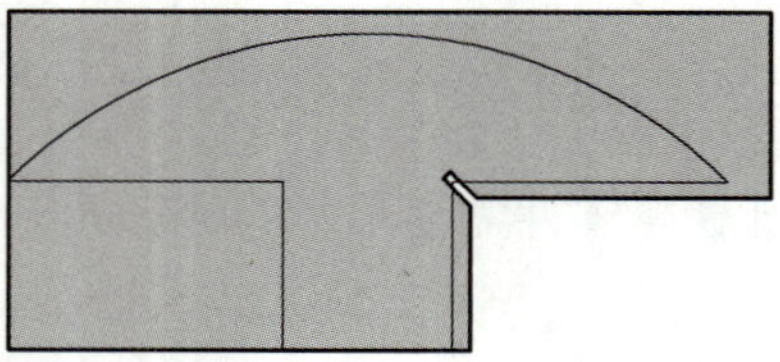	11	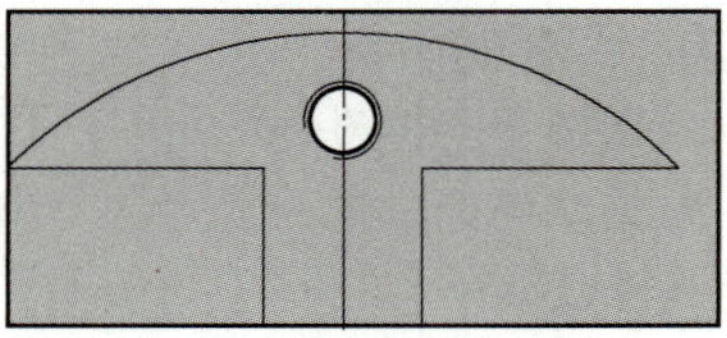
6	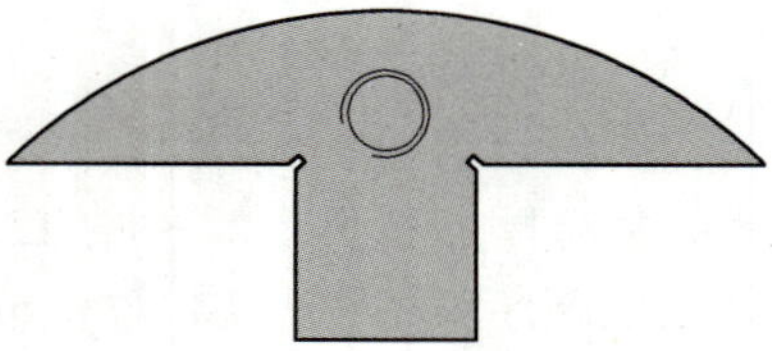	12	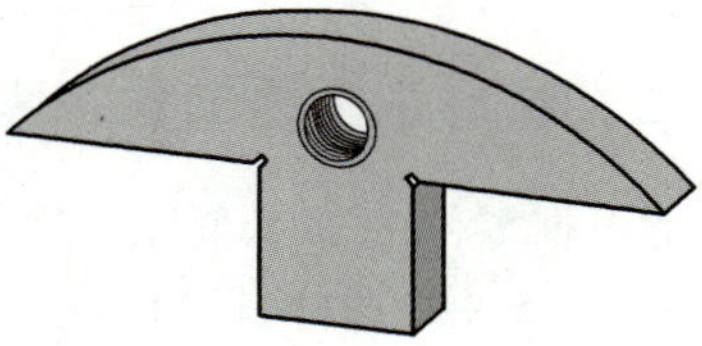

学习任务5　铁轮的制作

（续）

序号	工艺简图	序号	工艺简图
13	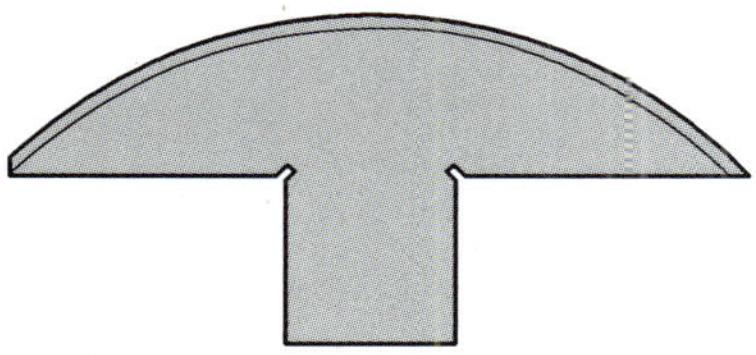	15	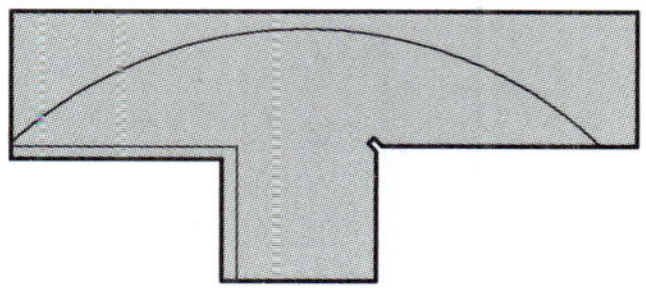
14	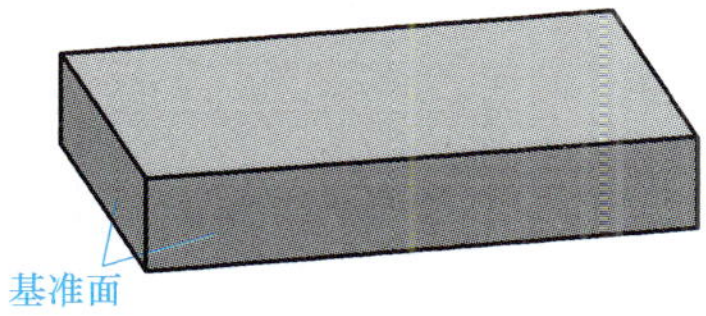 基准面	16	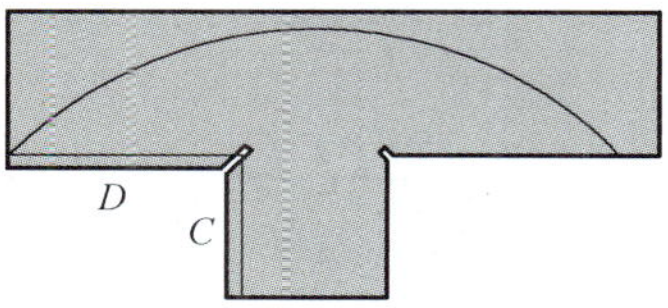 D　C

表 5-4　铁轮凹件的加工简图

序号	工艺简图	序号	工艺简图
1	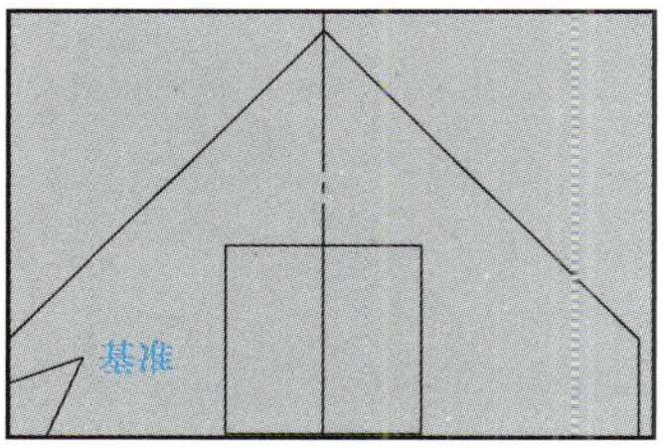 基准	4	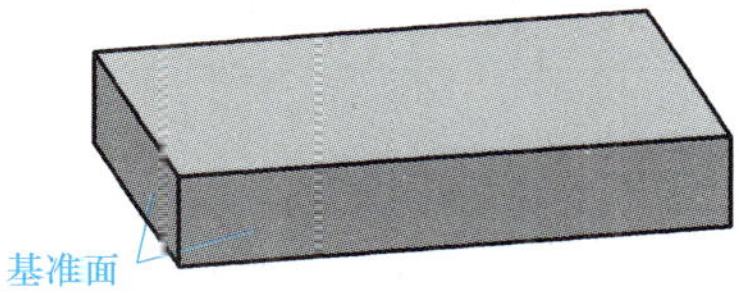 基准面
2	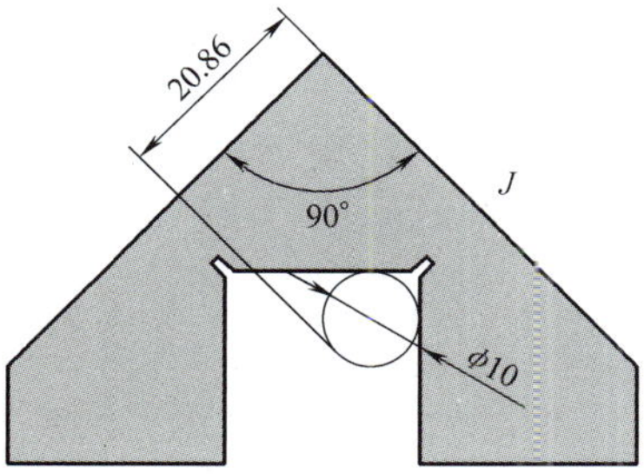 20.86　90°　J　⌀10	5	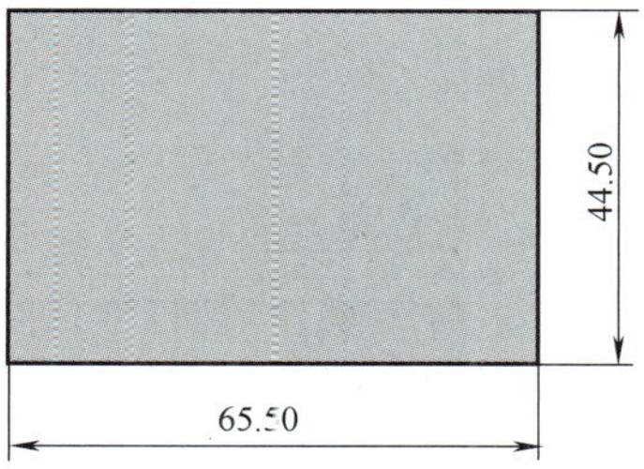 44.50　65.50
3	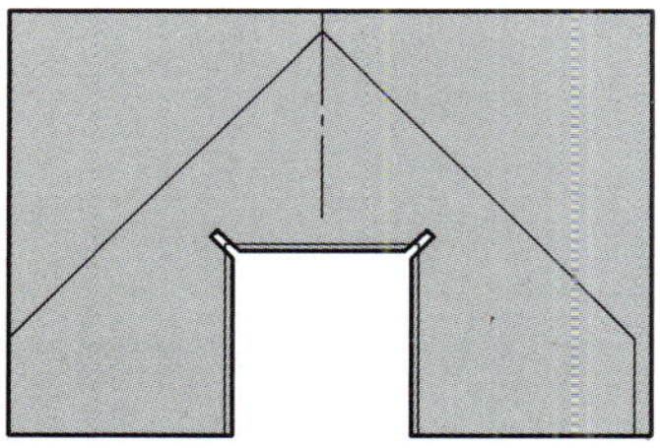	6	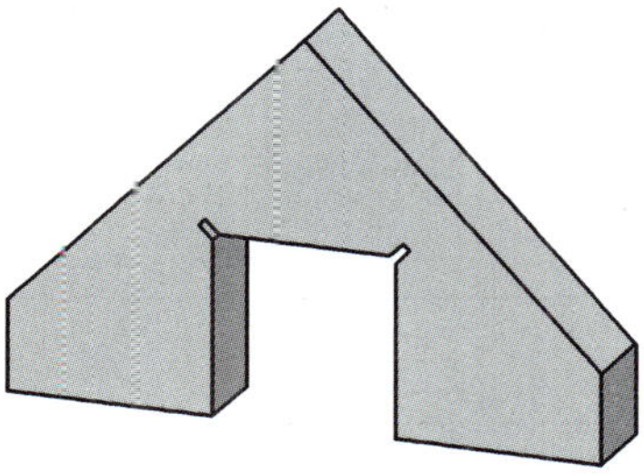
		7	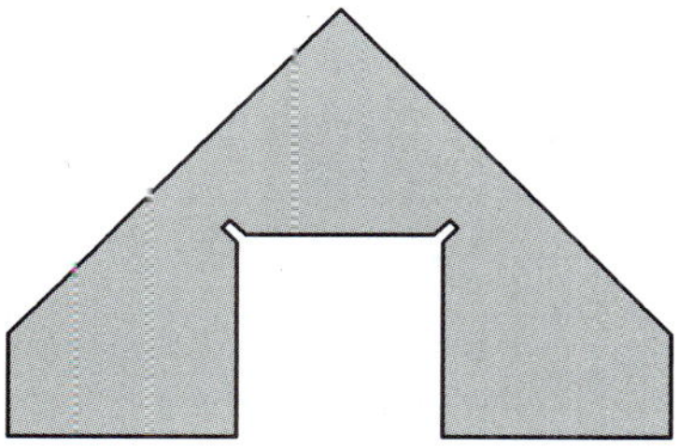

(续)

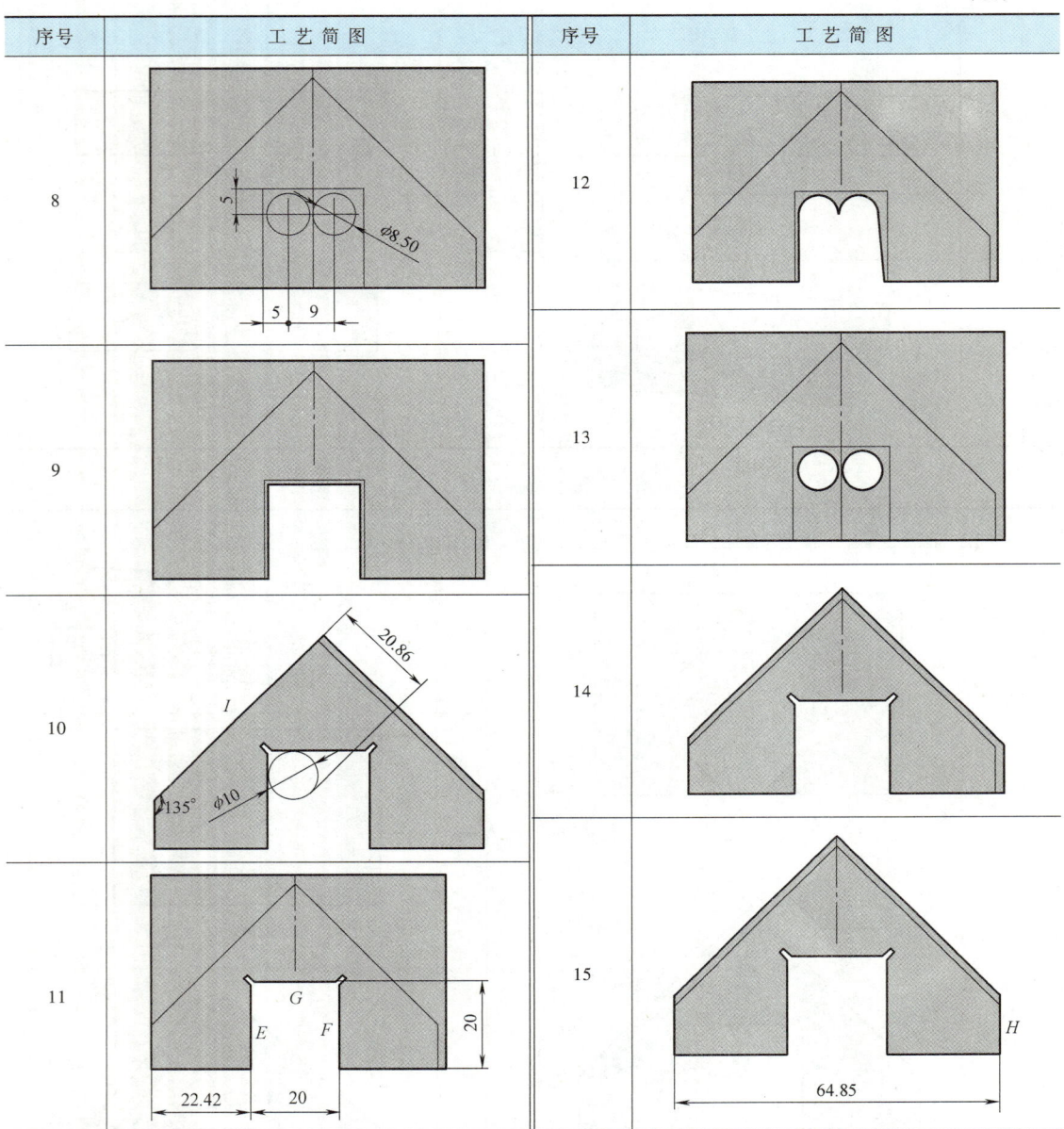

表 5-5 铁轮凸件的加工工艺

序号	工步内容	序号	工步内容
1	锯削去除另一个凸台余料	9	锯削直角工艺槽
2	检测一遍整个零件	10	锯削圆弧余料
3	锯削直角工艺槽	11	根据图样尺寸,利用基准面对零件进行划线
4	粗锉 A、B 面	12	检测毛坯总体情况,锉削一直角作为基准面
5	粗、精加工圆弧面并保证 R60mm 尺寸	13	去除毛刺
6	粗加工 C、D 面	14	精加工 C、D 面,保证尺寸 20mm、20mm
7	锯削去除非基准面的凸台余料	15	下料,保证尺寸大于 39mm×86mm
8	钻 φ8.5mm 的螺纹底孔并攻 M10 螺纹	16	精加工 A、B 面,保证尺寸 19mm、38mm

表 5-3　铁轮凹件的加工工艺

序号	工步内容	序号	工步内容
1	锯削并錾去凹槽余料	8	粗、精加工 J 面并保证尺寸
2	锯削直角工艺槽		
3	去除毛刺	9	检测一遍整个零件
4	粗、精加工 H 面并保证尺寸	10	钻两个 ϕ8.5mm 排料孔
5	精加工凹槽,先加工 E 面,完成后再加工 F、G 面,保证 22.42mm、20mm 等尺寸	11	检查毛坯,保证毛坯尺寸大于 44.5mm × 65.5mm
6	根据图样尺寸,利用基准面对零件进行划线,完成后要检查一遍,确保划线准确	12	粗、精加工 I 面并保证尺寸
		13	锯削去除 90°角余料
7	检测毛坯总体情况,锉削一直角平面作为基准面	14	粗加工凹槽
		15	确定凹槽钻排料孔位置

表 5-7　凸件的加工工艺

工艺序号	工艺简图号码	工步内容号码	使用工具	使用量具	加工刀具	将产生的生产垃圾	垃圾分类

表 5-8 凹件的加工工艺

工艺序号	工艺简图号码	工步内容号码	使用工具	使用量具	加工刀具	将产生的生产垃圾	垃圾分类

【素养园地——工匠精神】

三、制作铁轮零件

1. 铁轮零件的加工过程（表 5-9 和表 5-10）

表 5-9 铁轮凹件的加工过程

序号	加工步骤	加工内容	加工位置	使用设备或工具	使用量具	使用刀具	本环节产生的生产垃圾	垃圾分类处理
1	准备毛坯	检查毛坯，保证毛坯尺寸大于 44.5mm×65.5mm	>65.5 ×>44.5				毛坯余料 / 铁粉 / 断锯条	可回收物 Recyclable / 可回收物 Recyclable / 可回收物 Recyclable

（续）

序号	加工步骤	加工内容	加工位置	使用设备或工具	使用量具	使用刀具	本环节产生的生产垃圾	垃圾分类处理
2	锉削基准面	检测毛坯总体情况，锉削一直角作为基准面，用刀口形直尺检查平面度及两基准面的垂直度，做基准面记号	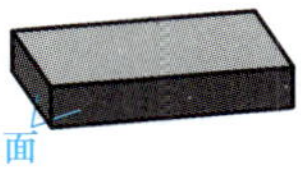		 		铁粉 	可回收物 Recyclable
3	划线	根据图样尺寸，利用基准面对零件进行划线，完成后要检查一遍，确保划线的准确性	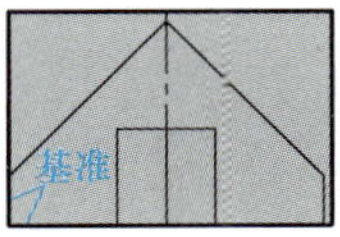			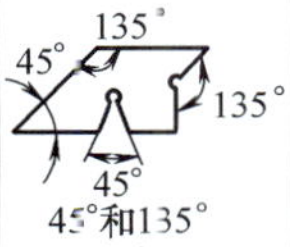 45° 135° 135° 45°和135°  划针	抹布 	其他垃圾 Other waste
4	划线	确定凹槽排料孔的位置	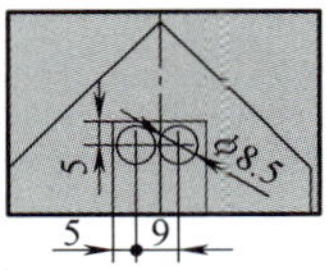				抹布 	其他垃圾 Other waste
5	钻孔	钻两个排料孔	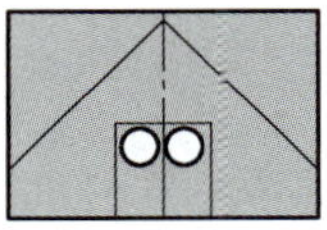			  	钻屑 	可回收物 Recyclable
6	去除凹槽余料	锯削并錾去凹槽余料	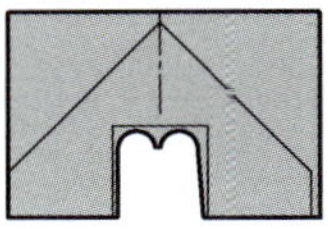				断锯条 	可回收物 Recyclable
							铁粉 	可回收物 Recyclable
							毛坯余料 	可回收物 Recyclable
7	粗锉A、B面	粗锉E、F、G面，三面均留余量	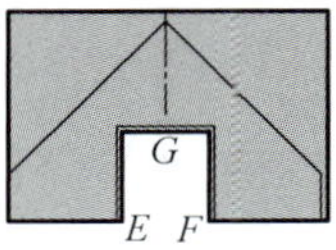				铁粉 	可回收物 Recyclable

（续）

序号	加工步骤	加工内容	加工位置	使用设备或工具	使用量具	使用刀具	本环节产生的生产垃圾	垃圾分类处理
8	锯削工艺槽	锯削凹槽的直角工艺槽					铁粉	可回收物 Recyclable
							断锯条	可回收物 Recyclable
9	精锉凹槽	精锉凹槽，先加工 E 面，完成后再加工 F、G 面，保证尺寸 22.42mm、20mm					铁粉	可回收物 Recyclable
10	锯削去除90°余料	锯削去除90°余料					铁粉	可回收物 Recyclable
							断锯条	可回收物 Recyclable
11	粗、精加工 H 面	粗、精加工 H 面并保证尺寸 64.85mm					铁粉	可回收物 Recyclable
12	粗、精加工 I 面	粗、精加工 I 面并保证尺寸，利用圆棒协助测量尺寸					铁粉	可回收物 Recyclable
13	粗、精加工 J 面	粗、精加工 J 面并保证尺寸，利用圆棒协助测量尺寸；测量夹角90°					铁粉	可回收物 Recyclable

(续)

序号	加工步骤	加工内容	加工位置	使用设备或工具	使用量具	使用刀具	本环节产生的生产垃圾	垃圾分类处理
14	检测	检测一遍整个零件						
15	去毛刺	锐角、锐边倒棱，整体检查					铁粉	可回收物 Recyclable
							抹布	其他垃圾 Other waste
16	设备保养	清洁并保养台虎钳、工具、量具、刀具等					机油	有害垃圾 Harmful waste
							油抹布	有害垃圾 Harmful waste

表 5-10　铁轮凸件的加工过程

序号	加工步骤	加工内容	加工位置	使用设备或工具	使用量具	使用刀具	本环节产生的生产垃圾	垃圾分类处理
1	准备毛坯	下料，保证尺寸大于39mm×86mm	>39 >86				毛坯余料	可回收物 Recyclable
							铁粉	可回收物 Recyclable
							断锯条	可回收物 Recyclable

(续)

序号	加工步骤	加工内容	加工位置	使用设备或工具	使用量具	使用刀具	本环节产生的生产垃圾	垃圾分类处理
2	锉削基准面	检测毛坯总体情况,锉削一直角作为基准面,用刀口形直尺检查平面度及两基准面的垂直度,做基准面记号	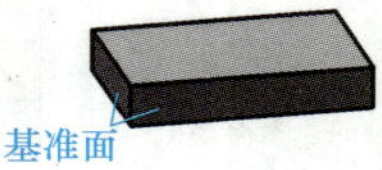	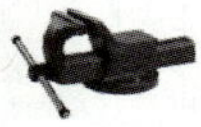	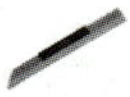 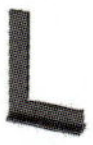	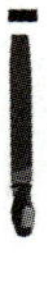	铁粉 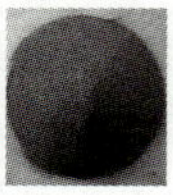	可回收物 Recyclable
3	划线	根据图样尺寸,利用基准面对零件进行划线,完成后要检查一遍,确保划线的准确性	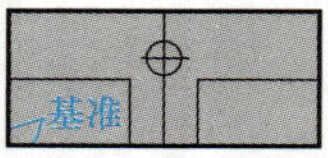	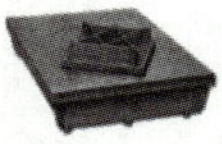	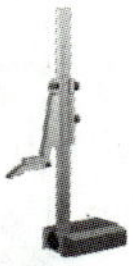	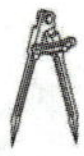	抹布 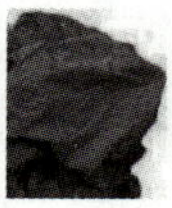	其他垃圾 Other waste
4	钻孔、攻螺纹	钻 $\phi 8.5mm$ 的螺纹底孔并攻 M10 螺纹	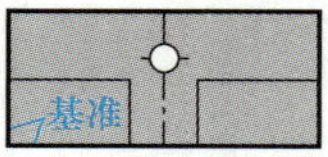	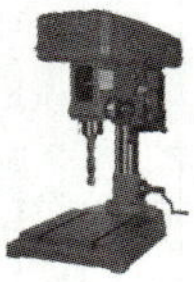	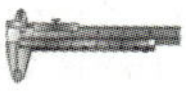	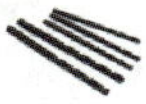 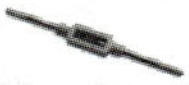 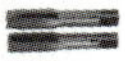	钻屑 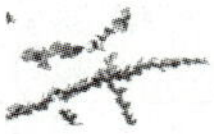	可回收物 Recyclable
5	锯削非基准面的凸台余料	锯削去除非基准面的凸台余料,单边留约 0.5mm 余量	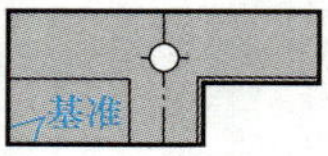	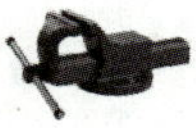	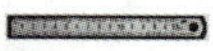	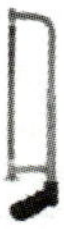	毛坯余料 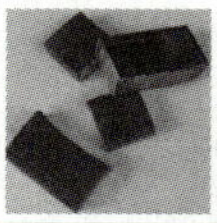 / 断锯条 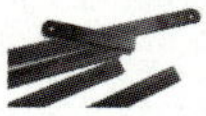 / 铁粉 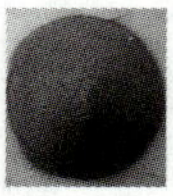	可回收物 Recyclable
6	粗锉 A、B 面	粗锉 A、B 面至尺寸,留精加工余量	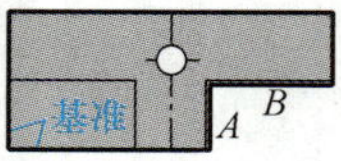	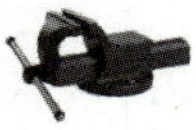	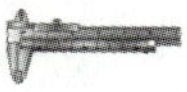	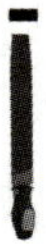	铁粉 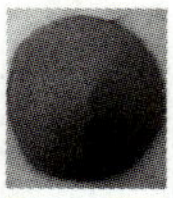	可回收物 Recyclable
7	锯削工艺槽	锯削 A、B 面间的直角工艺槽	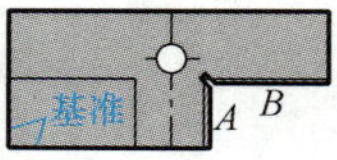	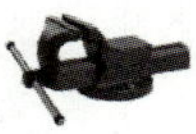	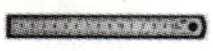	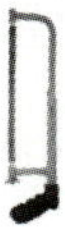	铁粉 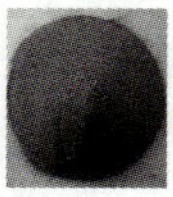 / 断锯条 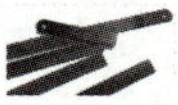	可回收物 Recyclable

（续）

序号	加工步骤	加工内容	加工位置	使用设备或工具	使用量具	使用刀具	本环节产生的生产垃圾	垃圾分类处理
8	精加工 A、B 面	精加工 A、B 面，保证 a、20mm 尺寸，用刀口形直尺检查两面的平面度及其垂直度		台虎钳	刀口形直尺、游标卡尺	锉刀	铁粉	可回收物 Recyclable
9	锯削去除余料	锯削去除另一个凸台余料		台虎钳	钢直尺	锯弓	铁粉 / 断锯条 / 毛坯余料	可回收物 Recyclable / 可回收物 Recyclable / 可回收物 Recyclable
10	粗加工 C、D 面	粗加工 C、D 面至尺寸，留精加工余量		台虎钳	游标卡尺	锉刀	铁粉	可回收物 Recyclable
11	锯削工艺槽	锯削 C、D 面的直角工艺槽		台虎钳	钢直尺	锯弓	铁粉 / 断锯条	可回收物 Recyclable / 可回收物 Recyclable
12	精加工 C、D 面	精加工 C、D 面，保证尺寸 20mm、20mm，跟凹件配合、检测间隙<0.1mm		台虎钳	刀口形直尺、游标卡尺	锉刀	铁粉	可回收物 Recyclable

（续）

序号	加工步骤	加工内容	加工位置	使用设备或工具	使用量具	使用刀具	本环节产生的生产垃圾	垃圾分类处理
13	划线	利用凹件配画R60mm圆弧。凹、凸件配合时,利用塞尺检测	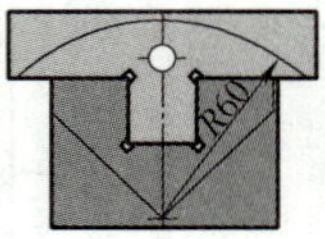				抹布 	其他垃圾 Other waste
14	锯削去除余料	锯削去除圆弧余料					铁粉	可回收物 Recyclable
							断锯条	可回收物 Recyclable
15	粗、精加工圆弧面	粗、精加工圆弧面并保证尺寸R60mm,待四件完成后,整体配合检测R60整圆	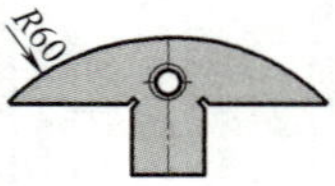				铁粉 	可回收物 Recyclable
16	检测	检测一遍整个零件			  			
17	去毛刺	锐角、锐边倒棱,整体检查					铁粉	可回收物 Recyclable
							抹布	其他垃圾 Other waste
18	设备保养	清洁并保养台虎钳、工具、量具、刀具等					机油	有害垃圾 Harmful waste
							油抹布	有害垃圾 Harmful waste

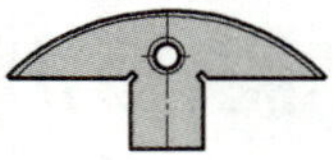

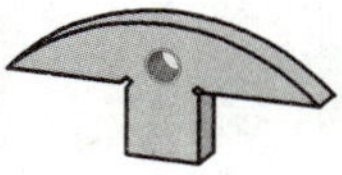

2. 加工注意事项

加工铁轮的过程中，需要注意的事项见表 5-11。

表 5-11 铁轮加工注意事项

类别	序号	注意事项内容	备注
常规项	1	正确穿戴好劳保用品	
	2	必须熟知工具的性能、特点、使用、保管和维修及保养方法	
	3	注意安全文明生产	
加工项	1	在加工过程中一定要多测量工件的加工尺寸，以保证达到加工尺寸要求和几何公差以及表面质量要求	
	2	加工凸件外圆 R60mm 尺寸时应预留余量，等装配后一起整体加工	重点
	3	配作中基准件是配合件加工的基准，必须保证质量。所以为了保证锉配精度，必须选择凹件作为基准件，因为外表面更便于加工和测量，凸件只能作为配作件	
	4	凸形面的加工，必须根据凹形尺寸来进行配锉	
	5	要注意对各配合面的内直角部分认真清角，以保证配合到位	
	6	锉配时，应单向锉配，达到要求后再做转位锉配修整。修整时，应综合分析并从整体情况考虑，避免盲目修整，造成局部间隙过大	
检测项	1	外径千分尺测砧和测微螺杆将与工件接触时，要使用测力装置，不要直接转动微分筒	
	2	外径千分尺测量工件时，应根据测量尺寸合理选用合适量程的外径千分尺进行测量	
	3	不得把两测砧和测微螺杆当作固定卡钳使用，以免加快测砧和测微螺杆磨损	
	4	由于塞尺很薄，容易折断，使用时应特别小心，使用后应在表面涂以防锈油，并收回到保护夹内	

四、装配注意事项

铁轮的装配流程如图 5-12 所示，装配时要注意以下几点：

1) 详细了解装配图，熟悉装配工艺规程和要求。
2) 准备好各凸凹配合件及工具，给所有工件编号。
3) 对凸凹配合件主要配合尺寸及相关精度进行复查，并注意工件毛边、毛刺及内角的清理。
4) 根据装配流程图进行铁轮的装配，并注意各零件之间的装配关系，对不符合要求的零件进行修锉。
5) 装配完成后，应对照图 5-5 的要求修整外圆。
6) 整理工作场地。

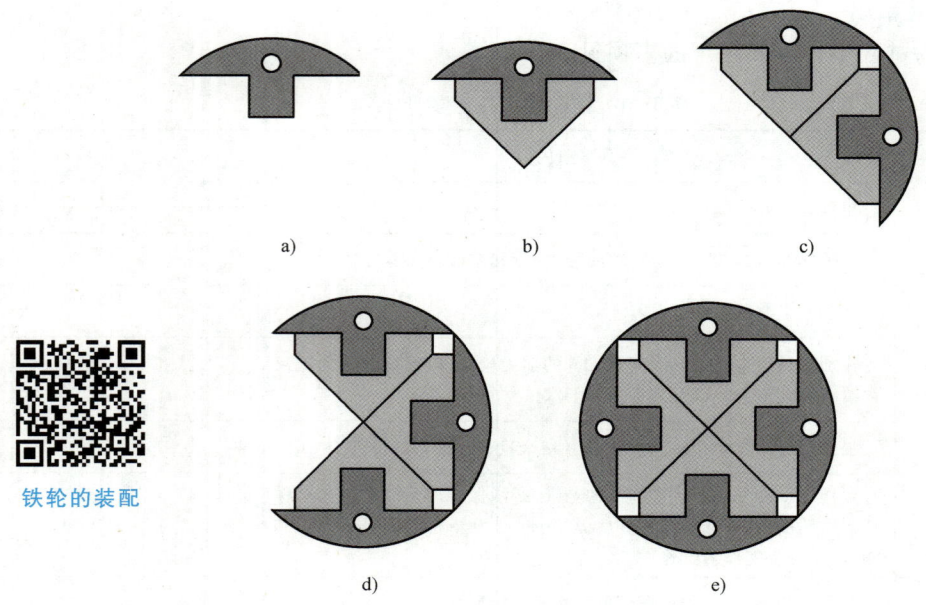

铁轮的装配

图 5-12 铁轮装配流程

学习评价

一、学习过程评价

请根据本次任务学习过程中的实际情况，在表 5-12 中对自己及学习小组进行评价。

表 5-12 学习过程评价表

学习小组：_____	姓名：_____	评价日期：_____	
评价人	评价内容	评价等级	情况说明
自我评价	能否按 5S 要求规范着装	能 □　不确定 □　不能 □	
	能否针对学习内容主动与其他同学进行沟通	能 □　不确定 □　不能 □	
	能否叙述铁轮零件的加工工艺过程	能 □　不确定 □　不能 □	
	能否规范使用工具、量具、刀具及钻孔设备加工零件	能 □　不确定 □　不能 □	
	你所负责加工的铁轮零件的完成情况	按图样要求完成 □ 基本完成 □　　没有完成 □	
	能否独立且正确检测零件尺寸	能 □　不确定 □　不能 □	
小组评价	小组所使用的工具、量具、刀具能否按 5S 要求摆放	能 □　不确定 □　不能 □	
	小组组员之间团结协作、沟通情况	好 □　　一般 □　　差 □	
	小组所有成员制作的零件能否正常装配成铁轮	能 □　　　　　不能 □	
教师评价	学生个人在小组中的学习情况	积极 □　　　　懒散 □ 技术强 □　　　技术一般 □	
	学习小组在学习活动中的表现情况	好 □　　一般 □　　差 □	

二、专业技能评价

请参照零件图，使用外径千分尺、游标卡尺等量具，分别对自己负责加工的零件与小组其他零件进行检测，并把检测结果填写在表 5-13 中。

表 5-13 铁轮质量检测表

序号	检测项目	配分	评分标准	自检结果	得分	互检结果	得分
1	凸件长 84.85mm	5	符合要求得分				
2	凸件高 37.57mm	5	符合要求得分				
3	凸台长 $20_{-0.08}^{0}$ mm	5	符合要求得分				
4	凸台高 $20_{-0.08}^{0}$ mm	5	符合要求得分				
5	$R(60±0.08)$ mm	5	符合要求得分				
6	M10 螺纹	20	符合要求得分				
7	凹件长 $(64±0.08)$ mm	5	符合要求得分				
8	凹件高 42mm	5	符合要求得分				
9	槽宽 $20_{0}^{+0.08}$ mm	5	符合要求得分				
10	槽深 $20_{0}^{+0.08}$ mm	5	符合要求得分				
11	90°角	5	符合要求得分				
12	配合长 84.85mm	5	符合要求得分				
13	配合高 60mm	5	符合要求得分				
14	配合 φ120mm 整圆	10	符合要求得分				
15	平面度	5	每处不合格扣 1 分				
16	表面粗糙度值	5	每处 $Ra3.2\mu m$，降一级扣 1 分				
合计		100					

练习与作业

一、课堂练习

（一）选择题

1. 铁轮凸件（　　）在整体外形加工后，再进行钻孔及攻螺纹的加工。

　A. 随便　　　　B. 不可以　　　　C. 可以

2. 构成铁轮的凸外形圆弧半径尺寸是（　　）。

　A. $R60mm$　　B. $R50mm$　　C. $R55mm$　　D. $R65mm$

3. 下面（　　）毛坯尺寸适合铁轮凸件的加工。

　A. 35mm×80mm×10mm　　　　B. 35mm×86mm×10mm
　C. 39mm×86mm×10mm　　　　D. 39mnm×80mm×10㎜

4. 下列量具中精度高的是（　　）。

　A. 钢直尺　　B. 游标卡尺　　C. 游标高度卡尺　　D. 外径千分尺

5. 铁轮是利用四组凸凹件配合共（　　）个零件装配完成的益智玩具。

A. 2　　　　B. 4　　　　C. 6　　　　D. 8

6.（多选题）手动攻螺纹时，常采用的工具有（　　）。

A. 丝锥　　　B. 丝锥扳手　　　C. 夹具　　　D. 钢直尺

（二）判断题

1. 外径千分尺的读数由两部分组成，即固定套管数值与微分筒数值之和。（　　）
2. 外径千分尺是用来测量零件直径、长度、宽度、厚度尺寸的量具，精度低于游标卡尺。（　　）
3. 使用千分尺时先要检查其零位是否校准。因此拧紧锁紧装置，然后应用工具使两零线对齐。（　　）
4. 在机械加工中，采用丝锥进行内螺纹加工的方法称为攻螺纹。（　　）
5. 攻螺纹时，丝锥轴线要倾斜于工件平面。（　　）
6. 操作时一手用手掌按住铰杠中部，沿丝锥轴线加压，一手配合转动铰杠，并使丝锥逆时针方向旋进。（　　）
7. 攻螺纹时，使丝锥顺时针方向旋进，退出时为逆时针方向。（　　）
8. 丝锥崩牙或折断的原因是断屑、排屑不良，产生切屑堵塞。（　　）
9. 攻螺纹前底孔直径太大会造成螺纹牙深不够。（　　）

（三）填空题

1. 在铁轮凸件凸台的外形尺寸中，长度与高度尺寸的公差数值均为____。
2. 外径千分尺的分度值一般为____。
3. 外径千分尺固定套管中线上方每1个刻度为____。
4. 丝锥分_____和_____两种。
5. 配合加工检验的常用方法有：_____、_____、_____。

（四）思考题

1. 试结合内螺纹底孔直径的计算公式，计算 M10 内螺纹的底孔直径。工件材质为 Q235。

2. 简述使用塞尺检验配合加工精度的方法。

二、课后作业

请结合本次任务的学习情况，在课后制作一份 A3 幅面的手抄报。要求如下：

1）归纳本次任务所学会的知识和技能。
2）加工铁轮零件的过程中，总结自己或者学习小组出现的问题及解决方法。

3）总结学习心得与反思。

4）版面清晰，字迹工整，图文并茂，体现创新思想。

生产任务工单 （表5-14）

表 5-14 生产任务工单

任务名称		使用设备		加 工 要 求	
零件图号		加工数量			
下单时间		接单小组			
要求完成时间		责 任 人			
实际完成时间		生产人员			
产品质量检测记录					
	检测项目	自检结果		质检员检测结果	
1	零件完整性				
2	零件关键尺寸不合格数目				
3	零件表面质量				
4	是否符合装配要求				
零件质量最终检测结果及处理意见					
验收人		存放地点		验收日期	

学习任务6

风车的制作

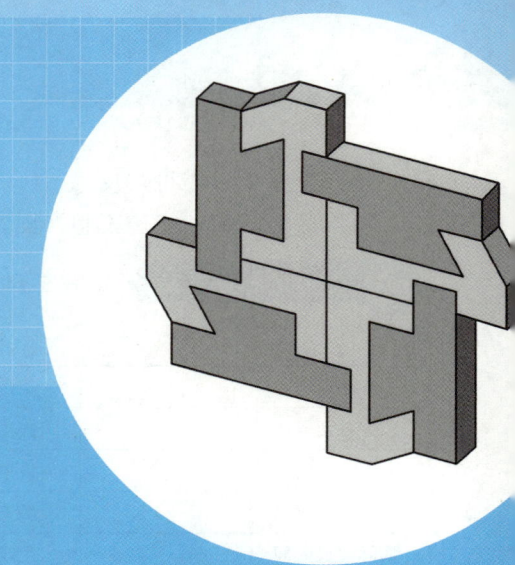

学习内容

1. 游标万能角度尺的使用。
2. 选择风车（图6-1）的加工工艺。
3. 制作风车零件。
4. 风车的质量检测。

风车的制作 1

风车的制作 2

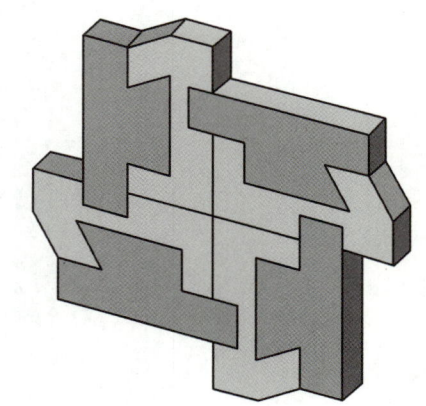

图 6-1 风车

学习目标

知识目标

1. 认识游标万能角度尺的结构与用途。
2. 掌握游标万能角度尺的使用方法与读数原理。
3. 清楚检验棒的使用原理，掌握用检验棒测量工件的方法。
4. 掌握燕尾的制作工艺流程。

学习任务6　风车的制作

能力目标

1. 根据零件图要求，能灵活选用工具、量具进行风车的划线操作或指导他人划线。
2. 能正确选择风车零件的加工工艺。
3. 能正确使用游标万能角度尺测量角度。
4. 能正确使用检验棒测量工件。
5. 能独立完成风车零件的加工，与小组配合完成风车的装配。
6. 能利用各种量具对风车零件进行质量检测并能对不合格的零件提出改进意见。

职业素质目标

1. 在加工过程中能正确选择合适的检验棒。
2. 能根据角度测量要求正确选择游标万能角度尺的配件组合方式。
3. 在装配阶段能对装配质量做出评价，并能根据问题提出改进意见。

职业素养目标

1. 能灵活选用量具精确检测零件，清楚零件的质量并提出改进意见，具备精益求精的工匠精神。
2. 能严格按照安全文明生产要求规范操作，并能对现场的安全问题提出改进意见，具备安全文明生产意识。
3. 积极参与小组合作学习，能听取别人的意见或能指导他人学习，具备团队合作精神。
4. 节约学习资源，对各类生产垃圾能进行有效分类并按要求投放，同时能对现场的环境问题提出改进意见，具备环保意识。

思维导图

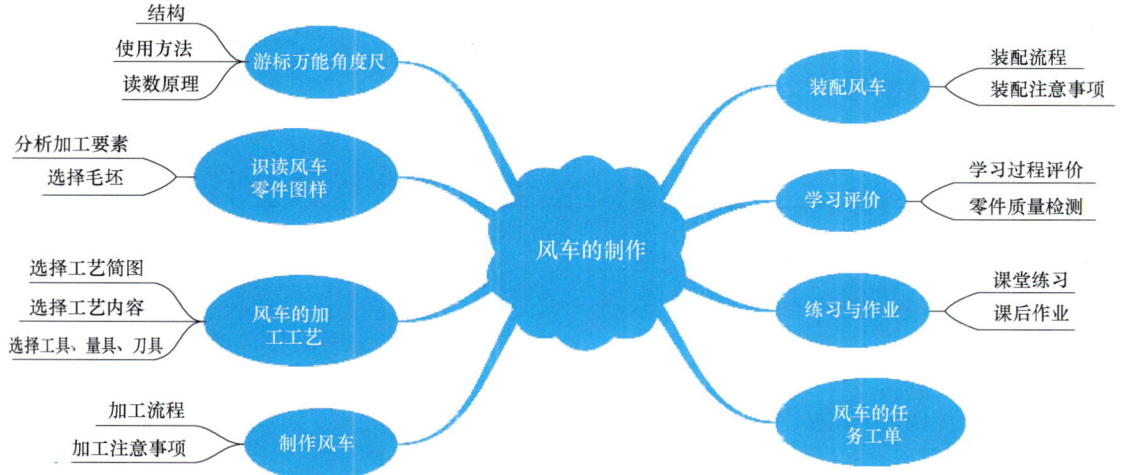

任务描述

风车一般由四片形状相似、位置对称的叶片均匀分布在圆周上，中间通过轴承固定在旋转轴上组成。它迎风旋转，常见于风力发电机、儿童玩具等。

现有企业订单，要求利用金属材料加工风车的益智拼图玩具，数量若干。零件图及装配图如图 6-2~图 6-5 所示。

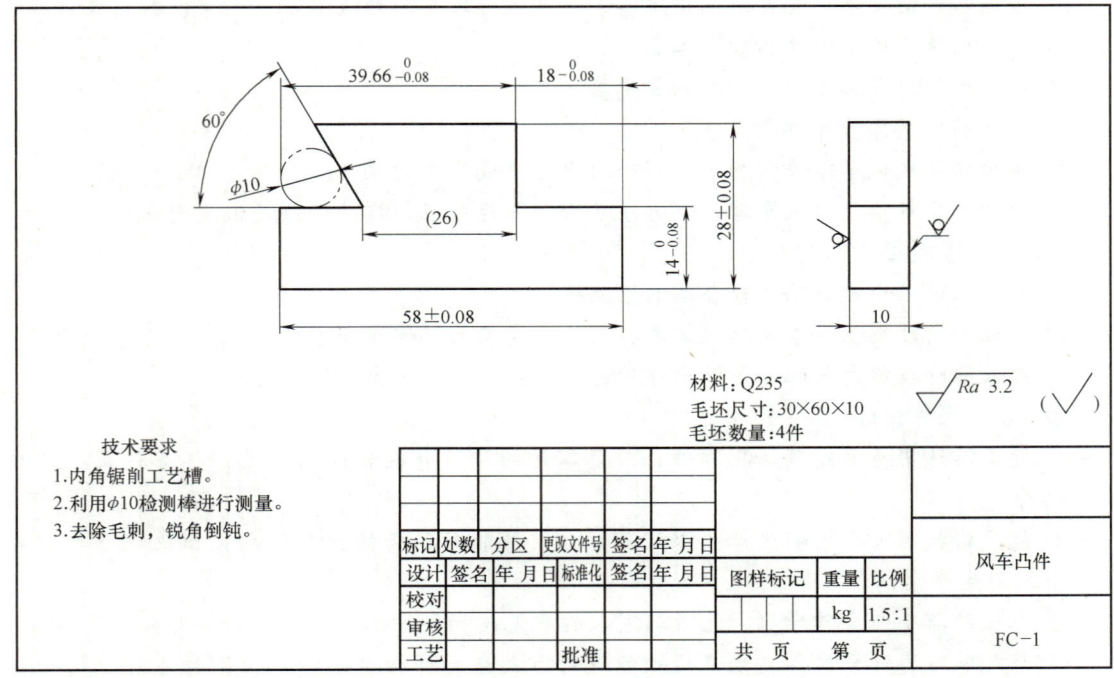

图 6-2　风车凸件零件图

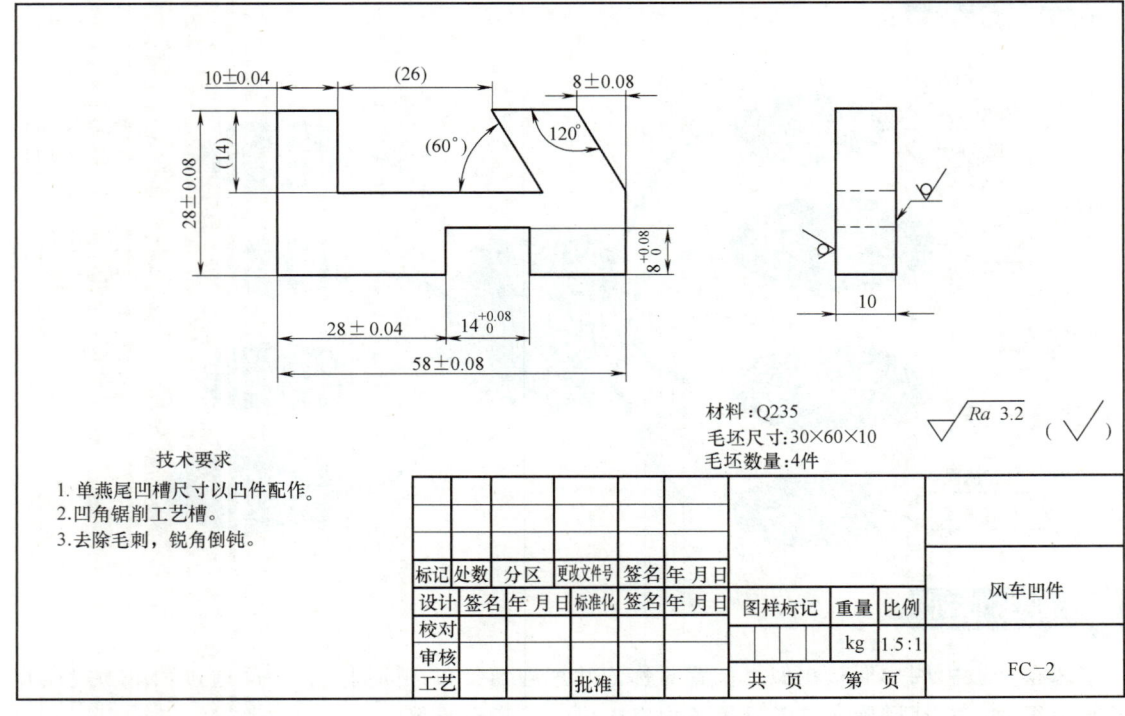

图 6-3　风车凹件零件图

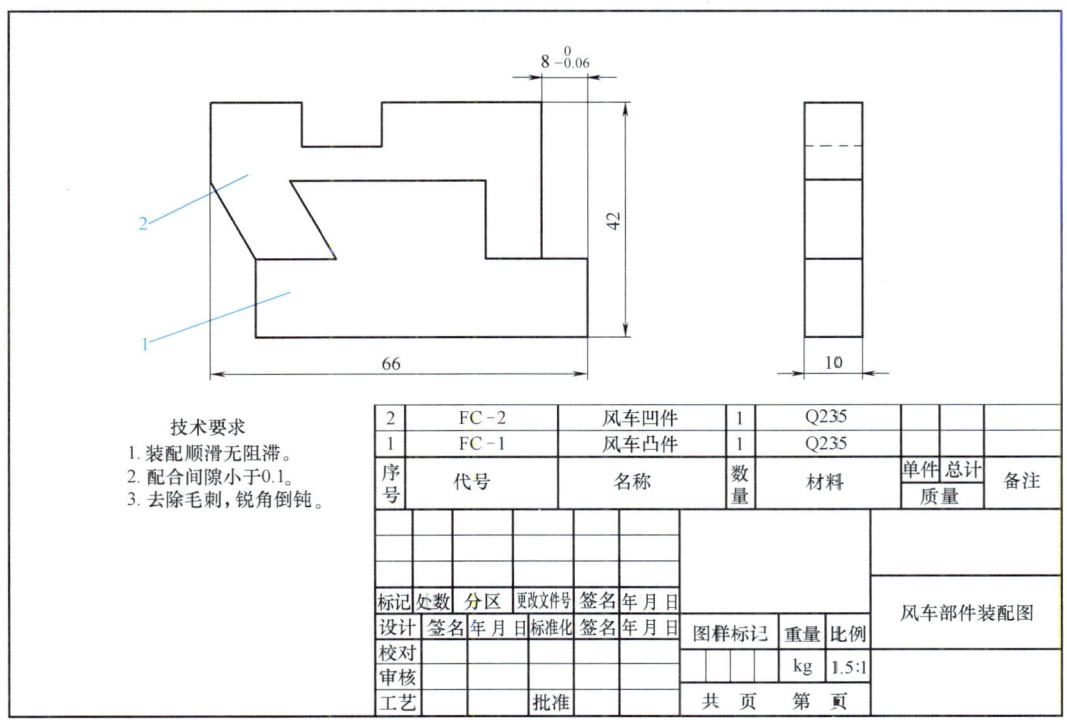

图 6-4 风车部件装配图

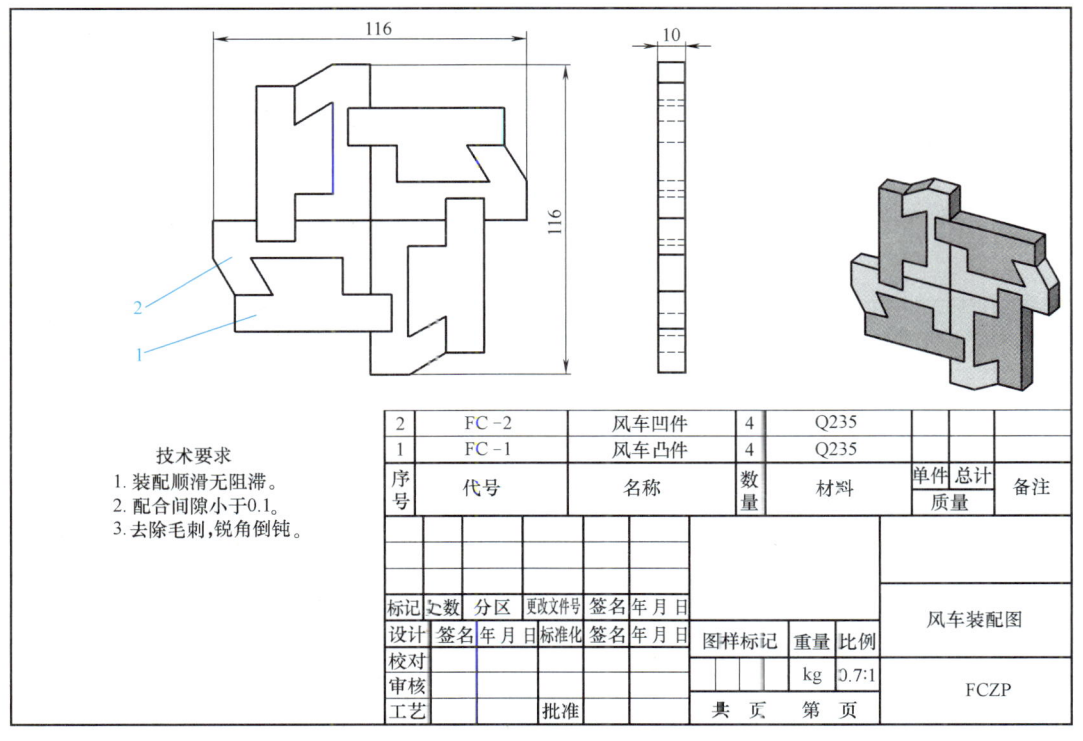

图 6-5 风车装配图

【素养园地——资源节约型社会】

任务分析

一、制订工作计划

利用钳工技能完成风车的制作，分别需要完成选料，选取工具、量具、刀具，凸件与凹件加工，质量检测，5S 现场管理等任务内容，请根据本小组的实际情况，与组员协商分工，填写表 6-1 的相关内容。

表 6-1 小组分工合作计划

组　名		小组成员			
序　号	任　务　内　容		计划用时	完成时间	负责人

二、选取加工设备

请根据风车的零件图及小组工作计划，分别从附录 A~C 中选择制作风车的工具、量具、刀具，并填写在表 6-2 中。

表 6-2 加工风车的工具、量具、刀具

序　号	名　　称	规　格　型　号	数　量	备　注

学习任务6　风车的制作

三、知识准备

通过观看风车的加工视频可知，风车零件是综合运用锉削、划线、钻孔、錾削、锯削、攻螺纹等技能加工而成的。为了保证零件产品质量符合图样要求，加工过程中，需要采用钢直尺、刀口形直尺、宽座角尺、游标卡尺、外径千分尺、万能角度尺等量具进行必要的检测工作。接下来，让我们一起来学习万能角度尺这一个新的准备知识吧！

1. 游标万能角度尺

游标万能角度尺是用来测量工件内、外角度的量具，其结构如图6-6所示。

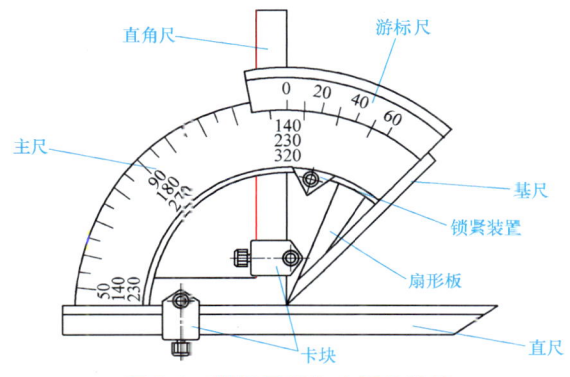

图6-6　游标万能角度尺的结构

2. 使用方法

游标万能角度尺适用于机械加工中工件内、外角度的测量。测量时，应先校准零位，游标万能角度尺的零位是当直角尺与直尺均装上，而直角尺的底边及基尺与直尺无间隙接触，此时主尺与游标尺的零线对准。调整好零位后，通过改变基尺、直角尺、直尺的相互位置，可测量0°～320°范围内的任意角度，如图6-7所示。

3. 读数原理

先读出游标尺零线前的角度，再从游标尺上读出角度"分"的数值，两者相加就是被测的角度数值。

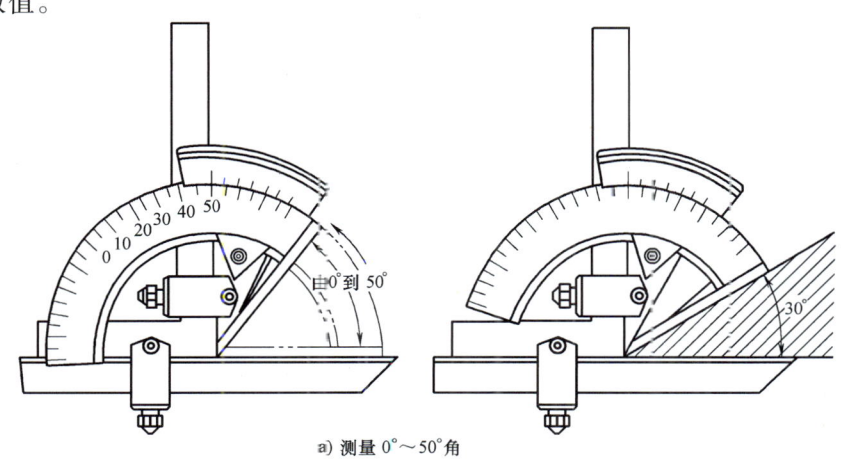

a) 测量0°～50°角

图6-7　游标万能角度尺测量示意图

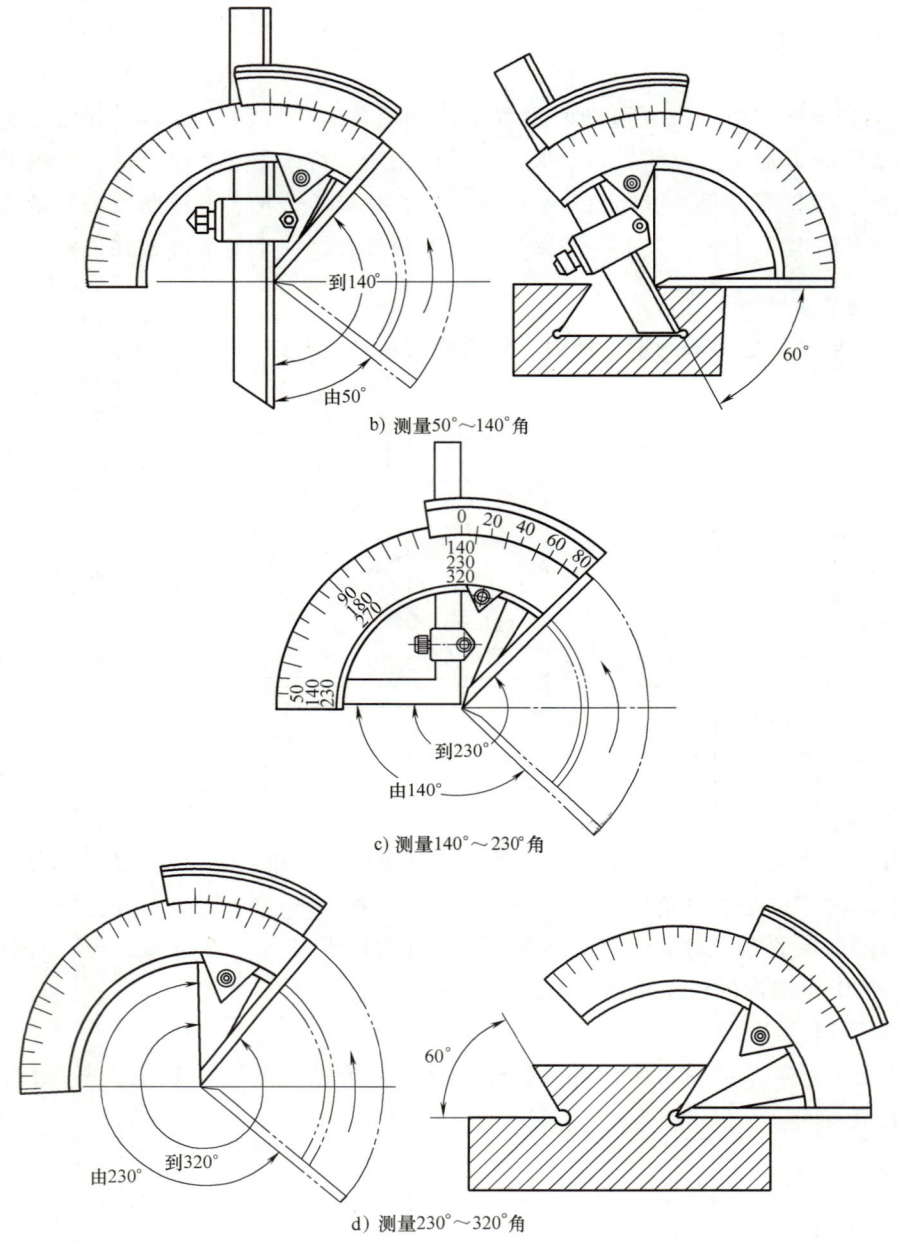

图 6-7 游标万能角度尺测量示意图（续）

任务实施

一、识读零件图样

1. 分析加工要素

风车由四组部件构成，每组部件由两个零件装配而成，分别是风车凸件、风车凹件，如

图 6-1~图 6-5 所示。

由图 6-2 可知，风车凸件由一个燕尾凸台、一个直角台阶组成。其中，风车凸件的总长、宽、高尺寸分别为（58±0.08）mm、10mm、（28±0.08）mm，燕尾凸台的角度为60°。当利用 φ10mm 的检验棒检测燕尾左侧斜面与右侧垂直面的间隙距离时，数值为 $39.66_{-0.08}^{0}$ mm。直角台阶的长、高尺寸分别为 $18_{-0.08}^{0}$ mm、$14_{-0.08}^{0}$ mm。四周侧面要求的表面粗糙度值为 $Ra3.2\mu m$，上、下大平面为非去除材料方式获得的表面，故无须加工。

由图 6-3 可知，风车凹件由一个燕尾凹槽、一个直角槽组成。其中，风车凹件的总长、宽、高尺寸分别为（58±0.08）mm、10mm、（28±0.08）mm，燕尾凹槽的角度为60°，燕尾槽左侧垂直边与凹件左侧面的距离为（10±0.04）mm，右侧斜面与燕尾斜面平行、与上平面的夹角为120°。直角槽的长、高尺寸分别为 $14_{0}^{+0.08}$ mm、$8_{0}^{+0.08}$ mm，直角槽的左侧垂直边与凹件左侧面的距离为（28±0.04）mm。四周侧面要求的表面粗糙度值为 $Ra3.2\mu m$，上、下大平面为非去除材料方式获得的表面，故无须加工。

所有棱边进行倒钝处理。

由图 6-4 可知，由风车凸件与凹件组合而成的风车部件总长为66mm，总高为42mm，宽度为10mm，凸件与凹件配合完成后需保证右侧尺寸为 $8_{-0.06}^{0}$ mm。

由图 6-5 可知，由四个风车部件组成的风车总长尺寸为116mm、总高尺寸为116mm、宽度尺寸为10mm，要求装配顺滑无阻滞、配合间隙小于0.1mm。

2. 选择毛坯

根据图 6-2 和 6-3 可知，毛坯材料为 Q235。

根据风车凸件的总长、宽、高尺寸，确定每套风车零件需要尺寸为 30mm×60mm×10mm 的毛坯 4 块。

根据风车凹件的总长、宽、高尺寸，确定每套风车零件需要尺寸为 30mm×60mm×10mm 的毛坯 4 块。

二、制订正确的工艺路线

请根据零件的加工要求，分别从表 6-3、表 6-4 中选择自己负责零件的工艺简图，从表 6-5、表 6-6 中选择自己负责零件的工艺内容，按正确顺序填写在表 6-7 与表 6-8 零件的加工工艺中，并从附录 A~C 中选择合适的工具、量具、刀具，并参考附录 D 完善表 6-7 与表 6-8 中的其他内容。

表 6-3 风车凸件的加工简图

序号	工艺简图	序号	工艺简图
1		2	

（续）

序号	工 艺 简 图	序号	工 艺 简 图
3		9	
4		10	
5		11	
6		12	
7		13	
8		14	

表 6-4 风车凹件的加工简图

序号	工 艺 简 图	序号	工 艺 简 图
1	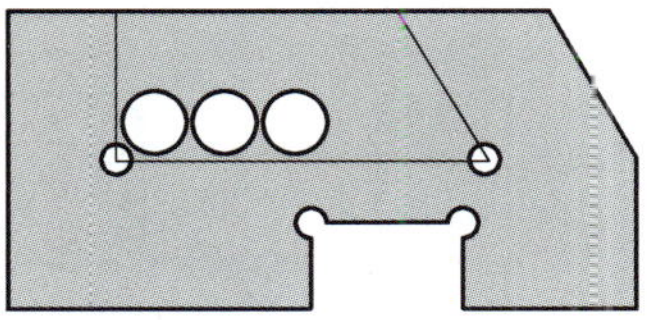	7	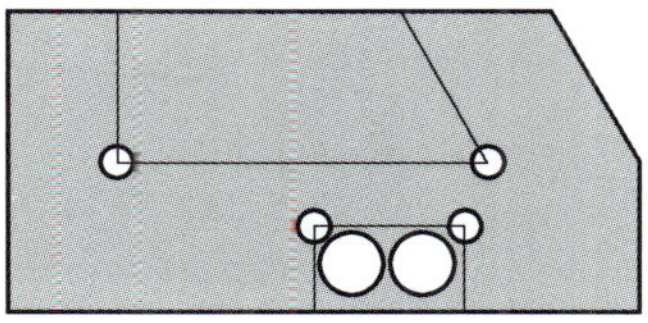
2	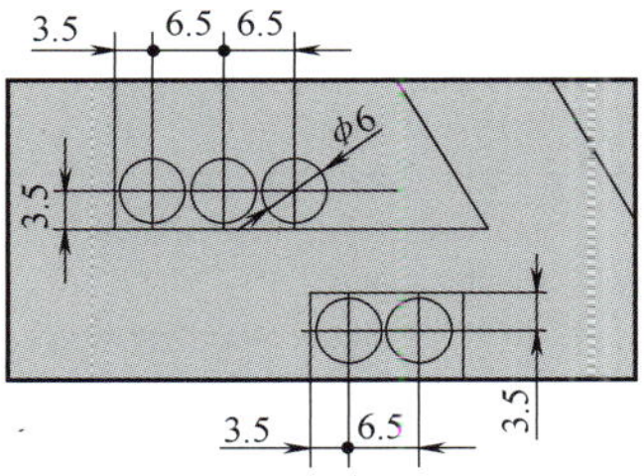	8	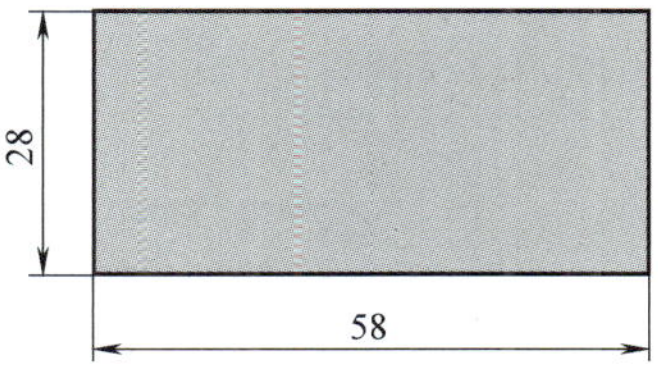
3	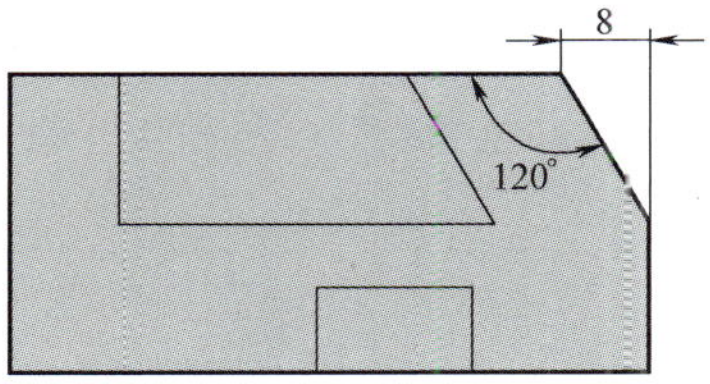	9	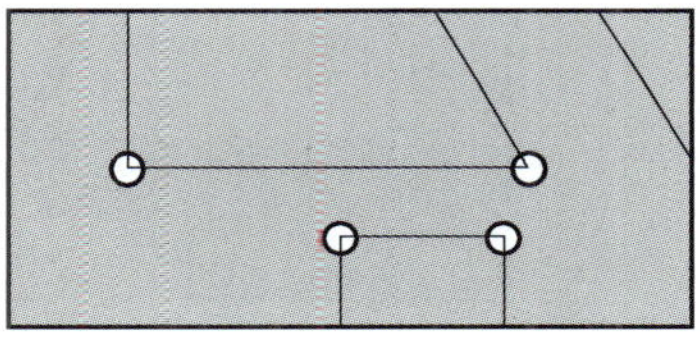
4	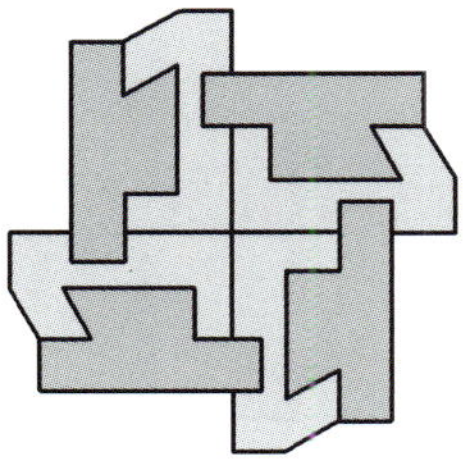	10	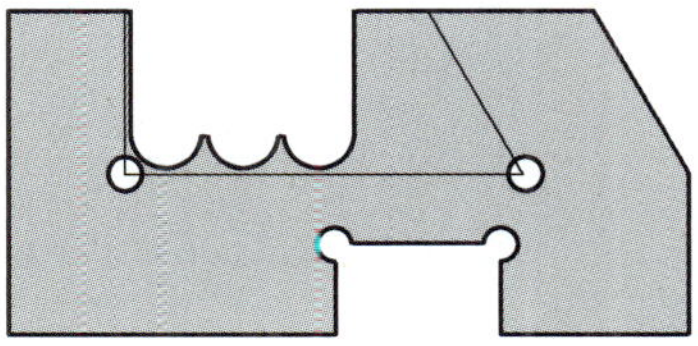
5	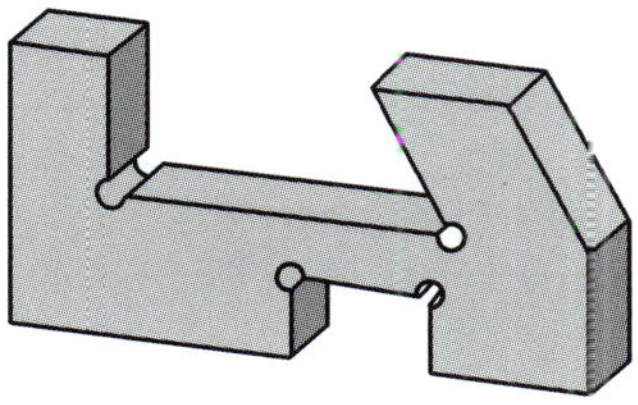	11	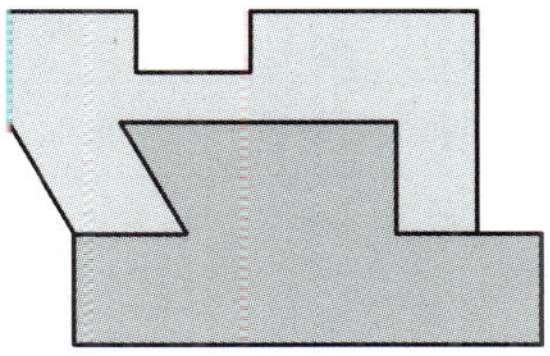
6	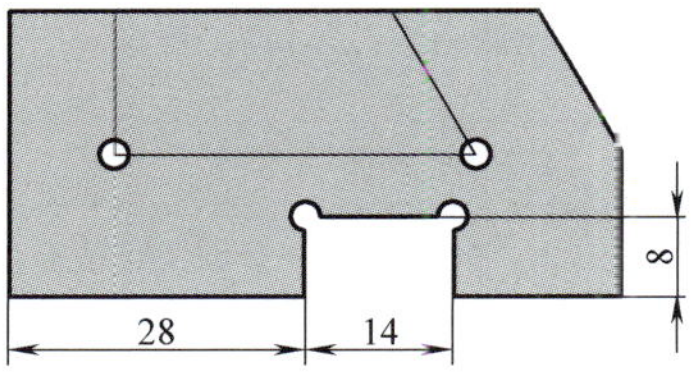	12	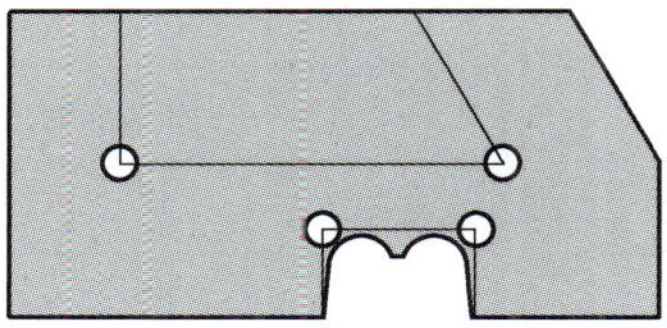

（续）

序号	工艺简图	序号	工艺简图
13		17	
14		18	
15		19	
16			

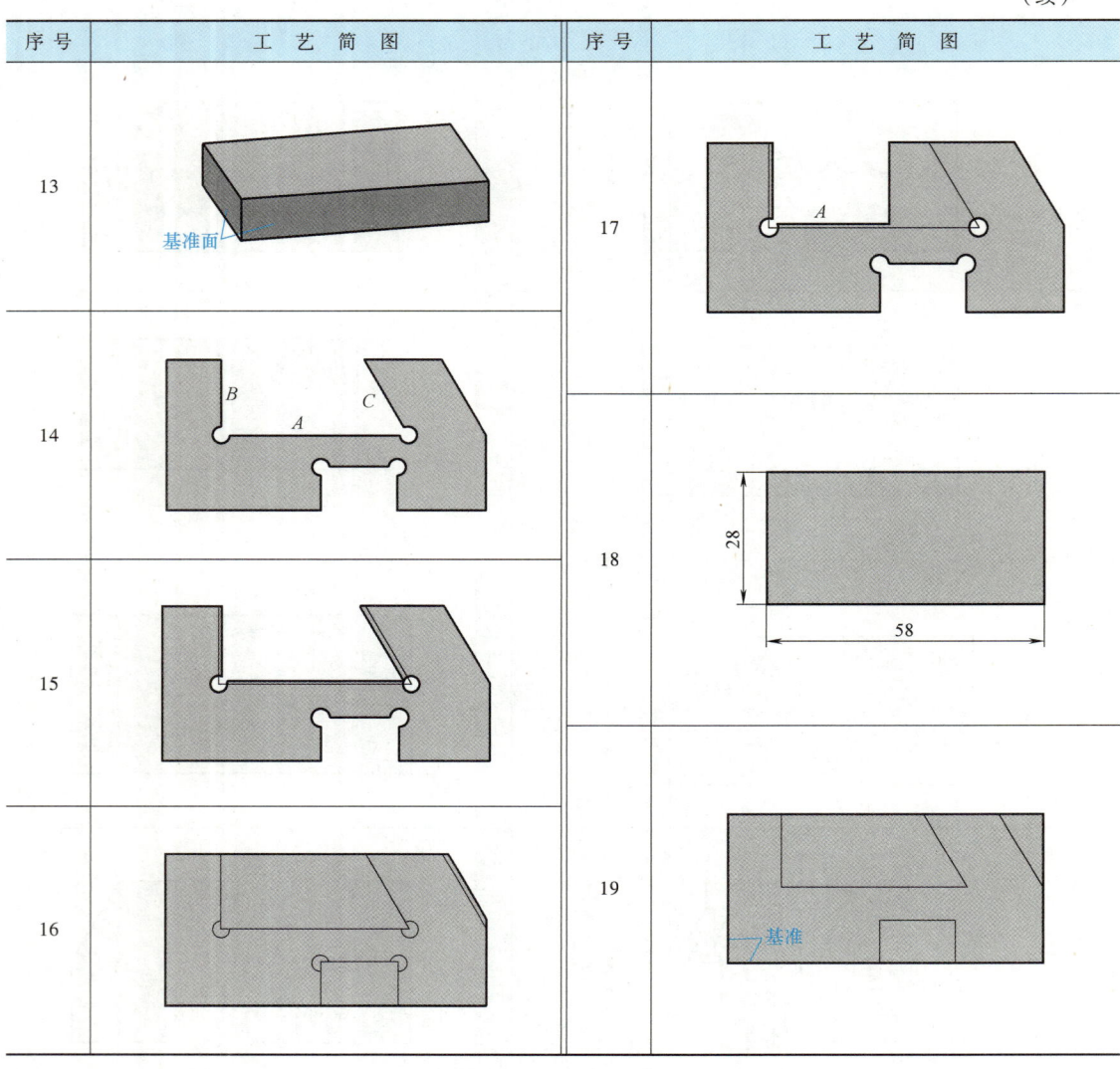

表 6-5　风车凸件的加工工艺

序号	工步内容	序号	工步内容
1	锯削去除另一处余料	9	锉削另外两侧面，保证其与基准面平行，并保证尺寸 28mm 和 58mm
2	检测一遍整个零件		
3	粗、精加工 C 面并保证尺寸 14mm	10	粗加工 D 面，保证斜面角度 60°
4	精加工 A、B 面，保证尺寸 14mm、18mm	11	锯削去除直角余料
5	检查毛坯，保证毛坯尺寸大于 58mm×28mm	12	检测毛坯总体情况，锉削一直角作为基准面
6	根据图样尺寸，利用基准面对零件进行划线	13	粗锉 A、B 面
7	去除毛刺	14	精加工 D 面，保证斜面角度 60°，并通过 φ10mm 检验棒控制尺寸达到 39.66mm
8	钻 2 个 φ3mm 工艺孔		

表 6-6 风车凹件的加工工艺

序号	工步内容	序号	工步内容
1	加工燕尾凹槽,依次配作 B、A 面,完成后再配作 C 面	11	检测毛坯总体情况,锉削一直角作为基准面
2	根据燕尾槽与凹槽确定钻孔位置	12	粗加工排料孔 A 面余量
3	锯削去除斜角余料	13	粗、精加工凹槽,并保证尺寸 28mm、14mm、8mm
4	钻凹槽排孔		
5	锯削燕尾凹槽余料	14	钻 4 个 φ3mm 工艺孔
6	检查毛坯,保证毛坯尺寸大于 58mm×28mm	15	钻燕尾凹槽排料孔
7	检测一遍凸、凹件配合	16	锯削排料孔余料
8	锯削凹槽并錾去余料	17	根据图样尺寸和凸件尺寸,利用基准面对零件进行划线
9	检查整体配合		
10	锉削另外两侧面,保证其与基准面垂直,并保证尺寸 28mm 和 58mm	18	加工斜角,并保证角度 120° 和尺寸 8mm
		19	去除毛刺

表 6-7 风车凸件的加工工艺

工艺序号	工艺简图号码	工步内容号码	使用工具	使用量具	加工刀具	将产生的生产垃圾	垃圾分类

表 6-8　风车凹件的加工工艺

工艺序号	工艺简图号码	工步内容号码	使用工具	使用量具	加工刀具	将产生的生产垃圾	垃圾分类

三、制作风车零件

1. 风车零件的加工过程（表 6-9 和表 6-10）

表 6-9　风车凸件的加工过程

序号	加工步骤	加工内容	加工位置	使用设备或工具	使用量具	使用刀具	本环节产生的生产垃圾	垃圾分类处理
1	准备毛坯	检查毛坯，保证毛坯尺寸大于 58mm×28mm	>28, >58				毛坯余料；铁粉；断锯条	可回收物 Recyclable；可回收物 Recyclable；可回收物 Recyclable

（续）

序号	加工步骤	加工内容	加工位置	使用设备或工具	使用量具	使用刀具	本环节产生的生产垃圾	垃圾分类处理
2	锉削基准面	检测毛坯总体情况，锉削两相临垂直面作为基准面，用刀口形直尺检查平面度及两基准面的垂直度，做基准面记号	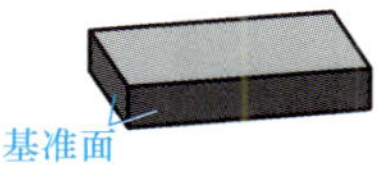 基准面		 		铁粉 	可回收物 Recyclable
3	锉削另两侧面	锉削除基准面以外的其余两侧面，保证与基准面垂直并保证尺寸28mm和58mm	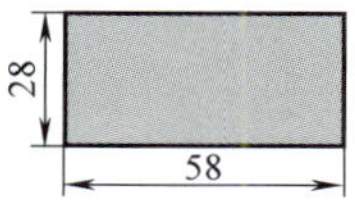 28 / 58		 		铁粉 	可回收物 Recyclable
4	划线	根据图样尺寸，利用基准面对零件进行划线，完成后要检查一遍，确保划线的准确性	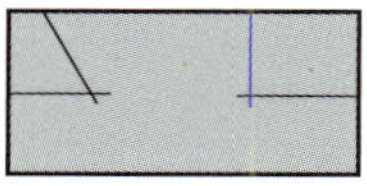			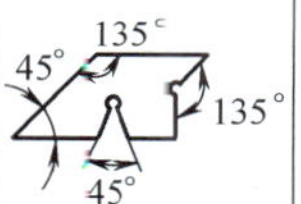  45° 135° 45°和135°	抹布 	其他垃圾 Other waste
5	钻孔	钻两个φ3mm工艺孔	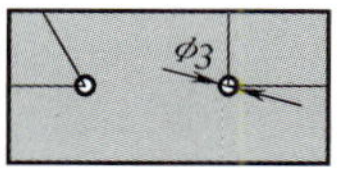 φ3			  	钻屑 	可回收物 Recyclable
6	锯削去除直角余料	锯削去除直角余料					断锯条	可回收物 Recyclable
							铁粉	可回收物 Recyclable
							毛坯余料	可回收物 Recyclable

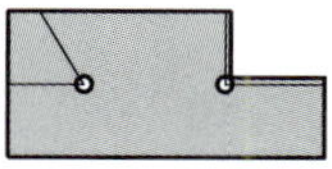

（续）

序号	加工步骤	加工内容	加工位置	使用设备或工具	使用量具	使用刀具	本环节产生的生产垃圾	垃圾分类处理
7	粗锉A、B面	粗锉A、B面	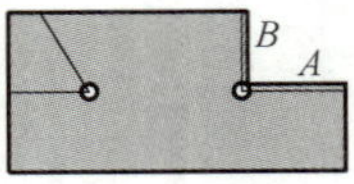	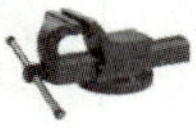	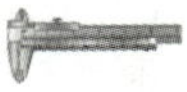	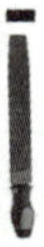	铁粉 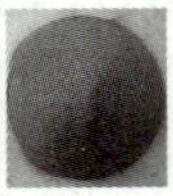	可回收物 Recyclable
8	精加工A、B面	精加工A、B面，保证尺寸14mm、18mm	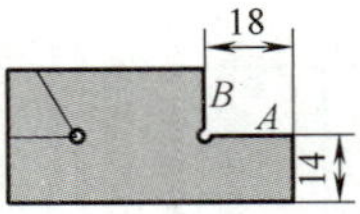	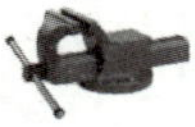	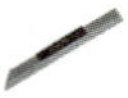 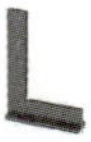 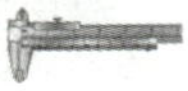	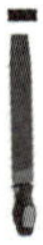	铁粉 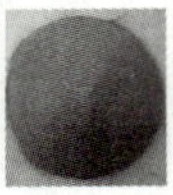	可回收物 Recyclable
9	锯削去除另一余料	锯削去除另一个余料	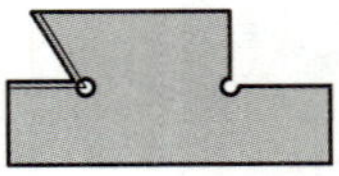	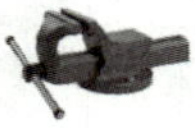	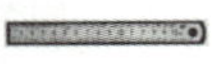	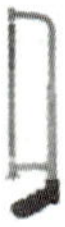	铁粉 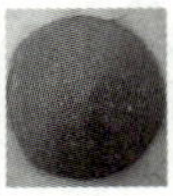 / 断锯条 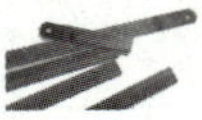 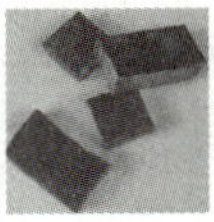	可回收物 Recyclable
10	粗、精加工C面	粗、精加工C面并保证尺寸14mm	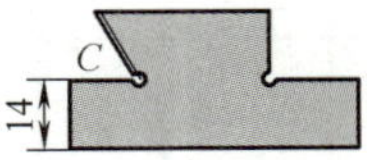	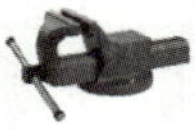	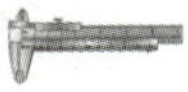	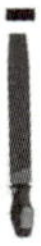	铁粉 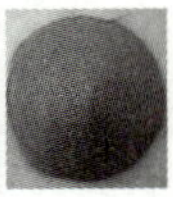	可回收物 Recyclable
11	粗加工D面	粗加工D面，保证斜面角度60°	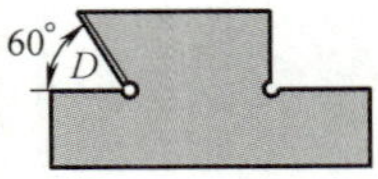	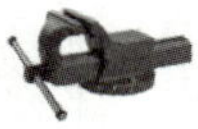	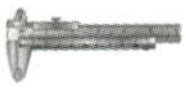 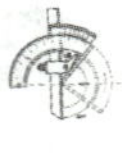	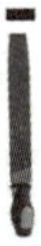	铁粉 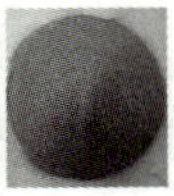	可回收物 Recyclable
12	精加工D面	精加工D面，保证斜面角度60°并用φ10mm检验棒测量尺寸达到39.66mm	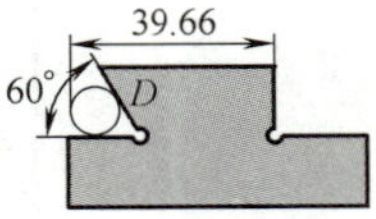	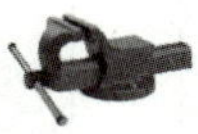	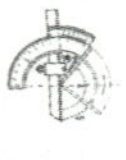 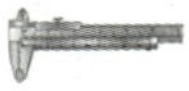	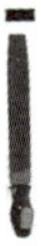	铁粉 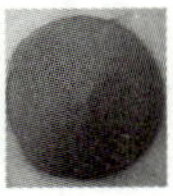	可回收物 Recyclable

（续）

序号	加工步骤	加工内容	加工位置	使用设备或工具	使用量具	使用刀具	本环节产生的生产垃圾	垃圾分类处理
13	检测	检测一遍整个零件						
14	去毛刺	锐角、锐边倒钝，整体检查					铁粉	可回收物 Recyclable
							抹布	其他垃圾 Other waste
15	设备保养	清洁并保养台虎钳、工具、量具、刀具等					机油	有害垃圾 Harmful waste
							油抹布	有害垃圾 Harmful waste

表 6-9　风车凹件的加工过程

序号	加工步骤	加工内容	加工位置	使用设备或工具	使用量具	使用刀具	本环节产生的生产垃圾	垃圾分类处理
1	准备毛坯	下料，保证尺寸大于28mm×58mm	>28, >58				毛坯余料	可回收物 Recyclable
							铁粉	可回收物 Recyclable
							断锯条	可回收物 Recyclable

（续）

序号	加工步骤	加工内容	加工位置	使用设备或工具	使用量具	使用刀具	本环节产生的生产垃圾	垃圾分类处理
2	锉削基准面	检测毛坯总体情况，锉削两相邻垂直面作为基准面，用刀口形直尺检查平面度及两基准面的垂直度，做基准面记号	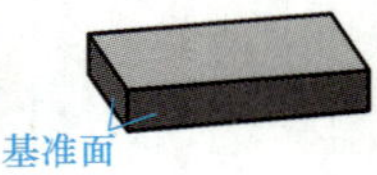		 		铁粉 	可回收物 Recyclable
3	锉削除基准面以外的其余两侧面	锉削除基准面以外的其余两侧面，保证与基准面垂直并保证尺寸28mm和58mm	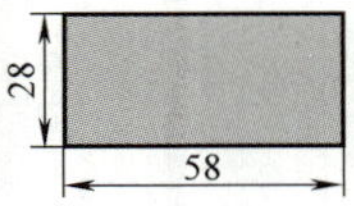		  		铁粉 	可回收物 Recyclable
4	划线	根据图样尺寸，利用基准面对零件进行划线，完成后要检查一遍，确保划线的准确性	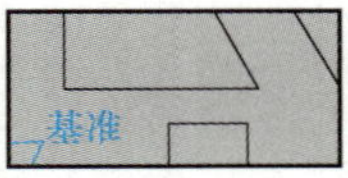			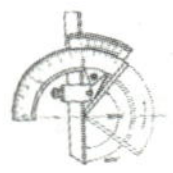	抹布 	其他垃圾 Other waste
5	钻工艺孔	钻四个Φ3mm的工艺孔	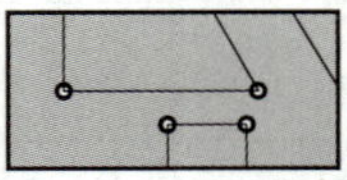			  	钻屑 	可回收物 Recyclable
6	锯削去除斜角余料	锯削去除斜角余料					毛坯余料	可回收物 Recyclable
							断锯条	可回收物 Recyclable
							铁粉	可回收物 Recyclable

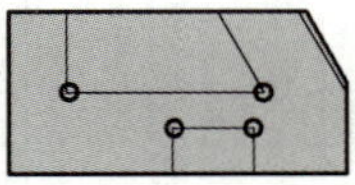

（续）

序号	加工步骤	加工内容	加工位置	使用设备或工具	使用量具	使用刀具	本环节产生的生产垃圾	垃圾分类处理
7	加工斜角并保证尺寸	加工斜角并保证角度120°和尺寸8mm	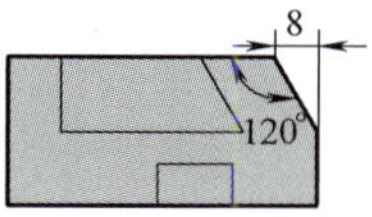	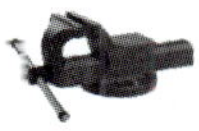 台虎钳	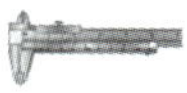 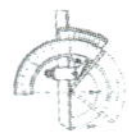 游标卡尺、角度尺	锉刀	铁粉 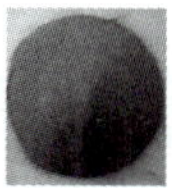	可回收物
8	确定排料孔位置	根据燕尾槽与凹槽确定钻孔位置	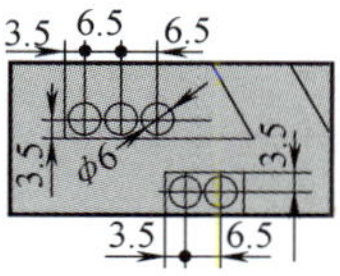	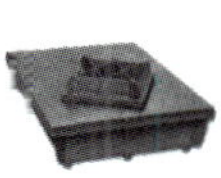 平板	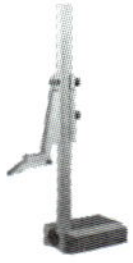 游标高度尺	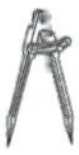 划规	抹布 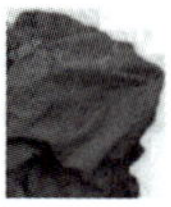	其他垃圾
9	钻凹槽排料孔	钻凹槽两个排料孔	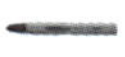	钻床	游标卡尺	麻花钻、中心钻、手锤	钻屑 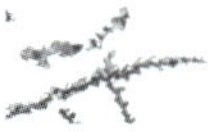	可回收物
10	锯削凹槽并錾去余量	锯削凹槽并錾去余量		台虎钳	钢直尺	锯弓、錾子、手锤	铁粉、断锯条、余料	可回收物
11	粗、精加工凹槽	粗、精加工凹槽并保证尺寸28mm、14mm、8mm	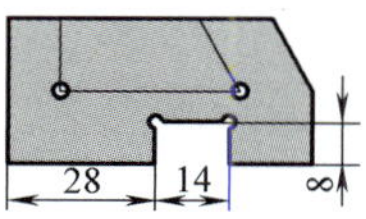	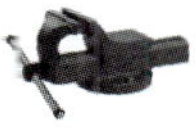 台虎钳	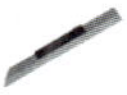 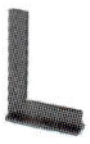 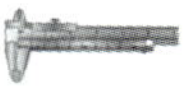 游标卡尺	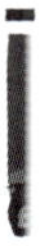 锉刀	铁粉 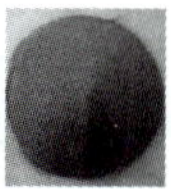	可回收物

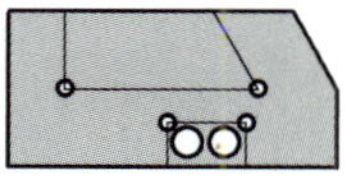

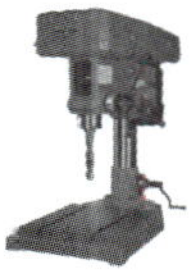

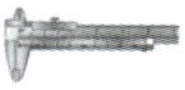

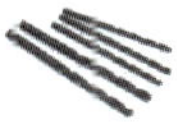

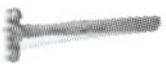

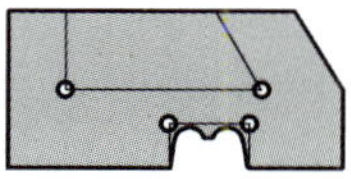

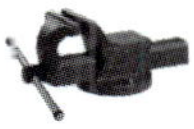

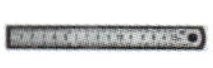

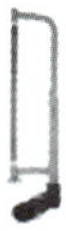

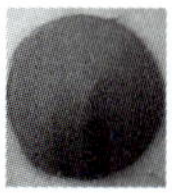

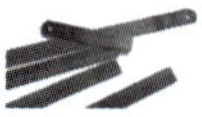

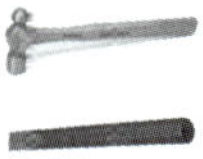

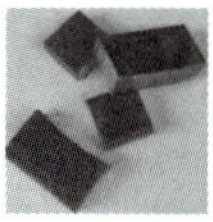

（续）

序号	加工步骤	加工内容	加工位置	使用设备或工具	使用量具	使用刀具	本环节产生的生产垃圾	垃圾分类处理
12	钻燕尾凹槽排料孔	钻燕尾凹槽排料孔	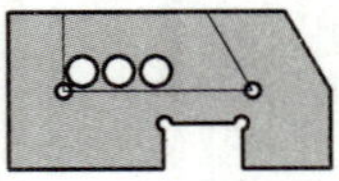	 台钻	 游标卡尺	   钻头、中心冲、手锤	钻屑 	可回收物 Recyclable
13	锯削并錾去燕尾排料孔余料	锯削并錾去燕尾排料孔余料		台虎钳	钢直尺	锯弓、錾子、手锤	铁粉	可回收物 Recyclable
							断锯条	可回收物 Recyclable
							余料	可回收物 Recyclable
14	粗加工排料孔A面余量	粗加工排料孔A面余量	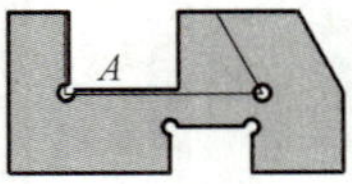	 台虎钳	 游标卡尺	 锉刀	铁粉 	可回收物 Recyclable
15	锯削燕尾凹槽余料	锯削燕尾凹槽余料		台虎钳	钢直尺	锯弓	铁粉	可回收物 Recyclable
							断锯条	可回收物 Recyclable
							余料	可回收物 Recyclable

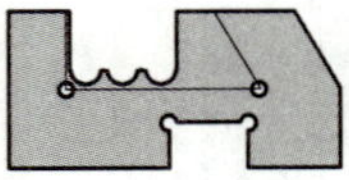

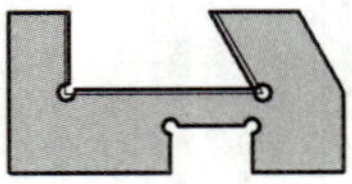

（续）

序号	加工步骤	加工内容	加工位置	使用设备或工具	使用量具	使用刀具	本环节产生的生产垃圾	垃圾分类处理
16	精加工燕尾凹槽	加工燕尾凹槽，先配作A、B面，完成后再配作C面					铁粉	可回收物 Recyclable
17	去除毛刺	锐角、锐边倒钝，整体检查					铁粉	可回收物 Recyclable
18	凸、凹件配合检测	检测一遍凸、凹件配合						
19	整体配合检查	整体配合检查						
20	设备保养	清洁并保养台虎钳、工具、量具、刀具等					机油 / 油抹布	有害垃圾 Harmful waste

2. 加工注意事项

加工风车的过程中，需要注意的事项见表6-11。

表6-11 风车加工注意事项

类别	序号	注意事项内容	备注
常规项	1	加工前先了解图样的加工要求及加工尺寸，检查毛坯的外形尺寸是否符合加工要求	
	2	准备好加工时所需的工具、量具、刀具，并规范、整齐摆放	
	3	工具使用前必须进行检查，严禁使用腐蚀、变形、松动、有故障、破损等不合格工具	
	4	划线完成后，应全部检查一遍，确保划线的准确性	

(续)

类别	序号	注意事项内容	备注
加工项	1	在加工各加工面时,要保证各加工面必须垂直于大平面	
	2	各加工面加工完成后,应先去除工件表面的毛刺再进行划线或测量,防止因毛刺突出而造成尺寸误差	
	3	为保证零件的加工精度,必须严格按照加工工艺、加工步骤认真加工工件,以减少工件变形	
	4	在测量工件时因采用间接测量,因此必须准确测量、计算和控制有关工艺尺寸,才能得到实际所要的精度	
	5	加工燕尾凹槽时应先控制燕尾的高度或深度,才能加工燕尾的角度,防止加工好燕尾宽度后才调整它的高度或深度,而造成燕尾宽度尺寸产生变化	加工要点
	6	由于加工过程不稳定,制作过程中必须经常反复测量,才能保证零件的加工精度	
	7	在装配时,如要修整配件,应首选非基准件或易加工件进行修配	
	8	装配时,凹件燕尾槽高度及宽度尺寸($28±0.04$)mm、$14_{0}^{+0.08}$mm,应按加工后的实际尺寸进行修配,防止各配合件无法链接	加工要点
检测项	1	使用游标万能角度尺前,先将游标万能角度尺擦拭干净,再检查各部件相互间是否移动平稳可靠、止动后的刻度值是否不变,然后校零位	
	2	测量时,旋松锁紧装置,移动直尺做粗调整,再转动游标背面的把手做精细调整,直到使角度尺的两测量面与被测工件的工作面密切接触为止,然后拧紧锁紧装置,即可进行读数	
	3	测量完毕,用油把游标万能角度尺擦净,用干净纱布仔细擦干,涂以防锈油,然后装入匣内	

四、装配注意事项

风车的装配流程如图 6-8 所示。装配时要注意以下几点:

1)了解风车部件装配图和风车总装图,熟悉装配工艺规程。

2)根据凹、凸件零件图对各工件进行误差与质量分析,零件的尺寸、几何形状和相互位置,以及表面特征应达到规定的技术要求。

3)如图 6-8 所示,给所有工件编号,并去除所有工件上的毛刺和碰撞而产生的印痕。

4)根据风车部件装配图(图 6-4)组装各风车部件,当装配遇到困难时要查明原因,采取适当的方法解决。

5)装配完成后,对照图 6-4 图样要求检测各配合尺寸并修整。

6)注意各零件之间的装配关系,参照装配流程图进行装配。

7)如果不能按要求顺利装配,应对相应的零部件进行修整,然后再次装配。

8)装配后按图 6-5 检测各部件配合尺寸是否达到图样要求。

9)整理工作场地。

学习任务6 风车的制作

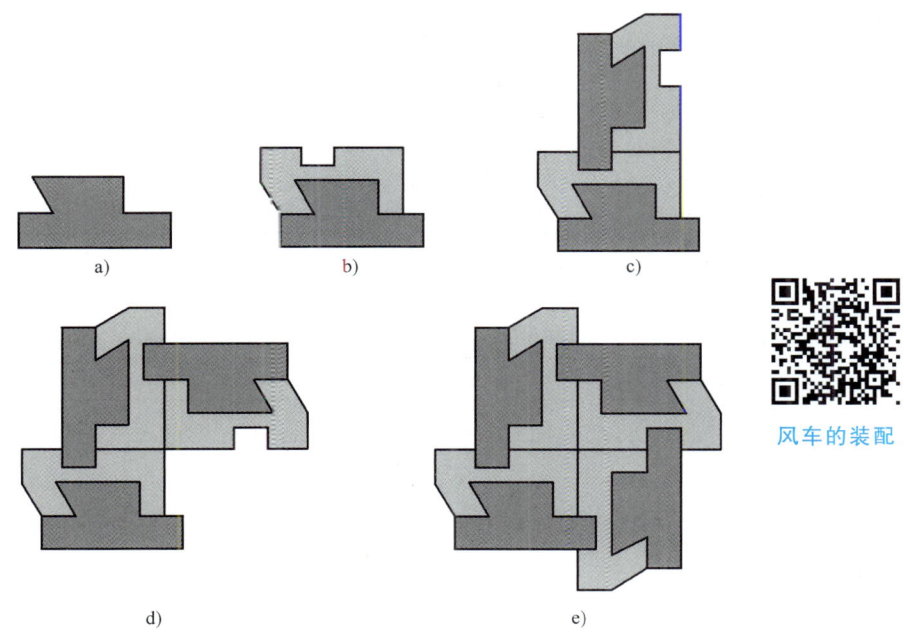

风车的装配

图 6-8 风车的装配流程

学习评价

一、学习过程评价

请根据本次任务学习过程中的实际情况，在表 6-12 中对自己及学习小组进行评价。

表 6-12 学习过程评价表

学习小组：_____	姓名：_____	评价日期：_____	
评价人	评价内容	评价等级	情况说明
自我评价	能否按 5S 要求规范着装	能 □　不确定 □　不能 □	
	能否针对学习内容主动与其他同学进行沟通	能 □　不确定 □　不能 □	
	能否叙述风车零件的加工工艺过程	能 □　不确定 □　不能 □	
	能否规范使用工具、量具、刀具及钻孔设备加工零件	能 □　不确定 □　不能 □	
	你所负责加工的风车零件的完成情况	按图样要求完成 □ 基本完成 □　没有完成 □	
	能否独立且正确检测零件尺寸	能 □　不确定 □　不能 □	
小组评价	小组所使用的工具、量具、刀具能否按 5S 要求摆放	能 □　不确定 □　不能 □	
	小组组员之间团结协作、沟通情况	好 □　一般 □　差 □	
	小组所有成员制作的零件能否正常装配成风车	能 □　　　不能 □	
教师评价	学生个人在小组中的学习情况	积极 □　　　懒散 □ 技术强 □　技术一般 □	
	学习小组在学习活动中的表现情况	好 □　一般 □　差 □	

二、专业技能评价

请参照零件图,使用外径千分尺、游标卡尺等量具,分别对自己负责加工的零件与小组其他零件进行检测,并把检测结果填写在表 6-13 中。

表 6-13 风车零件质量检测表

序号	检测项目	配分	评分标准	自检结果	得分	互检结果	得分
1	凸件长(58±0.08)mm	8	符合要求得分				
2	凸件高(28±0.08)mm	8	符合要求得分				
3	凹件长(58±0.08)mm	8	符合要求得分				
4	凹件高(28±0.08)mm	8	符合要求得分				
5	宽 10mm	5	符合要求得分				
6	$14_{-0.08}^{0}$ mm	5	符合要求得分				
7	$18_{-0.08}^{0}$ mm	5	符合要求得分				
8	$8_{0}^{+0.08}$ mm	5	符合要求得分				
9	$14_{0}^{+0.08}$ mm	5	符合要求得分				
10	60°	4	符合要求得分				
11	120°	4	符合要求得分				
12	平面度	5	每处不合格扣 1 分				
13	表面粗糙度值	5	每处 $Ra3.2\mu m$,降一级扣 1 分				
14	配合长 66mm	5	符合要求得分				
15	配合高 42mm	5	符合要求得分				
16	配合 8mm	5	符合要求得分				
17	配合 116mm(两处)	10	符合要求得分				
合计		100					

练习与作业

一、课堂练习

(一)选择题

1. 风车模型一共由( )个零件组成。
   A. 4　　　　　B. 6　　　　　C. 8　　　　　D. 10

2. 钳工在锉配加工时,为了保证配合精度,一般先按零件图要求加工完成其中一个零件作为( )件。
   A. 基准　　　B. 样板　　　C. 标准　　　D. 参考

3. 以基准件做配合参考完成与之有( )关系的第二个零件。
   A. 对应　　　B. 参考　　　C. 配合　　　D. 合作

4. 通过改变基尺、直角尺、直尺的相互位置,游标万能角度尺可测量( )范围内的任意角。

  A. 0°~90° B. 0°~130° C. 0°~320° D. 0°~350°

 5.（多选题）下面属于工具、量具、刀具使用的规范做法有（ ）。

  A. 使用工具前，检查工具是否正常

  B. 工具、量具、刀具使用完后，及时归位

  C. 利用锉刀敲击物品

  D. 检查量具零线是否对零

 6.（多选题）钳工课程的学习实践，可培养同学们（ ）的精神。

  A. 团队合作 B. 刻苦实践 C. 严谨认真 D. 精益求精

（二）判断题

 1. 游标万能角度尺又称为角度规、游标角度尺和万能量角器。（ ）

 2. 游标万能角度尺是用来测量工件内、外角度的量具。（ ）

 3. 游标万能角度尺使用前无须调整零位。（ ）

 4. 根据图样尺寸，利用基准面对零件进行划线，完成后要检查一遍，确保划线的准确性。（ ）

 5. 加工槽的正确步骤是：先钻孔，其次划线，再锯削，最后锉削。（ ）

 6. 在加工过程中一定要多测量工件的加工尺寸，以保证达到加工要求。（ ）

 7. 在进行钻孔操作时可以戴手套。（ ）

 8. 锉配时，应单向锉配，达到要求后再进行转位锉配修整；修整时，应综合分析并从整体情况考虑，避免盲目修整，造成局部间隙过大。（ ）

 9. 由于锯削时留有锉削的余量，所以划线的精度误差大些没关系。（ ）

 10. 在测量风车凹件燕尾槽时因采用间接测量，因此必须准确测量、计算和控制有关工艺尺寸，才能得到实际所要的精度。（ ）

（三）填空题

 1. 游标万能角度尺又称为_____、_____和_____。

 2. 使用前要检查游标万能角度尺的零位是否_____。

 3. 加工风车凹件燕尾槽时应先控制燕尾的_____或_____，才能加工燕尾的_____。

 4. 加工风车凸件的过程中，精加工 D 面保证斜面角度 60°并通过_____检验棒控制尺寸达到 39.66mm。

 5. 装配时，凹件燕尾槽高度及宽度尺寸_____、_____，应按加工后的实际尺寸进行修配，防止各配合件无法链接。

（四）思考题

 1. 简述风车凸件 60°斜面角度的加工方法。

2. 为什么在风车制作过程中,先加工凸件后加工凹件？

二、课后作业

请结合本次任务的学习情况,在课后制作一份 A3 幅面的手抄报。要求如下：
1）归纳本次任务所学会的知识和技能。
2）加工风车零件过程中,总结自己或者学习小组出现的问题及解决方法。
3）总结学习心得与反思。
4）版面清晰,字迹工整,图文并茂,体现创新思想。

生产任务工单 （表 6-14）

表 6-14 生产任务工单

任务名称		使用设备		加工要求	
零件图号		加工数量			
下单时间		接单小组			
要求完成时间		责任人			
实际完成时间		生产人员			
产品质量检测记录					
	检测项目	自检结果		质检员检测结果	
1	零件完整性				
2	零件关键尺寸不合格数目				
3	零件表面质量				
4	是否符合装配要求				
零件质量最终检测结果及处理意见					
验收人		存放地点		验收日期	

学习任务7

回形线槽的制作

学习内容

1. 电动切割机的使用。
2. 电动打磨机的使用。
3. 铆接的操作方法。
4. 认识钣金。
5. 选择回形线槽（图7-1）的加工工艺。
6. 制作回形线槽。
7. 回形线槽的质量检测。

图 7-1　回形线槽

学习目标

知识目标

1. 认识线槽的用途。
2. 掌握电动切割机的用法及使用时的注意事项。
3. 掌握电动打磨机的用法及使用时的注意事项。
4. 掌握铆接的方法。
5. 掌握钣金的加工方法。

回线槽的制作

能力目标

1. 能正确分析线槽的图样要求，选择基准及划线工具，完成线槽的划线操作。
2. 能正确选择线槽零件的加工工艺。
3. 在加工过程中能对线槽进行正确装夹。
4. 能独立完成线槽零件的加工，并与小组配合完成回形线槽的装配。
5. 能利用各种量具对回形线槽零件进行质量检测，并能对不合格的零件提出改进意见。

职业素质目标

1. 在线槽划线阶段，能正确选择划线工具并按图样要求进行线槽的划线。
2. 能和小组成员协商，共同完成线槽的划线和加工流程的制订等学习任务。

3. 能够理清钣金零件的装夹、锯削、锉削及钻孔等加工方法与其他非钣金零件加工方法的异同。

4. 能根据图样要求，正确选用量具对工件进行检测。

▷ 职业素养目标

1. 具备精益求精的工匠精神，能正确选用量具精确检测零件，清楚零件的质量并提出改进意见。

2. 具备安全文明生产意识，能严格按照安全文明生产要求规范操作。

3. 具备团队合作精神，积极参与小组合作学习，对小组学习过程中遇到的问题能共同分析并提出解决方法。

4. 具备良好的职业意识，按质、按时完成本人所负责的零件加工任务。

5. 具备环保意识，节约学习资源，对学习过程中产生的断锯条、余料、切屑等各类生产垃圾，能有效分类并按要求投放。

▷ 思维导图

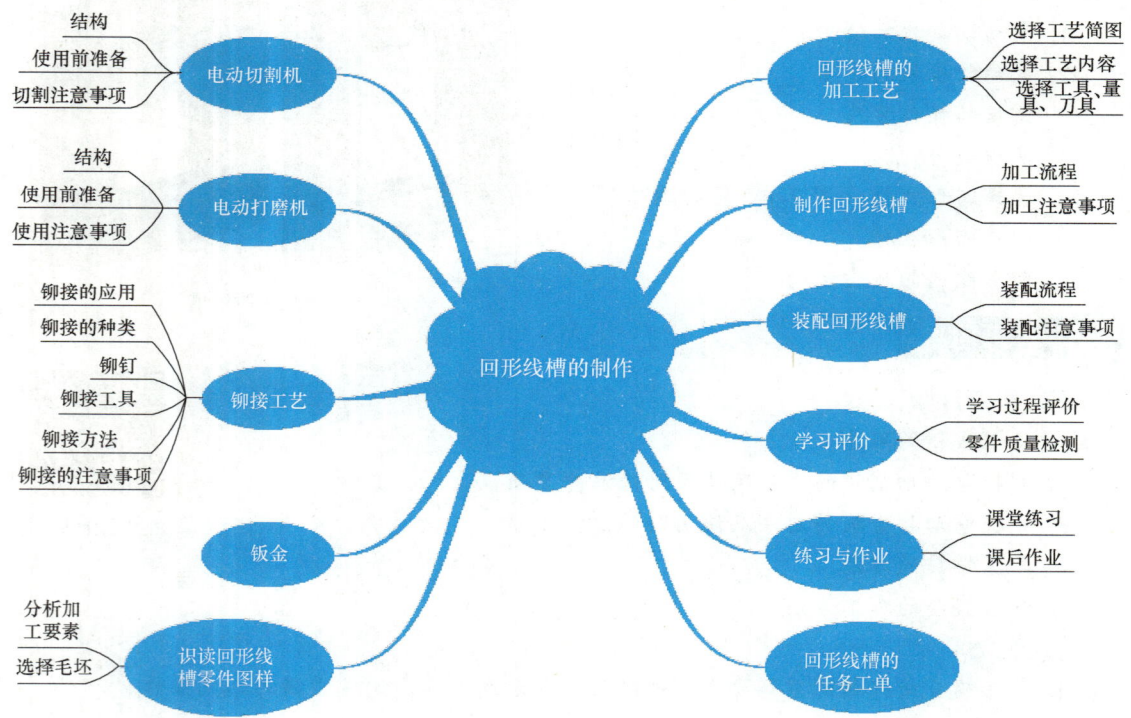

▷ 任务描述

线槽又名走线槽、配线槽、行线槽，是用来将电源线、数据线等线材规范地整理、固定在墙上或顶棚上的电工用具。根据材质的不同，可将线槽划分为多种类型，常用的有环保 PVC 线槽、无卤 PPO 线槽、无卤 PC/ABS 线槽、钢铝等金属线槽等。

现有企业订单，要求利用金属材料加工回形线槽，数量若干。回形线槽由四个大小相同的 L 形线槽构成，零件图及装配图如图 7-2～图 7-5 所示。

学习任务7　回形线槽的制作

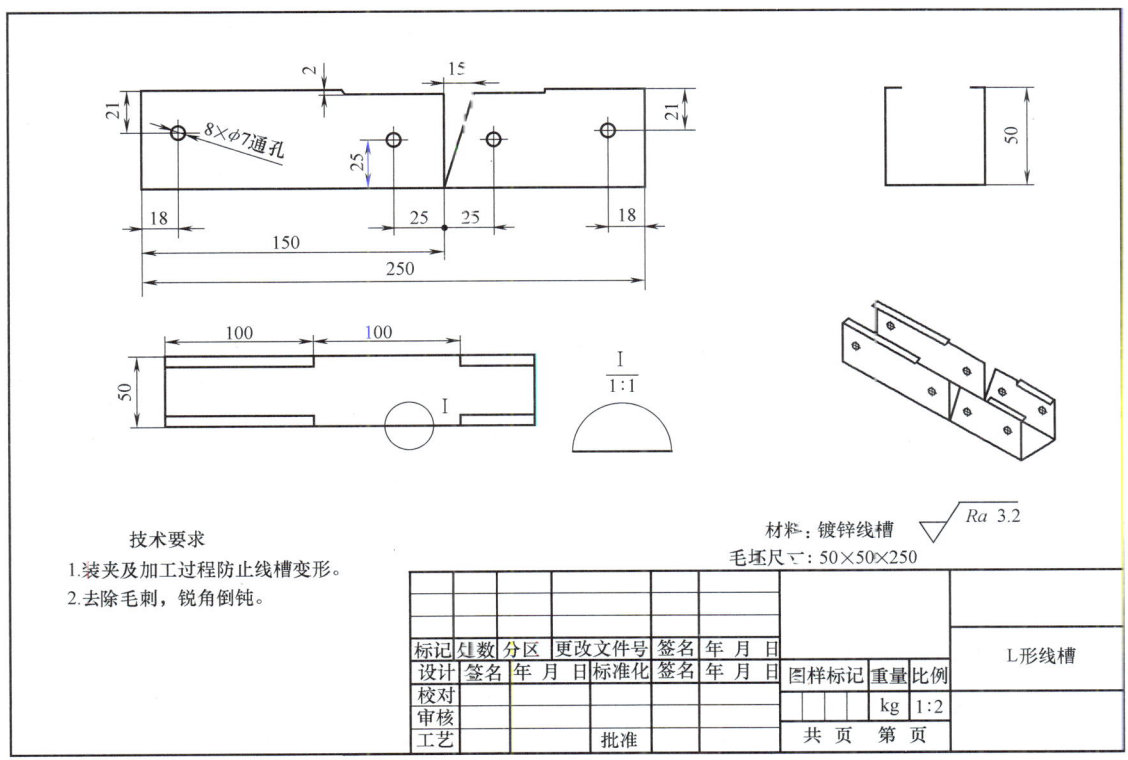

图 7-2　L形线槽零件图

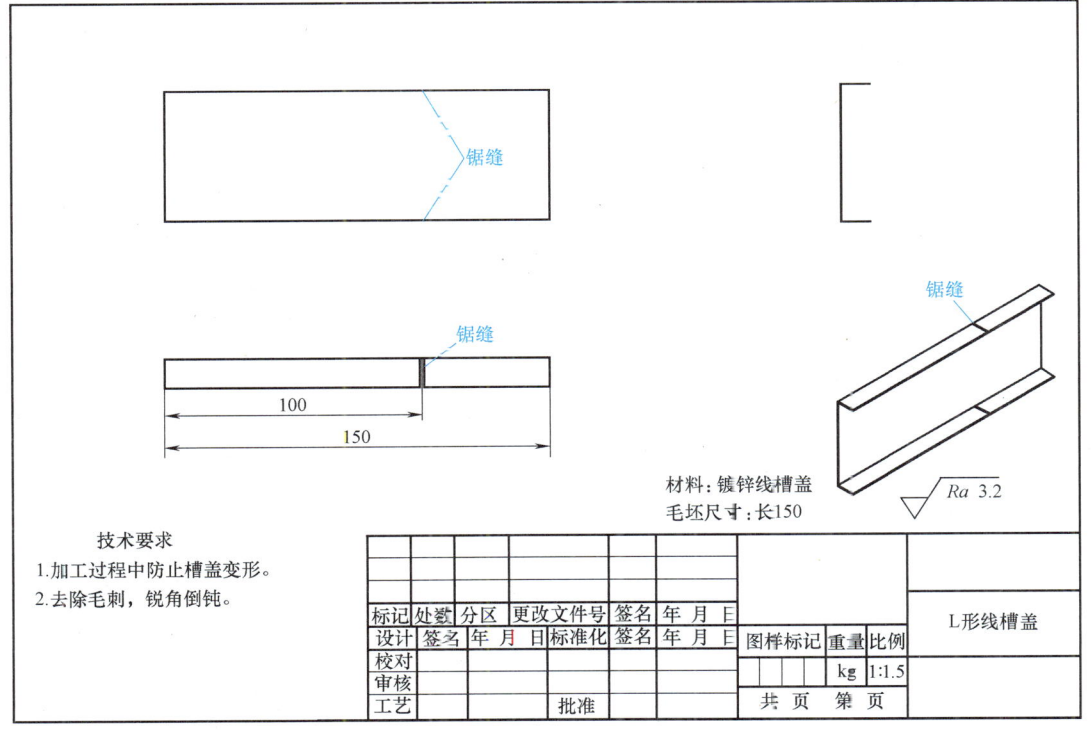

图 7-3　L形线槽盖零件图

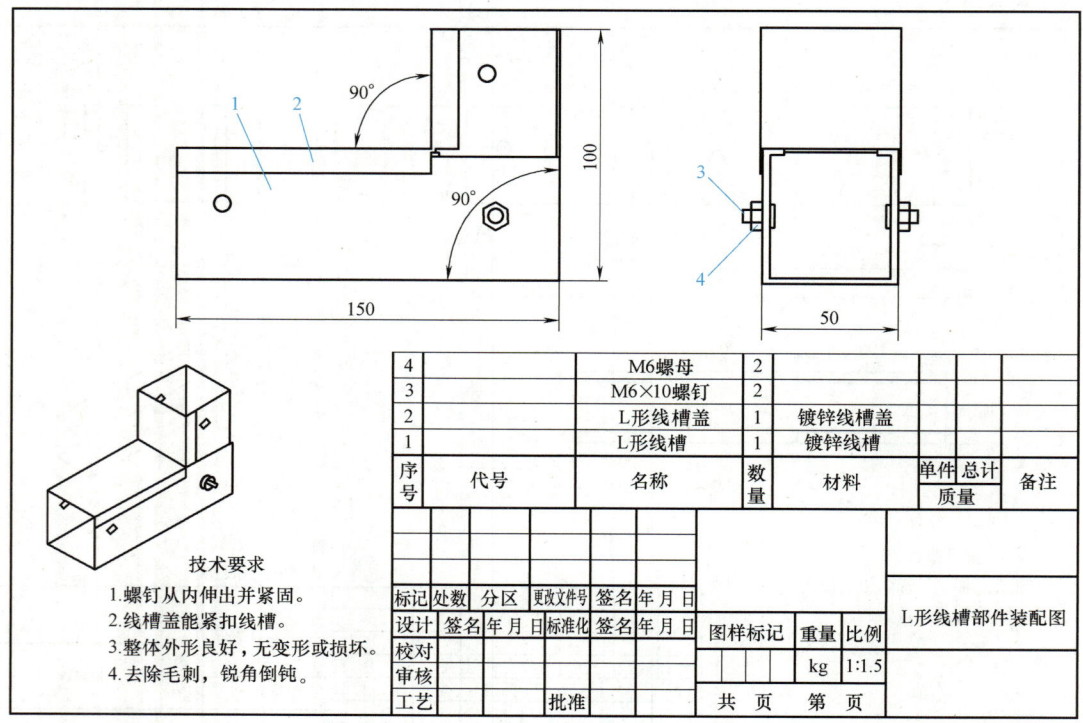

图 7-4　L 形线槽装配图

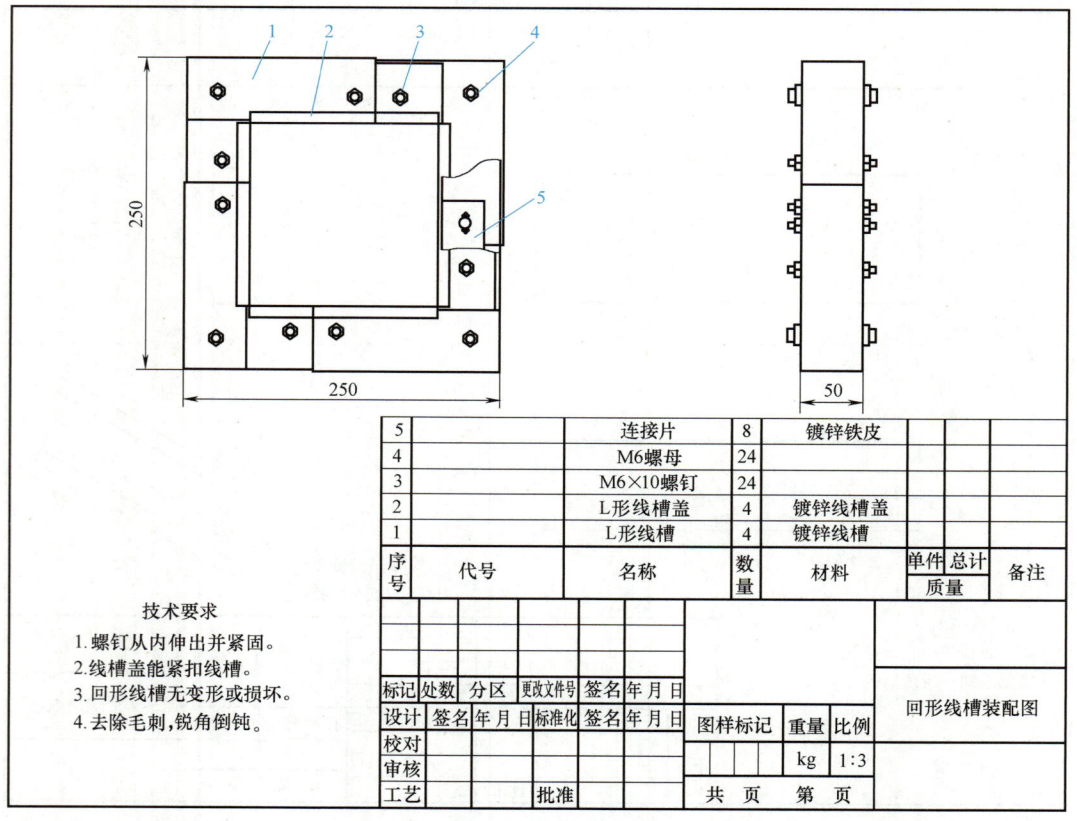

图 7-5　回形线槽装配图

学习任务7　回形线槽的制作

【素养园地——管延安：拧过的 60 万颗螺丝零失误】

任务分析

一、制订工作计划

利用钳工技能完成回形线槽的制作，分别需要完成选料，选取工具、量具、刀具，零件加工，质量检测，5S 现场等任务内容，请根据本小组的实际情况，与组员协商分工，填写表 7-1 的相关内容。

表 7-1　小组分工合作计划表

组名		小组成员			
序号	任务内容		计划用时	完成时间	负责人

二、选取加工设备

请根据 L 形线槽的零件图及小组工作计划所需，分别从附录 A~C 中选择制作 L 形线槽的工具、量具、刀具，并填写在表 7-2 中。

表 7-2　加工 L 形线槽的工具、量具、刀具

序号	名称	规格型号	数量	将产生的生产垃圾	垃圾分类

三、知识准备

通过观看回形线槽的加工视频可知，回形线槽零件是综合运用钢锯、电动切割机、电动打磨机、锉刀等工具对镀锌线槽进行钣金加工而成的。为了保证零件产品质量符合图样要求，加工过程中，需要采用钢直尺、宽座角尺、游标卡尺等量具进行必要的检测工作。接下来，让我们一起来学习电动切割机、电动打磨机、铆接工艺、钣金等新的准备知识吧！

1. 电动切割机

（1）电动切割机的结构

电动切割机是用来分割材料的机器，一般用来切割精度要求不高的工件。根据控制方式的不同，可将其分为手工电动切割机、半自动电动切割机和数控电动切割机三类。根据切割材质的不同，电动切割机可分为金属材质电动切割机和非金属材质电动切割机。图7-6所示为手工电动切割机，根据所切割材料的不同可安装相应的切割刀具。

图7-6　手工电动切割机

（2）电动切割机使用前的准备

1）使用前必须认真检查设备的性能，确保各部件完好。

2）对电源开关、切割砂轮片的松紧度、防护罩或安全挡板进行详细检查，操作台必须稳固，夜间作业时应有足够的照明亮度。

3）使用之前，先打开总开关，空载试转几圈，待确认安全无误后才允许加工。

4）操作前必须查看电源是否与电动工具上的常规额定220V电压相符，以免错接到380V的电源上。

（3）切割注意事项

1）操作电动切割机时务必要全神贯注，保持头脑清醒。严禁在疲劳的状态下操作电动切割机。

2）电源线路必须安全可靠，确保不被切断。使用前必须认真检查设备的性能，确保各部件完好。

3）穿好合适的工作服，不可穿过于宽松的工作服，更不要佩戴首饰。严禁戴手套或在袖口不扣紧的情况下操作电动切割机。

4）加工的工件必须夹持牢靠，严禁工件装夹不紧就开始切割。

5）严禁在砂轮平面上修磨工件的毛刺，防止砂轮片碎裂。

6）切割时操作者的站位必须偏离砂轮片正面，并戴好防护眼镜。

7）严禁使用有残缺的砂轮片，切割时应防止火星四溅，并远离易燃易爆物品。

8）装夹工件时应装夹平稳牢固，防护罩必须安装正确，装夹后应开机空运转检查，不得有抖动和异常噪声。

9）更换新切割砂轮片时，不要过于用力拧紧锁紧螺母，防止砂轮片崩裂发生意外。

10）必须稳握电动切割机手把均匀用力垂直下切，而且固定端要牢固可靠。

11）不要试图锯切未夹紧的小工件。

12）为了提高工作效率，对单件或多件工件一起锯切的情况，一定要做好辅助性装夹定位工作。

13）不得进行强力锯切操作，在切割前要待电动机转速达到全速后方可切割。

14）不允许任何人站在电动切割机后面。停电、休息或离开工作地时，应立即切断电源。

15）砂轮片未停止时不得从电动切割机或工件上松开任何一只手或抬起手臂。

16）防护罩未到位时不得操作，不得将手放在距砂轮片15mm以内的地方。不得探身越过或绕过电动切割机。

17）在出现异常声音时，应立刻停机检查电动切割机；维修或更换配件前必须先切断电源，并等砂轮片完全停止后方可操作。

18）如在潮湿的地方使用切割机进行工作时，必须站在绝缘垫或干燥的木板上。登高或在防爆等危险区域内使用电动切割机时，必须做好安全防护措施。

19）设备出现抖动及其他故障，应立即停机修理；操作时严禁戴手套。如在操作过程中会引起灰尘时，则要戴上口罩或面罩。

20）加工完毕应关闭电源，并做好设备及周围场地的清洁工作。

2. 电动打磨机

（1）电动打磨机的结构

电动打磨机全称是往复式电动抛光打磨机（又名锉磨机），广泛用于五金加工行业和模具行业的精加工及表面抛光处理。

电动打磨机除了常规电动打磨机（图7-7）外，还有微型电动打磨机。微型电动打磨机适宜小空间、精加工的场所，具有体积小、转速高、稳定性好、几乎无振动、可单手操作，打磨的工件精致、细腻，可更换打磨耗材材料广泛易得、价格低廉的特点。更换不同耗材，电动打磨机可实现雕、刻、钻、磨、抛、研等，可使工件达到粗雕、细磨、高镜面光亮的效果。角向磨光机的结构如图7-8所示，微型电动打磨机的结构如图7-9所示。

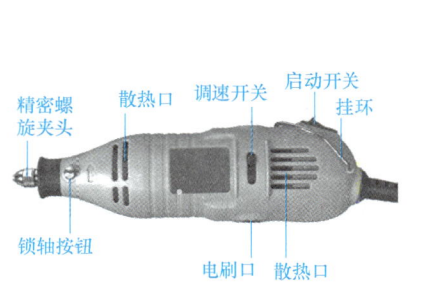

图7-7　常规电动打磨机

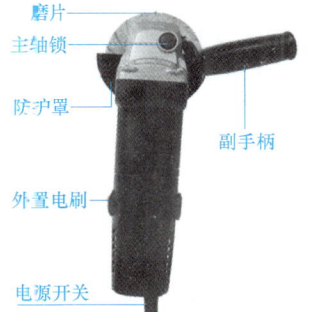

图7-8　角向磨光机

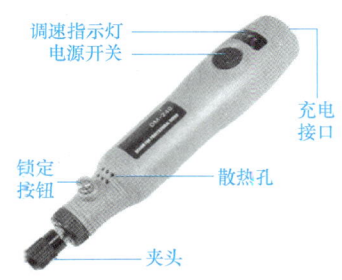

图7-9　微型电动打磨机

（2）电动打磨机使用前的准备

1）保证使用的电源是交流220V。

2）保证电源开关是处在"断开"位置。

3）防护罩是在磨片碎裂时使人免受伤害的保护装置，必须保证其使用前能得以正确安装、紧固。操作方法是：稍旋松定位螺钉，调整防护罩至最大工效角度，调节后应保证螺钉拧紧。

4）保证所使用的磨片型号正确，无裂缝和其他缺陷，还应保证磨片的安装正确、紧固牢靠。

5）为保证试车运行安全，在每次日常工作前，应让角磨机运行 1min 以上；在换置新磨片后，应让其运行 3min 以上，确保磨片无缺陷。

(3) 电动打磨机使用时的注意事项

1）操作电动打磨机存在一定的安全风险，除能够熟练使用的人员外，其他人员不得使用。

2）使用电动打磨机前应仔细检查防护罩、副手柄，必须完好无松动；请勿使用型号不匹配的磨片及防护罩。

3）在安装好磨片前应注意是否有受潮和缺角等现象，并且安装必须牢靠无松动，严禁使用非专用工具或用其他外力敲打磨片夹紧螺母。

4）使用的电源插座必须装有漏电开关装置，并检查电源线有无破损现象。

5）电动打磨机在使用前必须要开机试转，看磨片运行是否平稳正常，检查电刷的磨损程度，由专业人员适时更换，确认无误后方可正常使用。

6）严禁将电动打磨机在操作时的磨切方向对着周围的工作人员及一切易燃易爆危险物品，以免造成不必要的伤害。工作时要保持工作场地干净、整洁。

7）使用电动打磨机时切记不可用力过猛，要慢慢均匀用力，以免发生磨片撞碎的现象。如出现磨片卡阻现象，应立即将电动打磨机提起，以免烧坏电动打磨机或因磨片破碎造成安全隐患。

8）严禁用磨片的侧面进行磨削。

9）严禁使用无防护罩的电动打磨机，防护罩出现松动而无法紧固的电动打磨机，严禁使用或由专人及时修理，严禁非专业人员擅自拆卸电动打磨机。

10）磨片应选用未损坏的、有合适规格及形状的砂轮法兰盘。

11）请勿使用从其他规格的电动工具上取下的磨损磨片。

12）当进行"盲切割"进入墙体或其他盲区时，要格外小心。

13）把需要打磨的板材支撑起来或打磨超大工件，都会降低砂轮卡住及反弹的危险。

14）砂光时，请勿使用超大砂盘纸，砂盘纸应按照制造商的推荐使用。

15）请勿用磨片进行粗磨作业。

16）切割金属时，务必加装防护罩，以保护切割工作。

17）电动打磨机工作时间较长，机体温度大于 50℃，摸上去有烫手的感觉时，应立即停机，待自然冷却后再使用。

18）操作电动打磨机前必须佩戴防护眼镜及防尘口罩，防护措施不到位不准作业。

19）更换磨片时必须关闭电源，确认无误后方可进行磨片的更换，且务必使用专用的拆装工具。

3. 铆接工艺

(1) 铆接的应用　用铆钉把两个或两个以上的工件连接起来称为铆接。目前，在钢结构连接制造中，铆接已逐渐被焊接工艺所代替。但是，在装配与修理中，有时还需要铆接

（一般是手工铆接）。由于铆接具有操作方便、工艺简单和连接可靠等特点，所以在桥梁、机车、船舶制造等方面都有较多的应用。

铆合过程是将铆钉插入被铆接工件的孔内，并使铆钉紧贴工件表面，然后将铆钉杆的一端镦粗而成为铆合头，如图7-10所示。

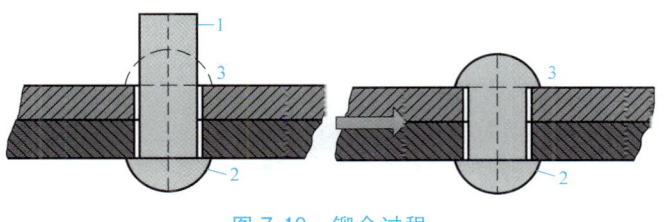

图 7-10　铆合过程

1—铆钉杆　2—铆订原头　3—铆合头

（2）铆接的种类　按被铆接件使用要求可将铆接分为活动铆接和固定铆接。

1）活动铆接（铰链铆接）。它只有一个铆钉，且接合部分可以相对转动。例如，钢丝钳、剪刀、划规等工具的铆接。

2）固定铆接。固定铆接的接合部分是固定不动的。固定铆接按使用要求不同，还可以分为强固铆接（坚固铆接）、紧密铆接、强密铆接（坚固紧密铆接）三种。

按铆钉加热方法可将铆接分为冷铆、热铆、混合铆。

（3）铆钉的种类

按铆钉形状可分为平头、半圆头、沉头、半圆沉头、管状空心、皮带铆钉、抽芯铆钉和击芯铆钉等，如图7-11所示。

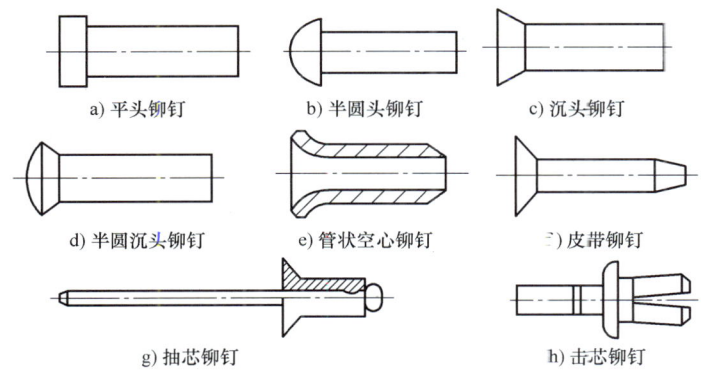

图 7-11　铆钉的种类

按铆钉材料可分为钢铆钉、铜铆钉、铝铆钉等。

（4）铆接的工具　手工铆接的工具有锤子、压紧冲头、罩模、顶模等，如图7-12所示。

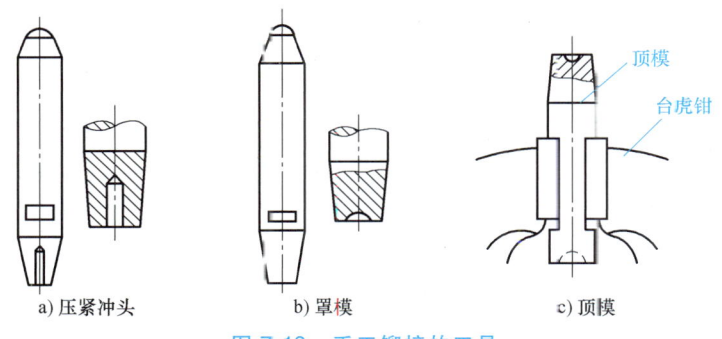

图 7-12　手工铆接的工具

罩模用于铆接时镦出完整的铆合头。顶模用于铆接时顶住铆钉原头，这样既有利于铆接又不损伤铆钉原头。若使用的铆钉是拉铆钉，则需使用拉铆枪，如图7-13所示。

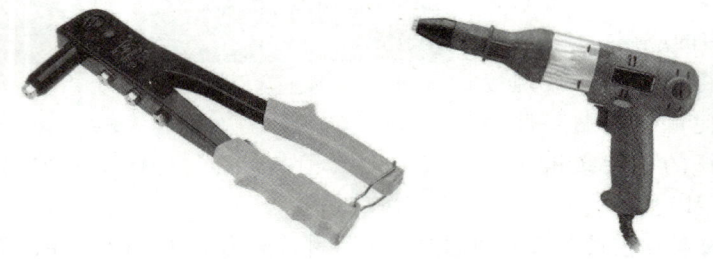

a) 手动拉铆枪　　　　　　　　b) 电动拉铆枪

图7-13　手动拉铆枪与电动拉铆枪

（5）铆钉直径与通孔的确定　铆接时铆钉直径的大小和被连接板的最小厚度有关。铆钉直径一般等于板厚的1.8倍。标准铆钉的直径和相应的钻孔直径可按表7-3选取。

表7-3　标准铆钉的直径和相应的钻孔直径　　　　　　　　　　（单位：mm）

铆钉直径		2.0	2.5	3.0	4.0	5.0	6.0	8.0	10.0
通孔直径	精装配	2.1	2.6	3.1	4.1	5.2	6.2	8.2	10.3
	粗装配	2.2	2.7	3.4	4.5	5.6	6.6	8.6	11

（6）铆钉长度的确定　铆接时铆钉所需的长度应等于铆接板料总厚度与铆钉伸出长度之和。铆钉的伸出长度必须合适，过长或过短都会造成铆接废品。铆钉伸出长度可参考表7-4。

表7-4　铆钉种类及伸出长度

铆钉种类	半圆头铆钉	沉头铆钉	击芯铆钉	抽芯铆钉
伸出长度	铆钉直径的1.25~1.5倍	铆钉直径的0.8~1.2倍	铆钉直径的2~3mm	铆钉直径的3~6mm

（7）铆接方法

1）半圆头铆钉的铆接。

其基本铆法如图7-14所示。在工件上按要求划线并钻孔→孔口倒角→将铆钉插入孔内→用压紧冲头压紧板料→镦粗铆钉伸出部分→初步锤打成形→用罩模修整。

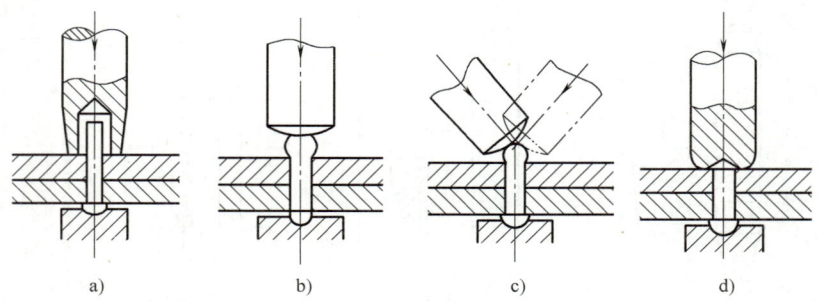

a)　　　　　　b)　　　　　　c)　　　　　　d)

图7-14　半圆头铆钉的铆接过程

2）管状空心铆钉的铆接。

其基本铆法如图7-15所示。在工件上按要求划线并钻孔→孔口倒角→将铆钉插入孔内→压紧工件→用样冲将管状空心铆钉的口边胀开→用特制的成形样冲冲成铆合头。

3）沉头铆钉的铆接。

沉头铆钉的铆接有两种方式，即用现成的沉头铆钉铆接和用截断的圆钢铆接。其基本铆接过程如图7-16所示。工件按要求划线并钻孔→孔口倒角→将沉头铆钉（截断的圆钢）插入孔内→在正中镦粗面1和面2→铆面2→铆面1→修平高出平面部分。

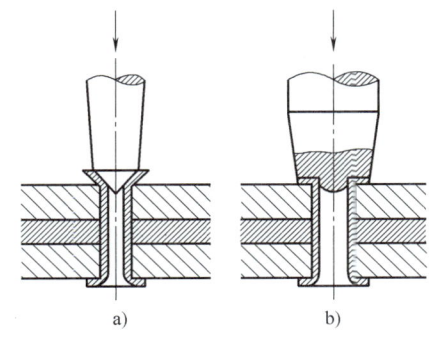

图7-15 管状空心铆钉的铆接过程

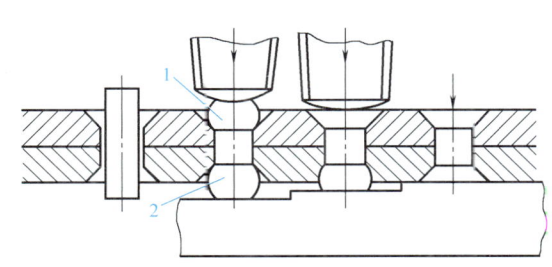

图7-16 沉头铆钉的铆接

4）抽芯铆钉的铆接。

抽芯铆钉通常用在不便采用普通铆钉（需从两面进行铆接）的铆接场合，其铆接过程如图7-17所示。工件按要求划线并钻孔→孔口去毛刺→插入抽芯铆钉→压紧工件和铆钉→用拉铆枪抽出铆钉的芯杆。

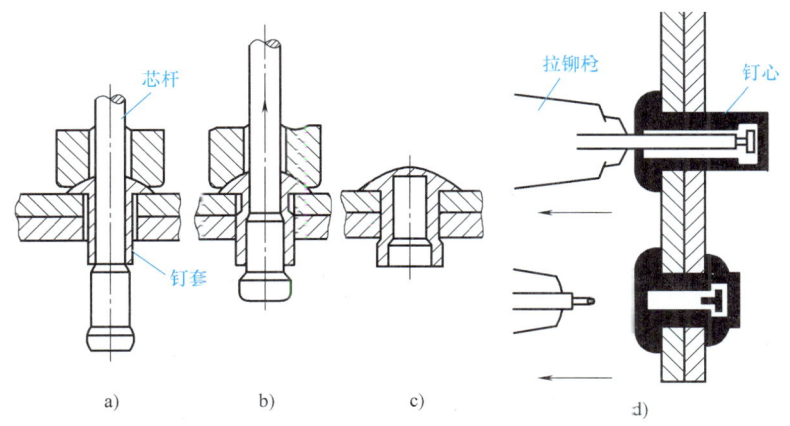

图7-17 抽芯铆钉的铆接

5）击芯铆钉的铆接。

铆件划线钻孔后将击芯铆钉插入铆件孔内，用锤子敲击钉心，当敲到钉心与铆钉原头相平时，钉心被敲击到铆杆的底部。由于钉心的底端是棱锥形，所以铆钉伸出铆件的部分向四面胀开，如图7-18所示。

（8）铆钉的拆卸方法　要拆除铆接件，只有先将

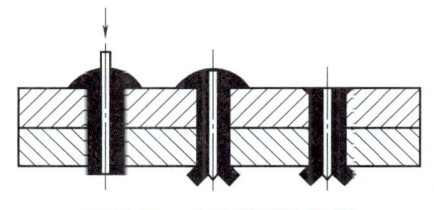

图7-18 击芯铆钉的铆接

铆合头毁坏，然后用样冲把铆钉从孔中冲出。

直径小的铆钉可用錾子、砂轮或锉刀将铆合头去掉、修平，再用小于铆钉直径的样冲将铆钉冲出。当铆接件的表面不允许损伤时，可用钻孔的方法拆卸。

直径大的铆钉可用锉刀或錾子在铆合头上加工出一个小平面，然后用样冲冲出中心点，再用小于铆钉直径1mm的钻头将铆合头钻掉，用小于铆钉直径的冲头冲出铆钉，如图7-19所示。

图 7-19 铆钉的拆卸

（9）铆接的注意事项

1）铆钉不能太长或太细，镦粗铆合头时要垂直用力，防止铆合头偏斜。

2）罩模工作面要保持光洁，铆接时锤击力不能过大或连续敲击，防止罩模弹回时碰伤铆合头。

3）铆钉不能太短；镦粗时，用力方向与板料要垂直，防止铆合头不完整或没有填满沉头座。

4）正确选用铆钉及铆钉孔直径；钻孔后孔口应倒角，防止铆钉原头没贴紧工件，铆钉在孔内弯曲。

5）罩模应与铆合头大小相适应；敲击时罩模应摆正，防止工件上产生凹痕。

6）铆接前应平整板料，用样冲头将板料压紧，防止贴合的工件之间产生间隙。

4. 钣金

钣金是针对金属薄板（通常厚度在6mm以下）加工的一种综合冷加工工艺，包括剪、冲/切/复合、折、铆接、拼接、成形（如汽车车身）等。其显著的特征就是同一零件厚度一致。钣金具有重量轻、强度高、导电（能够用于电磁屏蔽）性能优越、成本低、大规模量产性能好等特点，在电子电器、通信、汽车工业、医疗器械等领域得到了广泛应用。随着钣金的应用越来越广泛，钣金件的设计变成了产品开发过程中很重要的一环，机械工程师必须熟练掌握钣金件的设计技巧，使得设计的钣金件既满足产品的功能和外观等要求，又能使得冲压模具制造简单、成本低。

本学习任务中的回形线槽制作也属于钣金加工，需要用到剪切、钻孔、折叠、拼接等加工工艺。

（1）线槽的划线　L形线槽需要折弯90°，并且折弯准确和美观与否与划线是否准确有着至关重要的关系。若要在方形线槽的同一截面上划线，则需要借助木工过线尺，如图7-20所示，使四方体划线准确、美观。使用方法如图7-21所示，可以准确划出45°、90°等角度线。

学习任务7 回形线槽的制作

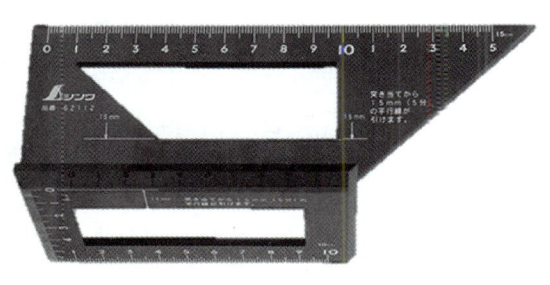

图7-20 过线尺

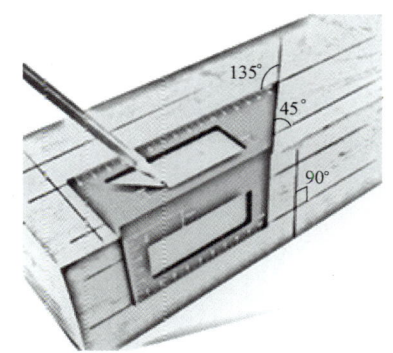

图7-21 过线尺的使用方法

（2）线槽的装夹　线槽属于钣金件，尺寸为50mm×50mm的镀锌线槽，壁厚约为1mm，将其直接放到台虎钳上装夹，容易变形。在装夹前需要对线槽的装夹部位进行预处理，以防止其变形。可根据线槽的规格尺寸选用适合的木头，把木头塞进线槽的装夹部位，充当装夹的受力件，但木头的可压缩量较大，装夹时不能用力过大，防止木头与线槽同时发生变形。线槽的装夹方式如图7-22所示。

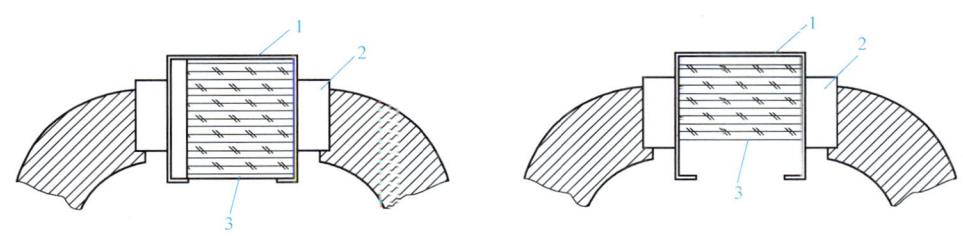

a) 错误的装夹方式　　　　　　　　b) 正确的装夹方式

图7-22 线槽的装夹

1—线槽　2—钳口　3—木头

（3）线槽及线槽盖的锯削方法　线槽和线槽盖的形状类似方管件和薄板件，锯削时不适宜直接从上到下锯削，容易造成锯口歪斜和锯条崩齿。锯削时应采用细齿锯条。锯削线槽和线槽盖的方法如图7-23所示。

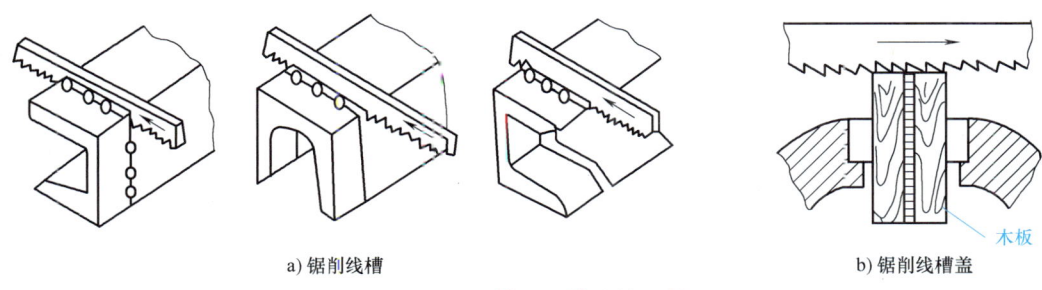

a) 锯削线槽　　　　　　　　　　　b) 锯削线槽盖

图7-23 线槽及线槽盖的锯削

（4）L形线槽和线槽盖的折弯　线槽在切削完余料后还需进行90°折弯才能制作成L形线槽，并在相应的位置上用螺钉固定。在折弯时斜口在里面，线槽折叠与接口的地方要平整且无毛刺。螺钉要从里面往外安装，伸出部分要在线槽外面，如图 7-24 所示。

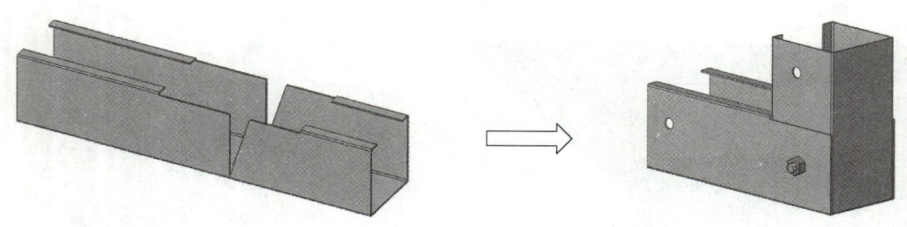

图 7-24 L 形线槽的折弯

线槽盖用于封装电线或电缆，且防尘、美观。制作线槽弯头时也需要配作盖子。L 形线槽的线槽盖结构简单，只需测量线槽的内弯长度，线槽盖根据测量长度截取并在折弯处把两边的折边锯开、折弯即可，如图 7-25 所示。

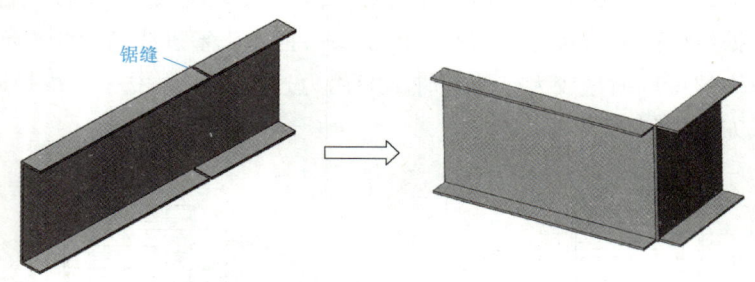

图 7-25 L 形线槽盖的折弯

任务实施

一、识读零件图样

1. 分析加工要素

回形线槽由四个大小相同的 L 形线槽构成，如图 7-1 所示。

由图 7-2 可知，L 形线槽的长、宽、高尺寸分别为 250mm、50mm、50mm，各尺寸均为未注公差要求，各表面要求的表面粗糙度值为 $Ra3.2\mu m$，所有棱边进行倒钝处理。

2. 选择毛坯

根据图 7-2 可知，毛坯材料为镀锌线槽。

根据 L 形线槽的长、宽、高尺寸，确定毛坯的尺寸为 50mm×50mm×250mm，毛坯的数量为 4 件。

二、制订正确的工艺路线

请根据零件的加工要求，分别从表 7-5 中选择自己负责零件的工艺简图，从表 7-6 中选择自己负责零件的工艺内容，按正确的加工顺序填写在表 7-7 中，并从附录 A～C 中选择合适的工具、量具、刀具，并参考附录 D 垃圾分类操作指引完善表 7-7 中的其他内容。

学习任务7　回形线槽的制作

表 7-5　L 形线槽零件的加工简图

序号	工艺简图	序号	工艺简图
1		5	
2		6	
3		7	
4			

表 7-6　L 形线槽零件的加工工艺（一）

序号	工步内容	序号	工步内容
1	根据图 7-3 将线槽折弯并确保斜口在里面，折弯角为 90°	5	用 φ7mm 薄板钻在相应位置钻通孔并去毛刺
2	去除毛刺并用钢直尺检查毛坯尺寸 ≥50mm×50mm×250mm	6	在 L 形线槽的转角处安装 M6 螺钉并保证 L 形线槽的折弯角为 90°。螺钉伸出部分朝外，尽量保证线槽内平整
3	根据划线进行锯削加工并去除毛刺	7	根据 L 形线槽零件图样要求，利用钢直尺、过线尺、划针等工具进行划线
4	锐角、锐边倒棱，整体检查		

表 7-7　L 形线槽零件的加工工艺（二）

工艺序号	工艺简图号码	工步内容号码	使用工具	使用量具	加工刀具	将产生的生产垃圾	垃圾分类

157

（续）

工艺序号	工艺简图号码	工步内容号码	使用工具	使用量具	加工刀具	将产生的生产垃圾	垃圾分类

【素养园地——垃圾分类】

三、制作 L 形线槽零件

1. L 形线槽零件的加工过程（表 7-8）

表 7-8　L 形线槽零件的加工过程

序号	加工步骤	加工内容	加工位置	使用设备或工具	使用量具	使用刀具	本环节产生的生产垃圾	垃圾分类处理
1	准备毛坯	去除毛刺并用钢直尺检查毛坯尺寸不小于 50mm×50mm×250mm					毛坯余料 铁粉	可回收物 Recyclable
2	根据图样要求划线	根据 L 形线槽零件图样，利用钢直尺、过线尺、划针等工具划线						
3	锯削	根据划线进行锯削加工并去除毛刺					毛坯余料 铁粉	可回收物 Recyclable

学习任务7　回形线槽的制作

(续)

序号	加工步骤	加工内容	加工位置	使用设备或工具	使用量具	使用刀具	本环节产生的生产垃圾	垃圾分类处理
4	折弯	根据图7-3将线槽折弯,确保斜口在里面,折弯角为90°						
5	钻孔	用φ7mm薄板钻在相应位置钻通孔并去毛刺					钻孔铁屑	可回收物 Recyclable
6	安装螺钉	在L形线槽的转角处安装M6螺钉并保证L形线槽的折弯角为90°。螺钉伸出部分朝外,尽量保证线槽内平整						
7	去毛刺	锐角、锐边倒棱,整体检查					铁粉 / 抹布	可回收物 Recyclable / 其他垃圾 Other waste
8	设备保养	清洁并保养台虎钳、工具、量具、刀具等					机油 / 油抹布	有害垃圾 Harmful waste / 有害垃圾 Harmful waste

2. 加工注意事项

加工L形线槽的过程中,需要注意的事项见表7-9。

表7-9　L形线槽加工注意事项

类别	序号	注意事项内容	备注
常规项	1	加工前,应先检查毛坯材料尺寸是否满足图样加工要求	50mm×50mm×250mm
	2	工具、量具、刀具应按规范摆放整齐,禁止叠放	
	3	在台虎钳上夹紧工件时,不得用锤子敲打台虎钳的手柄,也不得用过重过大的锤子敲击被夹持的工件	
	4	加工过程中,注意对产生的各类生产垃圾进行有效分类,及时处理	

(续)

类别	序号	注意事项内容	备注
加工项	1	装夹线槽时注意木头的摆放方向并注意装夹力量,防止工件变形	重点
	2	线槽划线要保证准确、对齐	重点
	3	加工位置要准确、开口要对齐,才能保证折弯时准确、美观	重点
	4	锯削线槽时要注意锯削的方法,防止锯口歪斜	重点
	5	钻孔建议安排在折弯后保证折弯角90°时一同把两块铁皮钻通,以保证折弯角的准确和装配螺钉的顺利安装	
	6	加工完成后,锐边倒棱	
	7	锯削时应使用细齿锯条,有利于锯削和减少崩齿	
检测项	1	使用宽座角尺、刀口形直尺等测量工具时不得碰撞,避免影响测量精度和产生锈蚀	
	2	划线后应进行检查,防止划错线	
	3	在钻孔和安装螺钉时应测量并保证折弯角为90°	
	4	制作完成后检测零件是否达到图样要求	

四、装配注意事项

回形线槽的装配流程如图7-26所示。

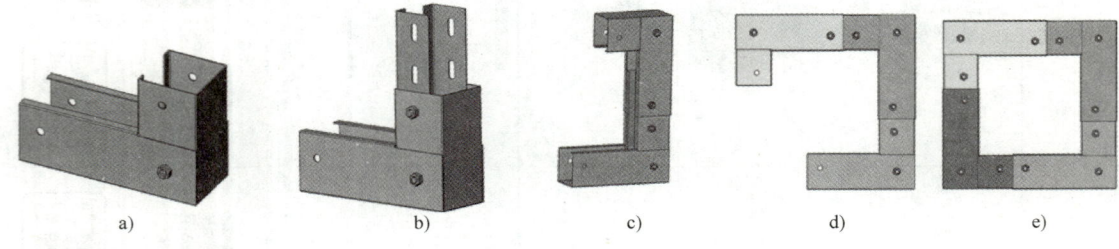

a)   b)   c)   d)   e)

图 7-26 回形线槽的装配流程

在装配回形线槽时,要注意以下几点:

1)检测各工件加工后的尺寸精度,对未达标工件应及时修整,并去除毛刺。
2)熟悉装配图、加工工艺及要求。
3)参照装配流程图进行回形线槽的装配,注意各工件之间的装配关系。
4)如不能按要求顺利装配或配合精度不达标,应对不合格部分或相应工件进行调整,然后再次装配。
5)装配完成后,应对照图7-4所示图样要求检测各配合尺寸。
6)整理工作场地。

学习评价

一、学习过程评价

请根据本次任务学习过程中的实际情况,在表7-10中对自己及学习小组进行评价。

学习任务7　回形线槽的制作

表 7-10　学习过程评价表

学习小组：_____		姓名：_____	评价日期：_____	
评价人	评价内容	评价等级		情况说明
自我评价	能否按 5S 要求规范着装	能□　不确定□　不能□		
	能否针对学习内容主动与其他同学进行沟通	能□　不确定□　不能□		
	能否叙述 L 形线槽的加工工艺过程	能□　不确定□　不能□		
	能否规范使用工具、量具、刀具加工零件	能□　不确定□　不能□		
	你所负责加工的 L 形线槽的完成情况	按图样要求完成□ 基本完成□　　没有完成□		
	能否独立且正确检测零件尺寸	能□　不确定□　不能□		
小组评价	小组所使用的工具、量具、刀具能否按 5S 要求摆放	能□　不确定□　不能□		
	小组组员之间团结协作、沟通情况	好□　　一般□　　差□		
	小组所有成员制作的零件能否正常装配成回形线槽	能□　　不能□		
教师评价	学生个人在小组中的学习情况	积极□　　懒散□ 技术强□　　技术一般□		
	学习小组在学习活动中的表现情况	好□　　一般□　　差□		

二、专业技能评价

请参照零件图，使用钢直尺分别对自己负责加工的零件与小组其他零件进行检测，并把检测结果填写在表 7-11 中。

表 7-11　L 形线槽零件质量检测表

序号	检测项目	配分	评分标准	自检结果	得分	互检结果	得分
1	长 250mm（毛坯）	10	符合要求得分				
2	长 50mm（内边）	10	符合要求得分				
3	长 150mm（内边）	10	符合要求得分				
4	折弯角 90°	10	符合要求得分				
5	形状完好	10	线槽没有变形得分				
6	表面完好	10	没有划伤表面得分				
7	完成线槽盖的制作	10	符合要求得分				
8	配合长 250mm	10	符合要求得分				
9	配合高 250mm	10	符合要求得分				
10	正确装配	10	符合要求得分				
合计		100					

练习与作业

一、课堂练习

（一）选择题

1. 回形线槽由（　　）个 L 形线槽构成。

161

A. 二 B. 三 C. 四 D. 五

2. 关于线槽及薄板的锯削方法，以下说法不正确的是（   ）。

A. 锯削时不适宜直接从上到下锯削

B. 根据线槽的规格尺寸选用适合的木头，把木头塞进线槽的装夹部位

C. 锯削时若锯条被卡住，可用锤子敲出锯条

D. 锯削时应采用细齿锯条

3. 图示为半圆头铆钉的铆接过程中的（   ）步骤。

A. 铆钉插入孔内

B. 用压紧冲头压紧板料

C. 镦粗铆钉伸出部分

D. 初步锤打成形

4. （多选题）钣金具有（   ）等特点。

A. 重量轻、强度高

B. 导电（能够用于电磁屏蔽）

C. 成本低

D. 大规模量产性能好

5. （多选题）制作回形线槽需要用到（   ）等加工工艺。

A. 剪切

B. 钻孔

C. 折叠

D. 拼接

6. （多选题）手工铆接的工具有（   ）。

A. 锤子

B. 压紧冲头

C. 罩模

D. 顶模

（二）判断题

1. 线槽又名走线槽、配线槽、行线槽，是用来将电源线、数据线等线材规范地整理、固定在墙上或者顶棚上的电工用具。（   ）

2. 常用的线槽有环保 PVC 线槽、无卤 PPO 线槽、无卤 PC/ABS 线槽、钢铝等金属线槽。（   ）

3. 操作切割机进行加工时，务必要全神贯注，不但要保持头脑清醒，更要理性地操作电动工具。严禁在疲劳状态下操作切割机。（   ）

4. 为了保护双手，操作切割机的过程中允许戴手套。（   ）

5. 沉头铆钉铆接有两种方式，即用现成的沉头铆钉铆接和用截断圆钢铆接。（   ）

6. 铆接件是不能被分解、拆卸的。（   ）

7. 线槽的制作，可以直接放到台虎钳上装夹进行加工。（　　）

8. 线槽和线槽盖的形状类似方管件和薄板件，锯削时不宜直接从上到下锯削，容易造成锯口歪斜和锯削时卡住锯条造成锯条崩齿。（　　）

9. 在 L 形线槽的加工中，转角处安装 M6 螺钉并保证 L 形线槽的折弯角为 90°，螺钉伸出部分朝内，尽量保证线槽内平整。（　　）

10. 加工过程中，注意对产生的各类生产垃圾进行有效分类，及时处理；线槽等金属材料为可回收物。（　　）

（三）填空题

1. 钣金加工包括剪、冲/切/复合、折、_____、_____、成形（如汽车车身）等。

2. 电动切割机是用来分割材料的机器，从控制方式分类有_____、_____、_____三类。

3. 按被铆接件的使用要求，可将铆接分为_____和_____；按铆钉加热方法，可将铆接分为_____、_____、_____。

4. 铆接时铆钉直径的大小和被连接板的最小厚度有关，铆钉直径一般_____板厚的_____倍。

5. 铆钉按形状可分为_____、_____、_____、_____、管状空心、皮带铆钉抽芯铆钉和击芯铆钉等。

（四）思考题

1. 为什么线槽在装夹过程中容易变形？采用怎样的措施可以防止其变形？

2. 回形线槽的装配流程是什么？有哪些注意事项？

二、课后作业

请结合本次任务的学习情况，在课后制作一份 A3 幅面的手抄报。要求如下：

1. 归纳本次任务所学会的知识和技能。
2. 加工 L 形线槽零件的过程中，总结自己或者学习小组出现的问题及解决方法。
3. 总结学习心得与反思。
4. 版面清晰，字迹工整，图文并茂，体现创新思想。

生产任务工单 （表7-12）

表7-12 生产任务工单

任务名称		使用设备		加工要求	
零件图号		加工数量			
下单时间		接单小组			
要求完成时间		责任人			
实际完成时间		生产人员			
产品质量检测记录					
	检测项目		自检结果		质检员检测结果
1	零件完整性				
2	零件关键尺寸不合格数目				
3	零件表面质量				
4	是否符合装配要求				
零件质量最终检测结果及处理意见					
验收人		存放地点		验收日期	

学习任务8

台虎钳的拆装与保养

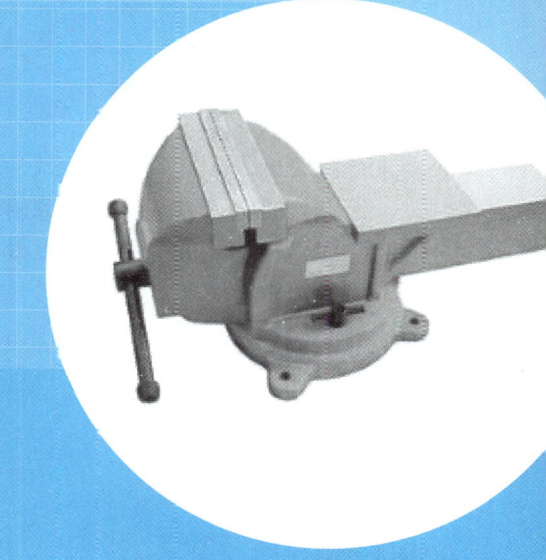

学习内容

1. 台虎钳（图8-1）的结构与用途。
2. 装配的基本知识。
3. 螺旋传动机构的装配。
4. 机械装置润滑的作用。
5. 台虎钳拆卸的工艺流程。
6. 台虎钳的保养知识。
7. 台虎钳的装配工艺流程。

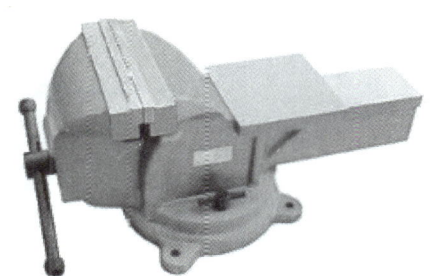

图8-1 台虎钳

学习目标

知识目标

1. 认识台虎钳的结构与用途。
2. 掌握螺旋传动机构的装配与机械装置润滑的作用。
3. 掌握台虎钳拆卸与装配的工艺流程。
4. 掌握台虎钳的保养方法。

能力目标

1. 能陈述台虎钳的结构与用途。
2. 能正确拆卸台虎钳并对其进行清洁与保养。
3. 能按台虎钳零件的装配关系对台虎钳进行正确的装配。

职业素质目标

1. 能正确制订台虎钳拆卸或装配的工艺流程。
2. 能正确选择台虎钳拆卸或装配的工具。
3. 能正确选择清洁工具和润滑油对台虎钳进行保养。

台虎钳的
拆装与保养

职业素养目标

1. 具备精益求精的工匠精神，在对台虎钳进行装配时要严格按照台虎钳的装配关系及要求进行装配。

2. 具备良好的职业意识，在对台虎钳进行拆卸或装配时，要严格按5S要求规范操作。

3. 具备环保意识，对学习过程中产生的油污、抹布等生产垃圾进行有效分类并按要求投放，防止污染环境。

思维导图

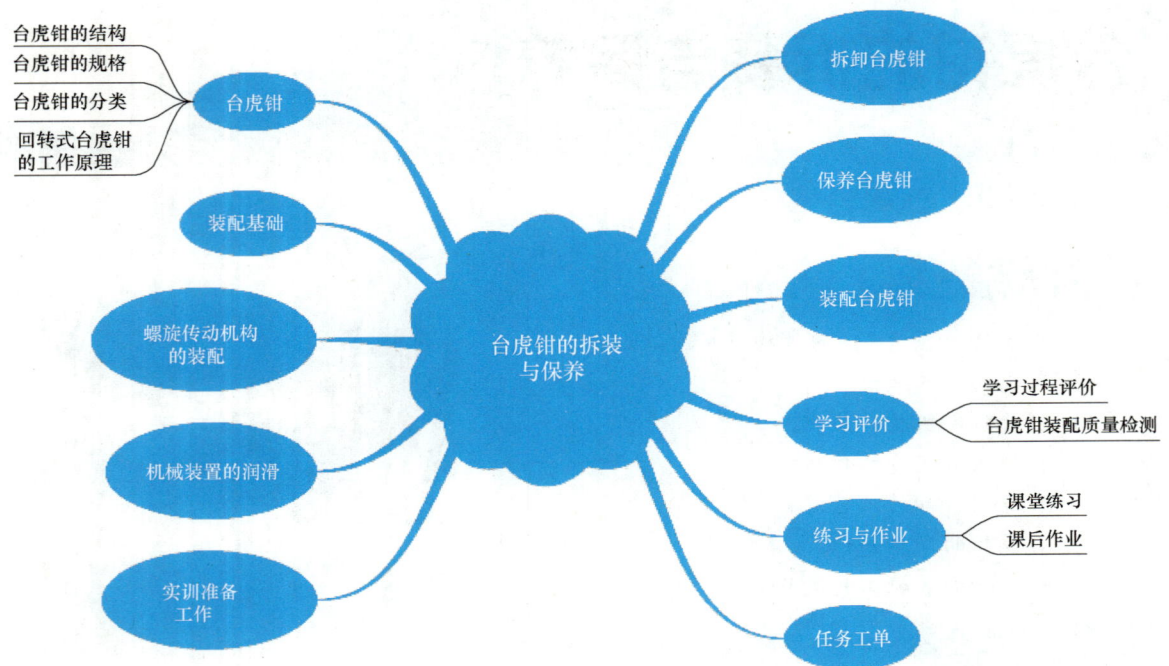

任务描述

台虎钳是用来夹持工件的通用夹具。台虎钳安装在工作台上，用以夹稳被加工零件，是钳工车间必备工具，广泛应用于机械加工及维修行业。在长期的使用中，台虎钳由于缺乏保养、维护或因操作者使用不当等原因而受到不同程度的磨损及损坏，所以需要对其进行合理的维护、保养，使其更好地发挥作用。

现钳工车间有一批台虎钳需进行维护及保养，数量若干，请对车间的台虎钳进行拆卸、保养、安装。

任务分析

一、制订工作计划

利用钳工技能完成台虎钳的拆装与保养，分别需要完成台虎钳状况登记、工具及辅助用品的选择、台虎钳的拆装与保养、学习评价、填写生产任务工单等任务内容，请根据本小组的实际情况，与组员协商分工，填写表8-1的相关内容。

学习任务8　台虎钳的拆装与保养

表 8-1　小组分工合作计划表

组名		小组成员			
序号		任务内容	计划用时	完成时间	负责人

二、选取拆装设备

请观察、检测需要维护的台虎钳，填写完成表 8-2 和表 8-3 的内容。

表 8-2　台虎钳状况登记表

型号规格					
固定钳口	功能正常□　松动□		转盘座	安装牢固□　安装松动□　正常旋转□	
活动钳口	功能正常□　松动□		锁紧装置	能锁紧□　不能锁紧□	
丝杠螺母副	旋转顺畅□　卡死□		夹紧功能	正常□　不正常□	
外观	完整□　断裂□　缺失□		异响	有□　无□	
组名		检查人		日期	

表 8-3　拆装与保养台虎钳的工具及辅助用品清单

序号	名称	规格	数量	备注
1	梅花扳手	14~17mm	1	

三、知识准备

通过观看台虎钳的拆装与保养视频可知，台虎钳的拆装与保养需要综合运用台虎钳结构、装配基础、螺旋传动机械的装配、机械装置的润滑等知识与技能。接下来，让我们一起来学习台虎钳结构、装配基础、螺旋传动机械的装配、机械装置的润滑等新的准备知识吧！

1. 台虎钳

台虎钳一般安装在台面上使用，用以夹稳工件，确保被加工的工件可以固定牢靠，方便加工工作的进行。钳工的大部分工作都是在台虎钳上完成的，比如锯、锉、錾，以及零件的拆卸和装配。

（1）台虎钳的结构　台虎钳的结构如图8-2所示。

（2）台虎钳的规格　台虎钳的规格用钳口宽度来表示，常见的规格有100mm、125mm、150mm等。

（3）台虎钳的分类　按外形功能的不同，可将台虎钳分为带砧和不带砧两种。

按钳身与底座结构的不同，台虎钳可分为固定式和回转式两种，如图8-3所示。

回转式台虎钳主要由钳口、固定钳身、活动钳身、丝杠、螺母、夹紧盘、转盘等组成。由于回转式台虎钳的钳身可以相对于转盘座回转，能满足各种不同方位的加工需要，所以使用方便，应用较为广泛。

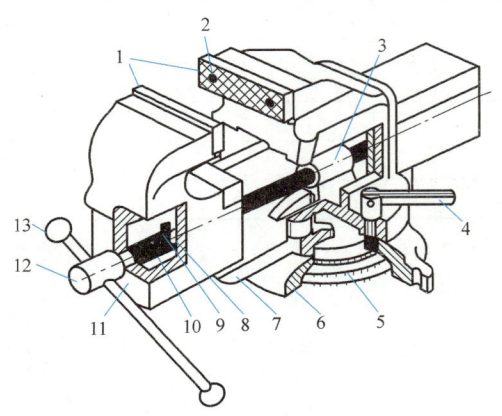

图8-2　台虎钳的结构

1—钳口　2—螺钉　3—传动螺母　4—短手柄
5—夹紧盘　6—转盘座　7—固定钳身
8—开口销　9—挡圈　10—弹簧
11—活动钳身　12—丝杠　13—长手柄

a) 回转式带砧台虎钳

b) 固定式不带砧台虎钳

图8-3　台虎钳的分类

（4）回转式台虎钳的工作原理　活动钳身通过导轨与固定钳身的导轨孔做滑动配合。

丝杠可以旋转，但不能做轴向移动，其安装在活动钳身上，与安装在固定钳身内的传动螺母配合，形成丝杠螺母副。

当摇动长手柄使丝杠旋转时，就可以带动活动钳身相对于固定钳身做进退移动，起夹紧或放松的作用。

回转式台虎钳的固定钳身安装在转盘座上，并能绕转盘座轴线在水平面上做回转运动，当转动到操作所需位置时,扳动短手柄使夹紧螺钉旋紧,便可将台虎钳整体锁紧在钳台上。转盘座上有三个螺栓孔,通过螺栓与钳台固定。

2. 装配基础

在生产过程中,按照规定的技术要求及精度要求,将若干个零件结合成部件或者将若干个零件和部件组合起来,并经过配合调试、检验,使之成为合格成品或半成品的过程,称为装配。前者一般称为部件装配,后者称为总装配。

装配一般包括安装前准备工作、装配、调试、精度检验和试车、涂装和涂油、包装等工作。

装配一般是制造产品过程中的最后一道工序,装配工作对生产的产品质量有很大的影响。如装配时,零件的配合不符合规定的技术要求,则机器就不能正常工作;如零部件之间、各机构之间的相对位置不正确,就会使其无法连接起来或者不能正常使用;如在装配过程中不注意清洁工作,操作粗枝大叶、乱打乱敲,不按工艺和技术要求进行装配,就不可能装配出合格的产品。装配质量差的机器,精度低、性能差、功耗大、寿命短。相反,一些加工精度不高的零件,通过细心修配和调整,仍可以装配出性能良好的产品。总之,装配工作是一项重要而细致的工作,必须严格按规定的技术及工艺要求进行。

3. 螺旋传动机构的装配

螺旋传动机构是利用螺杆和螺母的啮合来传递动力和运动的机械传动机构,可实现将旋转运动转换成直线运动、将转矩转换成推力的功能,具有工作平稳、无噪声、传动精度高、易于自锁、传递转矩较大等特点,广泛应用于机床设备中。图8-4所示为螺旋传动机构在千斤顶中的应用。

(1) 螺旋传动机构的装配技术要求

1) 螺旋副应有较高的配合精度和准确的配合间隙。

2) 螺旋副轴线的同轴度、螺杆轴线与基面的平行度,应符合规定要求。

3) 螺旋副相互转动应灵活,螺杆的回转精度应在规定范围内。

(2) 螺旋传动机构的装配

1) 调整螺旋副的配合间隙。

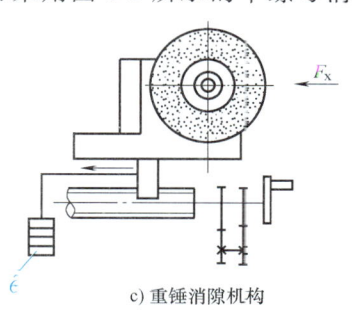

图8-4 千斤顶

装配螺旋传动机构时,螺旋副的配合间隙是衡量装配精度、检验机构质量的重要指标。

螺旋副的配合间隙包括径向间隙和轴向间隙。径向间隙直接反映螺杆与螺母的配合精度,轴向间隙直接影响机构传动的准确性。通常采用消隙机构消除轴向间隙。

① 单螺母消隙机构。螺旋副传动机构只有一个螺母时,常采用图8-5所示的单螺母消

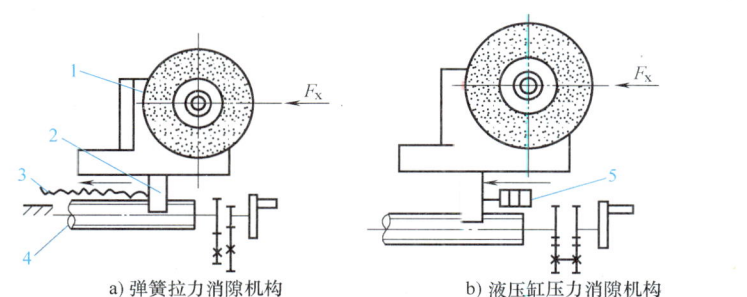

a) 弹簧拉力消隙机构　　b) 液压缸压力消隙机构　　c) 重锤消隙机构

图8-5 单螺母消隙机构

1—机架　2—螺母　3—弹簧　4—螺杆　5—液压缸　6—重锤

隙机构，使螺旋副始终保持单向接触。需要注意的是，消隙机构的消隙力方向应和切削力 F_x 方向一致，以防止进给时产生爬行，影响进给精度。

② 双螺母消隙机构。双向运动的螺旋副应该使用两个螺母来消除双向轴向间隙，如图 8-6 所示。

图 8-6a 所示为楔块消隙机构。调整时，先松开螺钉 3，再沿顺时针方向拧动螺钉 1，使楔块 2 向上移动，从而推动带斜面的螺母向右移动，以消除右侧轴向间隙，最后旋转螺钉 3 将其锁紧。当需要消除左侧轴向间隙时，可松开左侧的螺钉，并通过楔块使螺母左移实现。

图 8-6b 所示为弹簧消隙机构。调整时，转动调整螺母 7，通过垫圈点及压缩弹簧 5，使螺母 8 轴向移动，以消除轴向间隙。

图 8-6c 所示为垫片消隙机构，利用垫片厚度来消除轴向间隙。当螺杆与螺母磨损后，可通过修磨垫片 10 来消除轴向间隙。

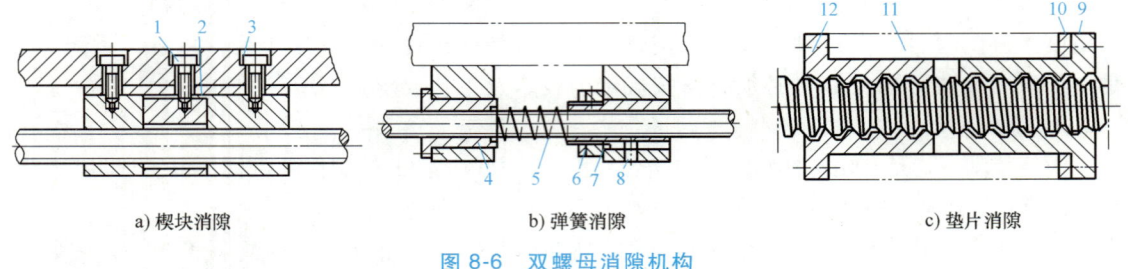

a) 楔块消隙　　　　　　b) 弹簧消隙　　　　　　c) 垫片消隙

图 8-6　双螺母消隙机构

1、3—螺钉　2—楔块　4、8、9、12—螺母　5—弹簧　6—垫圈　7—调整螺母　10—垫片　11—工作台

2）找正螺杆与螺母轴线的同轴度、螺杆轴线与基准面的平行度。

为了能够准确且顺利地将旋转运动转换为直线运动，螺旋副必须同轴，丝杠轴线必须与基准面平行。

3）调整螺杆的回转精度。

螺杆的径向跳动和轴向窜动的大小，即螺杆的回转精度，装配时可通过正确安装丝杠两端的轴承支座来保证。

（3）螺旋传动机构的修复　螺旋传动机构经过长期使用，螺杆和螺母都会出现磨损，常见的损坏形式有螺杆螺纹磨损、螺杆轴颈磨损、螺母磨损及螺杆弯曲等。

1）螺杆螺纹磨损的修复。

梯形螺纹螺杆的磨损不超过齿厚的 10% 时，通常采用车深螺纹的方法修复，再根据修复后的螺杆配车新的螺母；矩形螺纹螺杆磨损后，一般不能修复，只能换新；对磨损过大的精密螺杆，直接换新。

2）螺杆轴颈磨损的修复。

螺杆轴颈磨损后，可根据磨损情况，采用镀铬、涂镀、堆焊等方法加大轴颈，然后车削轴颈。车削轴颈应与车削螺纹同时进行，以保持轴颈和螺纹两者的轴线同轴。磨损的衬套应及时更换。

3）螺母磨损的修复。

螺母磨损通常比螺杆快，因此需要经常更换。

4）螺杆弯曲的修复。

弯曲的螺杆常用矫正法进行修复。

4. 机械装置的润滑

机械装置在运转时,如果一些摩擦部位得不到适当的润滑,就会产生干摩擦,从而可能造成机件的损坏。对机械装置实行润滑,可以减少摩擦、降低磨损、提高机械设备的使用效率和延长寿命。

(1) 润滑剂的种类 生产中常用的润滑剂包括润滑油、润滑脂、固体润滑剂等。

润滑剂的种类、特点及应用见表8-4。

表8-4 润滑剂的种类、特点及应用

种类		特点及应用
润滑油	机械油	其牌号有N10、N15、N32和N6等,数值表示油的黏度等级;黏度等级小的油适用于高速轻载的机械设备的润滑,黏度等级大的油适用于低速重载的机械设备的润滑
	精密机床主轴油	其牌号有N2、N5、N7和N9四种,适用于精密机床主轴滑动轴承与中等转速的精密滚动轴承的润滑
	重型机械用油	其牌号有N68,适用于大型轧钢机和剪断机的润滑
润滑脂(黄油)	钙基润滑脂	呈黄色,防水性好,但熔点低、耐热性差,适用于工作温度不高和潮湿的场合,在生产中应用最广
	钠基润滑脂	呈暗褐色或黑色,耐热性较好,但不耐水,适用于高温重载的场合
	锂基润滑脂	呈白色,表面光滑,具有良好的防腐和抗水发挥性能,是一种高效能润滑脂,适用于高速和精密机床的滚动轴承的润滑
	铅基润滑脂	呈奶油状,表面光滑,缺乏塑性,具有很好的防水、耐热、润滑和黏附性,常用于精密仪器和高齿齿轮等的润滑
固体润滑剂	石墨、二硫化钼、聚四氟乙烯	耐高温、高压,适用于速度很低、载荷特重、温度很高或很低的特殊条件及不允许有油、脂污染的场合

(2) 润滑的作用

1) 控制摩擦。

对摩擦副进行润滑后,由于润滑剂介于对偶表面之间,使摩擦状态改变,摩擦因数及摩擦力也随之改变。

2) 减少磨损。

摩擦副的黏着磨损、磨粒磨损、表面疲劳磨损、腐蚀磨损等,都与润滑条件有关。在润滑剂中加入抗氧化和抗腐蚀添加剂,有利于抑制腐蚀磨损。而加入油性和极压抗磨损添加剂,可以有效地减轻黏着磨损和表面疲劳磨损。流体润滑剂对摩擦副具有清洗作用,也可减轻磨粒磨损。

3) 降温冷却。

摩擦副运动时,必须克服摩擦力而做功,消耗在摩擦力上的功全部转化为热量,其结果将使摩擦副的温度升高。用润滑剂不仅可以实现润滑,减少摩擦热的产生,还可以将摩擦热及时带走。

4) 防止腐蚀。

摩擦副不可避免地要与周围介质接触,与腐蚀性物质(水、盐等)或分子产生化学反应,引起腐蚀、锈蚀而被破坏。在摩擦副对偶表面上,若有含防腐、防锈添加剂的润滑剂覆盖时，就可以避免或减少由腐蚀而引起的损坏。

5) 密封作用。

半固体润滑剂具有自封作用，它不仅可以防止润滑剂流失，还可以防止水分和杂质等侵入。使用在蒸汽机、压缩机和内燃机等设备上的润滑剂，不仅能保证润滑，而且能使气缸与活塞之间处于高度密封的状态，使之在运动中不漏气，起到密封作用并提高效率。

6) 传递动力。

有不少润滑剂具有传递动力的作用，如齿轮在啮合时，其动力不是在齿面间直接传递，而是通过一层润滑膜传递的。液压传动、液力传动都是以润滑剂作为传动介质而传力的。

7) 减振作用。

所有润滑剂都有在金属表面附着的能力，且本身的剪切阻力小，所以在摩擦副对偶表面受到冲击载荷时，也都具有吸振的能力。如汽车的吸振器就是利用油液减振的。

任务实施

一、实训准备工作

请按照表 8-5 准备实训所需的工具及辅助用品。

表 8-5 台虎钳拆装与保养的工具及辅助用品清单

序号	名称	数量	图示	备注
1	梅花扳手	1 把		14mm×17mm
2	呆扳手	1 把		14mm×17mm
3	十字螺钉旋具	1 把		
4	一字螺钉旋具	1 把		
5	尖嘴钳	1 把		
6	灰铲刀	1 把		
7	钢丝刷	1 个		
8	油漆刷	1 个		

（续）

序号	名称	数量	图示	备注
9	锤子	1把 		
10	机油壶	1个 		
11	黄油	1盒 		
12	煤油	1桶 		
13	手套、抹布	若干	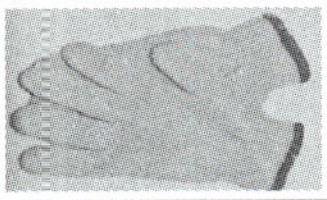	

二、拆卸台虎钳

台虎钳的拆卸工艺流程及操作说明见表 8-6。

表 8-6　台虎钳的拆卸

工步号	工步内容	操作图示	操作说明	使用工具或辅助用品	本环节产生的生产垃圾	垃圾分类处理
1	拆卸活动钳身	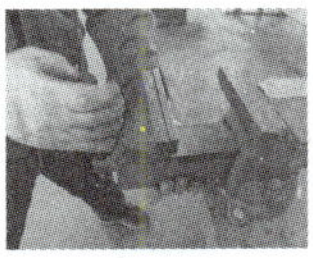	面对台虎钳，一只手握长手柄沿逆时针方向旋转丝杠，另一只手需要托住活动钳身	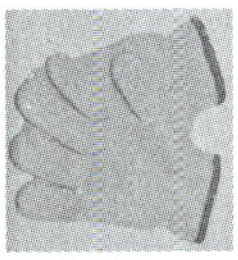		其他垃圾 Other waste
2	分离丝杠与螺母	 	用手托住活动钳身的底部，然后抽出钳身。拆卸时，需双手扶稳钳身，以防其掉落砸伤人		铁粉 	可回收物 Recyclable
3	拆卸紧固螺钉	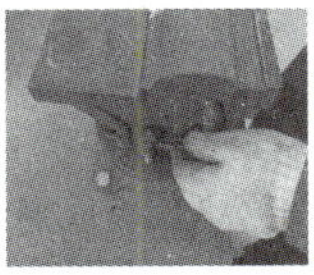	拆卸连接固定钳身与转盘座的紧固螺钉		铁粉 	可回收物 Recyclable
4	取下固定钳身		双手稳稳地取下固定钳身，有序放到适当的位置			

173

（续）

工步号	工步内容	操作图示	操作说明	使用工具或辅助用品	本环节产生的生产垃圾	垃圾分类处理
5	拆卸转盘座螺栓		用梅花扳手和呆扳手拆下三个紧固螺栓	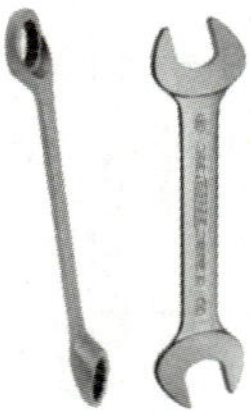	废弃的螺栓、螺母 	可回收物 Recyclable
6	拆卸夹紧盘与转盘座	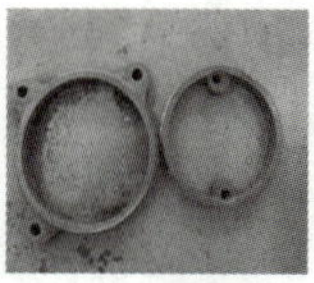	拆卸下来的零部件应尽量放在一起，并规范保存，不要乱丢乱放		铁粉 	可回收物 Recyclable
7	拆卸丝杠螺母		用梅花扳手松开连接丝杠螺母与固定钳身的螺栓，并取出丝杠螺母		废弃的螺栓、螺母 	可回收物 Recyclable
8	拆卸活动钳口	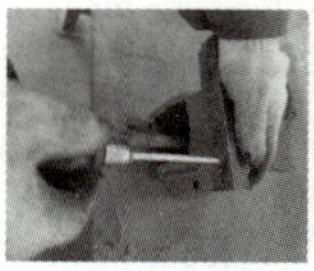	用十字螺钉旋具松开固定钳身上的螺钉，卸下固定钳口		废弃的螺钉 	可回收物 Recyclable
9	拆卸活动钳身和钳口		用十字螺钉旋具拆卸活动钳身上的活动钳口		铁粉 	可回收物 Recyclable
10	取出丝杠上的开口销		利用尖嘴钳取出开口销，并检查是否完好			可回收物 Recyclable

学习任务8 台虎钳的拆装与保养

（续）

工步号	工步内容	操作图示	操作说明	使用工具或辅助用品	本环节产生的生产垃圾	垃圾分类处理
11	取出丝杠		取出丝杠上的开口销后,取出丝杠上的垫圈和弹簧,最后从活动钳身上取出丝杠。弹簧、开口销和挡圈拆卸后,如果出现严重锈蚀或磨损、断裂,则需要更换			可回收物 Recyclable
12	零部件的摆放		在拆卸台虎钳时,应注意其清洁和保养。拆卸下来的零件可用煤油清洗,对经常滑动的地方应涂上润滑油,用于防止对零件的磨损。定期对台虎钳进行检查,有需要修理或润滑的零件要及时进行保养			

三、保养台虎钳

台虎钳的保养工艺流程及操作说明见表8-7。

表 8-7　台虎钳的保养

工步号	工步内容	操作图示	操作说明	使用工具及辅助用品	本环节产生的生产垃圾	垃圾分类处理
1	检查钳身		注意检查钳身,若发现有变形或裂纹的情况,应立即停止使用该台虎钳,并更换钳身			可回收物 Recyclable
2	检查传动螺母		检查拆卸后的螺母有否损伤			可回收物 Recyclable
3	检查和清洗转盘座		检查转盘座是否有变形或裂纹的情况,如有应及时更换,并用煤油清洗干净	煤油	KEROSENE 煤油	有害垃圾 Harmful waste
4	检查和清洗夹紧盘		检查夹紧盘是否有变形或裂纹的情况,如有应及时更换,并用煤油清洗干净	煤油	KEROSENE 煤油	有害垃圾 Harmful waste

（续）

工步号	工步内容	操作图示	操作说明	使用工具及辅助用品	本环节产生的生产垃圾	垃圾分类处理
5	检查和清洗丝杠螺母	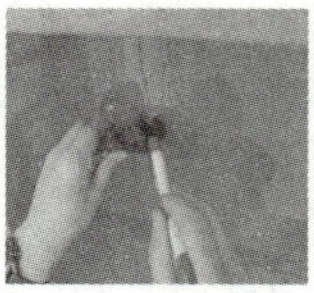	检查丝杠螺母是否正常，如出现裂纹或螺纹崩牙应及时更换，并用煤油清洗干净。对于配合面，要涂上机油，方可进行装配	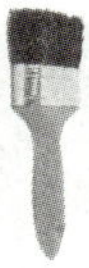 煤油	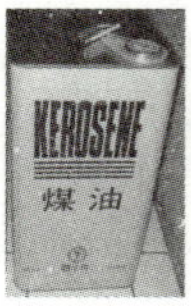 煤油	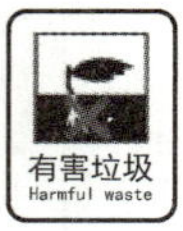 有害垃圾 Harmful waste
6	检查和清洗钳口	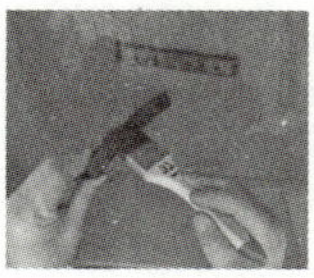	检查钳口，清除铁锈，并用煤油清洗干净	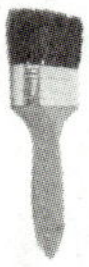 煤油	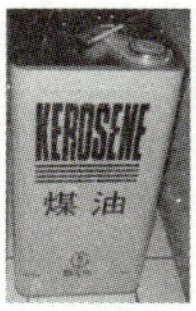 煤油	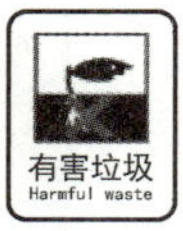 有害垃圾 Harmful waste
7	检查和清洗弹簧	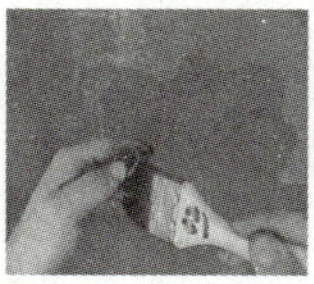	检查弹簧是否有变形或断裂的情况，如有应及时更换，并用煤油清洗干净	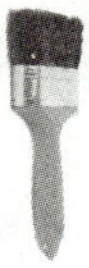 煤油	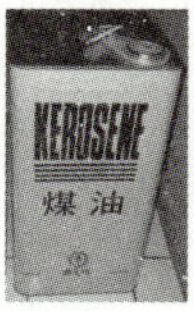 煤油	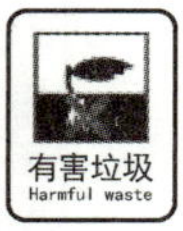 有害垃圾 Harmful waste
8	检查和清洗丝杠	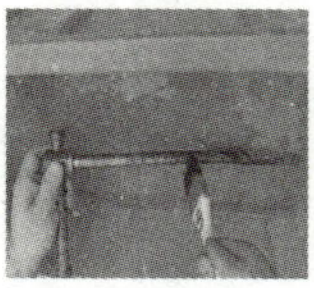	检查丝杠是否有变形，并清洗丝杠螺母副，上油保养	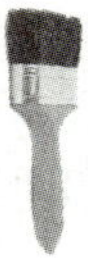 煤油	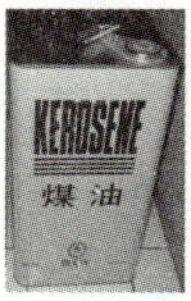 煤油	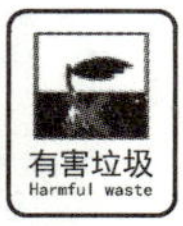 有害垃圾 Harmful waste

四、安装台虎钳

台虎钳的安装工艺流程及操作说明见表 8-8。

表 8-8 台虎钳的安装

工步号	工步内容	操作图示	操作说明	使用工具	本环节产生的生产垃圾	垃圾分类处理
1	安装转盘座	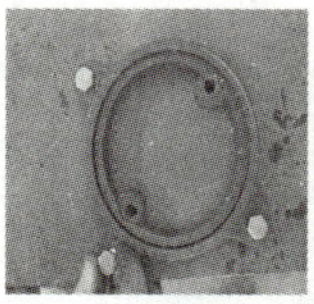	用螺栓将夹紧盘和转盘座固定在钳台上	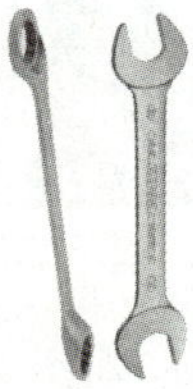	废弃的螺栓、螺母 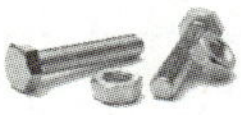	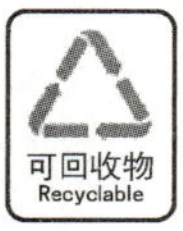 可回收物 Recyclable
2	清洁固定钳身和钳口座	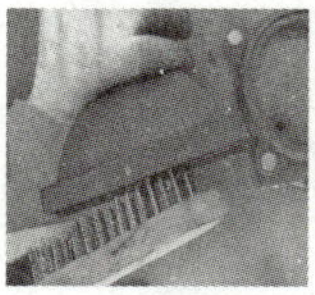 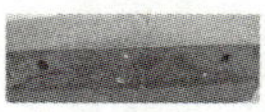	安装前应检查钳口是否完好，并清除钳口座上的铁屑和铁锈。防止钳口安装后，因两夹持面不平衡而不能夹紧工件	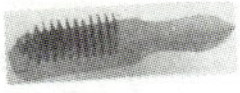 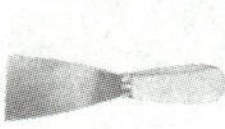	铁粉 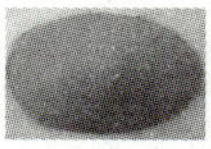	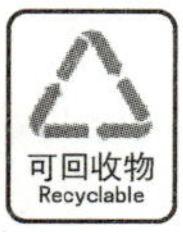 可回收物 Recyclable

学习任务8　台虎钳的拆装与保养

（续）

工步号	工步内容	操作图示	操作说明	使用工具	本环节产生的生产垃圾	垃圾分类处理
3	安装钳口	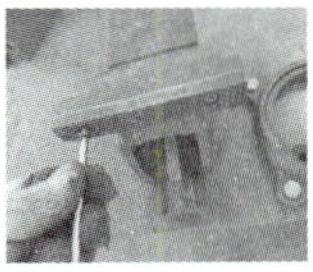	用十字螺钉旋具将与固定钳身连接的钳口上的螺钉拧紧，安装钳口		废弃的螺钉 	可回收物 Recyclable
4	清洁活动钳身和钳口座	 	清除钳口座上的铁屑和铁锈	 	铁粉 	可回收物 Recyclable
5	安装钳口	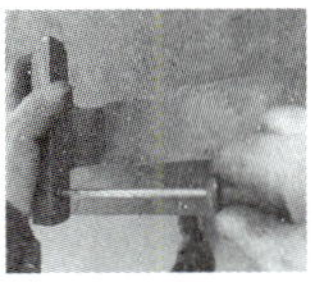	用十字螺钉旋具安装活动钳身上的钳口		废弃的螺钉、螺母 	可回收物 Recyclable
6	安装丝杠	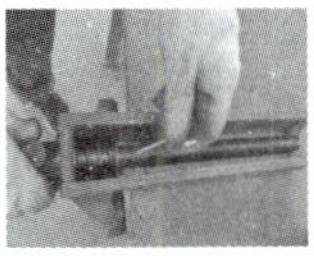	在活动钳身上安装丝杠，将挡圈、弹簧、开口销按顺序依次装好	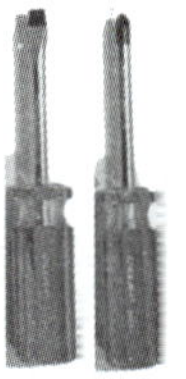	  	可回收物 Recyclable
7	清洁钳身	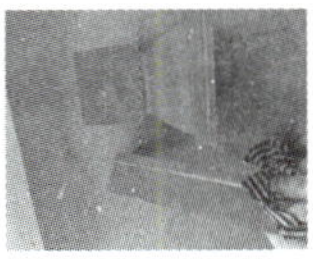	将固定钳身、螺母、丝杠等部件上的碎屑和油污清除	 	油抹布 	有害垃圾 Harmful waste
8	保养丝杠	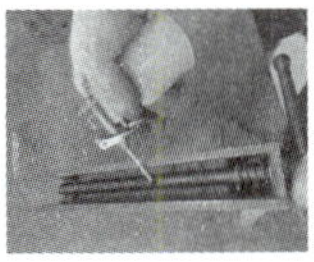	给丝杠和丝杠螺母加润滑油或润滑脂	 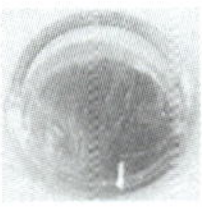	油抹布 	有害垃圾 Harmful waste
9	安装丝杠螺母	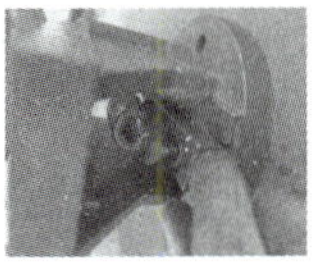	用螺栓把丝杠螺母连接到固定钳身上		废螺栓、螺母 	可回收物 Recyclable

177

（续）

工步号	工步内容	操作图示	操作说明	使用工具	本环节产生的生产垃圾	垃圾分类处理
10	安装固定钳身		将固定钳身与转盘座配合好,并用紧固螺钉固定。在锁紧时只许用手的力量扳动短手柄,绝不许用锤子或其他套筒扳动短手柄,以免损坏夹紧盘或螺钉及丝杠和螺母		油抹布 	有害垃圾 Harmful waste
11	安装活动钳身		最后将活动钳身与固定钳身相配合,将螺杆与螺母孔配合,顺时针方向转动长手柄,完成组装		油抹布 	有害垃圾 Harmful waste
12	丝杠对准丝杠螺母旋入	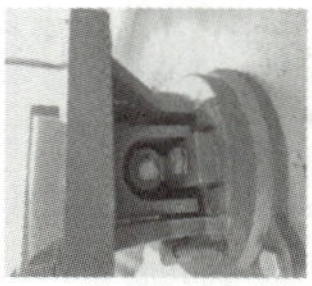	首先将丝杠对准丝杠螺母,然后顺时针方向旋转长手柄,直至丝杠完全旋入丝杠螺母		油抹布 	有害垃圾 Harmful waste
13	紧固固定螺栓		丝杠对准丝杠螺母旋入后,用梅花扳手紧固螺栓		油抹布 	有害垃圾 Harmful waste
14	检测台虎钳		台虎钳安装后应调整钳口两接合面并检测各部位是否正常		油抹布 	有害垃圾 Harmful waste
15	整理工具,清洁实训场地		维护保养完成后,对其他结构件做好防锈工作,并将钳台打扫干净		油抹布 	有害垃圾 Harmful waste

五、拆装台虎钳的注意事项

拆装台虎钳的过程中,需要注意的事项见表8-9。

表 8-9 拆装台虎钳的注意事项

类别	序号	注意事项内容	备注
常规项	1	设备在拆卸和修理前,应在制订拆卸顺序的同时,做好相应的安全措施	
	2	在工作前配备各种所需工具,例如活扳手、扳手、内六角等	
	3	操作前,应根据规定,穿戴好防护用品	
	4	多人作业时,要做好安全防护,并密切配合、动作协调	
	5	物料应按指定地点摆放整齐,保持通道平坦、畅通	
	6	操作时,注意防止工具及其他物品跌落,以免造成损坏或对人造成伤害	
	7	拆装过程中对零部件要做到轻拿轻放	
	8	拆装的零部件、工具、辅助用品应按规范摆放整齐,禁止叠放	
	9	注意作业环境卫生,保持地面清洁,无油污、积水、杂物等	
操作项	1	划分部件的组成部分,合理选用工具和拆卸方法,按正确的顺序拆卸,严防乱敲打、硬撬拉,避免损伤零件	
	2	在拆卸和装配台虎钳时,要正确使用拆卸工具。例如在使用活扳手时,要使活扳手的固定部位作用在要拆卸的工件上,以免损坏工具和工件	重点
	3	安装台虎钳时,必须使固定钳身的钳口一部分处在工作台面边缘外,保证夹持长条工件时,工件不受工作台面边缘的阻碍	重点
	4	安装丝杠螺母时,不能一次旋紧固定螺栓,待丝杠旋入螺母后,才能再次旋紧固定螺栓	重点
	5	强力作业时,要尽量使力朝向固定钳身	
	6	夹紧工件时要松紧适当,只能用手来扳紧手柄,不得借助其他工具加力	
	7	不允许在活动钳身和光滑平面上进行敲击作业	
	8	使用台虎钳时,不允许在钳口上敲击工件,而应在固定钳身的砧板敲击,否则会损坏钳口	
保养项	1	丝杠、螺母和其他滑动表面要经常保持清洁,并加润滑油润滑,以防生锈	
	2	做好台虎钳其他结构件的防锈、除锈工作(钳口禁止加注润滑剂)	
	3	清洗丝杠等零部件时,建议使用煤油	
	4	每次使用完台虎钳后,应使钳口收拢,长手柄处于垂直向下状态	

学习评价

一、学习过程评价

请根据本次任务学习过程中的实际情况,在表 8-10 中对自己及学习小组进行评价。

二、专业技能评价

请按照表 8-11 中的要求,对小组装配的台虎钳进行质量检测,并把检测结果填写在表 8-11 中。

表 8-10　学习过程评价表

学习小组：_____　　　姓名：_____　　　评价日期：_____

评价人	评价内容	评价等级	情况说明
自我评价	能否按5S要求规范着装	能 □　不确定 □　不能 □	
	能否针对学习内容主动与其他同学进行沟通	能 □　不确定 □　不能 □	
	能否叙述台虎钳的拆装过程	能 □　不确定 □　不能 □	
	能否规范使用工具进行拆装	能 □　不确定 □　不能 □	
	你所负责的拆装任务完成情况	按要求完成 □ 基本完成 □　没有完成 □	
	能否独立且正确地进行台虎钳的保养	能 □　不确定 □　不能 □	
小组评价	工具及拆卸的零部件能否按5S要求摆放	能 □　不确定 □　不能 □	
	小组组员之间团结协作、沟通情况	好 □　一般 □　差 □	
	小组所有成员能否正常完成台虎钳的拆装与保养任务	能 □　不能 □	
教师评价	学生个人在小组中的学习情况	积极 □　懒散 □ 技术强 □　技术一般 □	
	学习小组在学习活动中的表现情况	好 □　一般 □　差 □	

表 8-11　台虎钳装配质量检测表

序号	检测项目	配分	评分标准	自检结果	得分	互检结果	得分
1	固定钳口	10	安装正确、不松动、有清洁保养				
2	活动钳口	10	安装正确、不松动、有清洁保养				
3	丝杠螺母副	20	正方向和反方向转动灵活、顺畅				
4	转盘座	10	能沿顺时针、逆时针方向灵活转动				
5	锁紧装置	10	锁紧后，转盘座不能转动				
6	夹紧功能	10	钳口能牢固夹紧工件				
7	外观	5	表面干净、无伤痕				
8	异响	10	用台虎钳装夹工件进行加工时，无振动、松动等异常的响声				
9	可靠性	10	台虎钳固定在钳台上牢固、可靠、无松动				
10	整体功能	5	台虎钳所有功能正常				
合计		100					

练习与作业

一、课堂练习

(一) 选择题

1. (多选题) 台虎钳规格是用钳口宽度来表示的，常见的规格有 (　　) 等。
   A. 100mm　　B. 125mm　　C. 150mm　　D. 175mm

2. 台虎钳采用的传动方式是 (　　)。
   A. 螺纹传动　　B. 螺旋传动　　C. 齿轮传动　　D. 链传动

3. (多选题) 螺旋传动具有 (　　) 等特点。
   A. 工作平稳　　B. 无噪声　　C. 传动精度高　　D. 易于自锁　　E. 传递转矩较大

4. 下列关于螺旋传动机构的装配技术要求，不正确的是 (　　)。
   A. 螺旋副为保证传动流畅，配合间隙越大越好
   B. 螺旋副应有较高的配合精度、准确的配合间隙
   C. 螺旋副轴线的同轴度、丝杠轴线与基准面的平行度，应符合规定要求
   D. 螺旋副相互转动应灵活，丝杠的回转精度应在规定范围内

5. (多选题) 调整螺旋副的配合间隙的是 (　　)。
   A. 单螺母消隙机构　　B. 双螺母消隙机构　　C. 多螺母消隙机构

6. (多选题) 螺旋传动机构的修复包括 (　　)。
   A. 丝杠螺纹磨损的修复
   B. 丝杠轴颈磨损的修复
   C. 螺母磨损的修复
   D. 丝杠弯曲的修复

(二) 判断题

1. 钳工的大部分工作都是在台虎钳上完成的，比如锯、锉、錾，以及零件的拆卸和装配。(　　)

2. 在生产过程中，按照规定的技术要求及精度要求，将若干个零件结合成部件或将若干个零件和部件组合起来，并经过配合调试、检验，使之成为合格成品或半成品的过程，称为装配。(　　)

3. 螺旋传动机构是利用螺杆和螺母的啮合来传递动力和运动的机械传动机构，可实现将旋转运动转换成直线运动、将转矩转换成推力的功能。(　　)

4. 装配螺旋传动机构时，螺旋配合的间隙越大，说明装配精度越高。(　　)

5. 螺旋副的径向间隙直接影响机构传动的准确性。(　　)

6. 为了能够准确且顺利地将旋转运动转换为直线运动，螺旋副必须同轴，丝杠轴线必须和基准面平行。(　　)

7. 对机械装置实行润滑，可以减少摩擦、降低磨损、提高机械设备的使用效率和延长寿命。(　　)

8. 螺旋传动机构主要由螺杆、螺母和机架组成。(　　)

9. 一个装配工序中，可包括一个或几个装配工步。(　　)

10. 按螺旋副的摩擦性质的不同，可将螺旋传动分为滑动螺旋和滚动螺旋两种类型。
（　　）

（三）填空题

1. 台虎钳是用来夹持工件的_____夹具。

2. 台虎钳按外形功能的不同，可分为_____和_____两种，按钳身与底座的结构的不同，可分为_____和_____两种。

3. 回转式台虎钳主要由_____、_____、_____、_____、传动螺母、夹紧盘、转盘等组成。

4. 螺旋副的配合间隙包括_____和_____。

5. 润滑剂的种类很多，生产中常用的润滑剂包括_____、_____、_____等。

（四）思考题

1. 简述回转式台虎钳的工作原理。

2. 台虎钳的保养步骤有哪些？

二、课后作业

请结合本次任务的学习情况，在课后制作一份 A3 幅面的手抄报。要求如下：
1）归纳本次任务所学会的知识和技能。
2）在拆装台虎钳的过程中，总结自己或者学习小组出现的问题及解决方法。
3）总结学习心得与反思。
4）版面清晰，字迹工整，图文并茂，体现创新思想。

生产任务工单 （表8-12）

表8-12 生产任务工单

任务名称		保养设备		保养要求	
设备型号		保养数量			
下单时间		接单小组			
要求完成时间		责任人			
实际完成时间		生产人员			
装配质量检测记录					
	检测项目	自检结果		质检员检测结果	
1	夹紧功能				
2	锁紧功能				
3	外观				
4	整体功能				
零件质量最终检测结果及处理意见					
验收人		存放地点		验收日期	

第二篇　钳工"3+x"考证

真题1

凸形块的制作

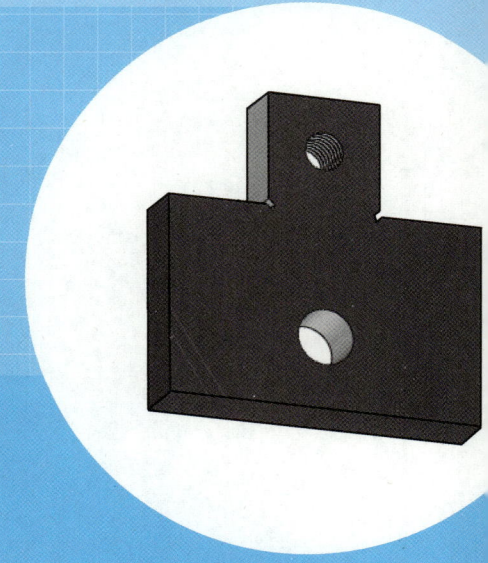

学习内容

1. 凸形块（图 9-1）零件图样的分析。
2. 凸形块评分表的分析。
3. 凸形块的加工工艺。
4. 制作凸形块。
5. 凸形块零件的质量检测。
6. 安全文明生产知识。

图 9-1 凸形块

凸形块的制作

学习目标

知识目标

1. 能叙述凸形块零件的加工要素。
2. 能叙述凸形块的考核内容与要求。
3. 能叙述凸形块的制作工艺流程。
4. 能叙述检测凸形块零件所需的量具。

5. 能解读凸形块零件的质量检测评分标准。

能力目标

1. 能正确分析凸形块零件图样，并说出其加工内容。
2. 能读懂凸形块零件的评分表，并说出其考核要求。
3. 能根据凸形块零件图样要求，独立完成零件的立体划线。
4. 能正确制订凸形块零件加工工艺方案。
5. 能加工出合格的凸形块零件。
6. 能正确选择量具对凸形块零件进行质量检测并按评分表要求进行评分。

职业素质目标

1. 能读懂凸形块零件图样，清楚加工要求。
2. 划线时能从毛坯的四个侧面正确选择划线基准。
3. 能根据加工要求正确选择各种工具、量具。
4. 能根据评分要求正确选择量具。
5. 能根据测量结果正确评分并填写评分表，对零件的质量问题提出解决的方法。

职业素养目标

1. 具备精益求精的工匠精神，正确选用量具，严格按照凸形块评分表要求检测零件并进行评分。
2. 具备安全文明生产意识，实操过程中能严格按照安全文明生产要求规范操作。
3. 具备纪律意识，清楚考场守则，能严格遵守考场纪律。
4. 具备环保意识，节约学习资源，能对各类生产垃圾进行有效分类并按要求投放。

思维导图

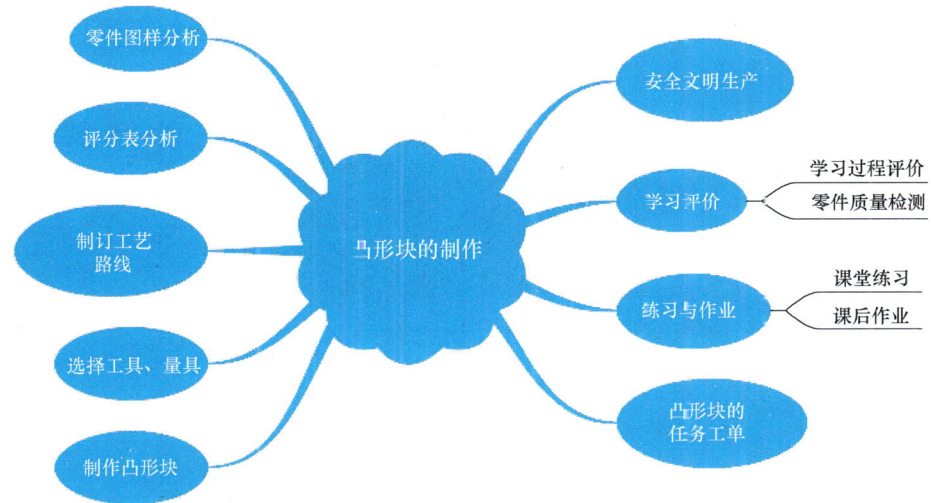

任务描述

凸形块为广东省"3+x"证书高职高考，钳工真题，考查学生图样分析、划线、锯削、锉削、孔加工能力和安全文明生产。图9-2所示为凸形块零件图，图9-3所示为凸形块评分表。

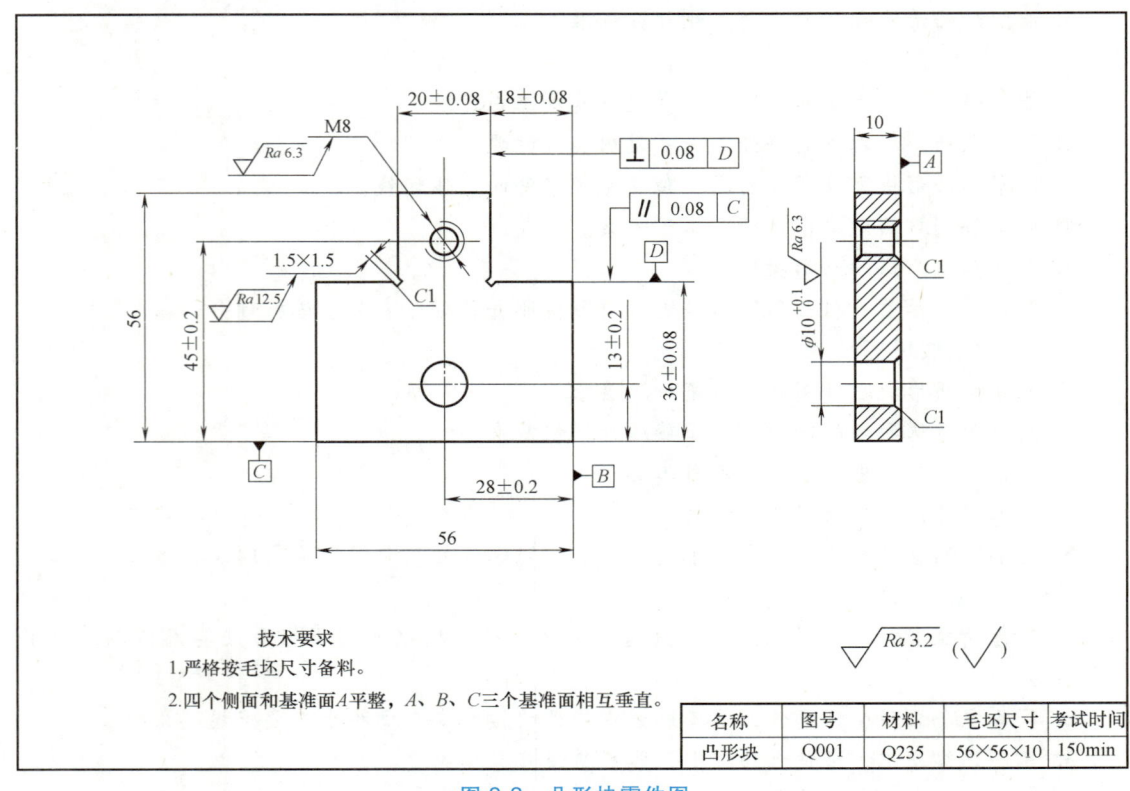

图 9-2　凸形块零件图

图 9-3　凸形块评分表

真题1 凸形块的制作

【素养园地——方文墨:"文墨精度",手工锉削精度相当于头发丝的二十五分之一】

任务分析

一、制订工作计划

利用钳工技能完成凸形块的制作,分别需要完成选料,选取工具、量具、刀具,零件加工,质量检测,5S现场管理等任务内容,填写表9-1的相关内容。

表9-1 凸形块制作计划

姓名		工位号		
序号	任务内容		计划用时	完成时间

二、选取加工设备

请根据凸形块的零件图及工作计划,分别从附录A~C中选择制作凸形块的工具、量具、刀具,并填写在表9-2中。

表9-2 加工凸形块的工具、量具、刀具

序号	名称	规格型号	数量	用途

任务实施

一、分析试题

1. 分析零件图样

由图 9-2 可知,凸形块考核过程需要加工的是四个锉削面、一个 M8 螺纹孔、一个 ϕ10mm 通孔。毛坯材料为 Q235,毛坯的尺寸为 56mm×56mm×10mm。锉削面的各尺寸极限偏差均为 ±0.08mm,四个锉削面的垂直度或平行度公差为 0.08mm,锉削面所有棱边均需进行倒钝处理。ϕ10mm 通孔与 M8 螺纹孔位置尺寸的极限偏差均为 ±0.2mm,孔口需要倒角。孔内表面要求的表面粗糙度值为 $Ra6.3\mu m$,其余各加工表面要求的表面粗糙度值为 $Ra3.2\mu m$。

2. 分析评分表

由图 9-3 可知,凸形块评分表主要分为三个部分。

(1) 锉削面部分　包括评分表中的 1~5 项和第 12 项,共计 58 分。

(36±0.08)mm(两处)每超差 0.02mm 扣 1 分,扣完为止;(18±0.08)mm 每超差 0.02mm 扣 1 分,扣完为止;(20±0.08)mm 每超差 0.02mm 扣 1 分,扣完为止;这四处线性尺寸由千分尺直接测出尺寸数值(线性尺寸以被测要素最大尺寸超差处的尺寸为评分尺寸)。

∥ 0.08 C 表示被测要素(凸台两个水平锉削面)相对于基准面 C(图 9-2 所标注的基准面 C)的平行度公差为 0.08mm,每超差 0.02mm 扣 1 分,扣完为止。也可以用磁性表座、百分表和标准平板测量,百分表指针跳动值小于 0.08mm 为合格。

⊥ 0.08 D 表示被测要素(凸台两个垂直锉削面)相对于基准面 D(凸台两个平行锉削面)的垂直度公差为 0.08mm,每超差 0.02mm 扣 1 分,扣完为止。由刀口形直尺配合塞尺采用间隙法间接测量,0.08mm 以上塞尺塞不进为合格。

要求表面粗糙度值为 $Ra3.2\mu m$(四处加工侧面),每处每降低一级扣 1.5 分,直到该处扣完为止。检测方法为与粗糙度标准块对比评分。

(2) 孔加工部分　包括评分表中的 6~11 项和第 13 项,共计 32 分。

(45±0.2)mm 每超差 0.05mm 扣 1 分,扣完为止;(28±0.2)mm 每超差 0.05mm 扣 1 分,扣完为止,(13±0.2)mm 每超差 0.05mm 扣 1 分,扣完为止;这三处孔的定位尺寸用游标卡尺可以间接测出(测出尺寸需要加上半径,45mm 的实测尺寸应是 41.6mm,28mm 的实测尺寸应是 23mm,13mm 的实测尺寸应是 8mm)。

ϕ10mm 孔的上极限偏差为 0.1mm,下极限偏差为 0,每超差 0.05mm 扣 1 分,扣完为止,用游标卡尺可以直接测得。M8 要求牙型完整,牙顶直径正确,可以旋进标准丝杠,不能偏斜,共四项,一项不合格扣 1.5 分。牙型是否完整的检测方法为目测,牙顶直径的检测方法为游标卡尺测量,可以旋进标准丝杠用于判断是否为顺滑旋进,旋进丝杠不能偏斜的检测方法为刀口形直尺检测。

要求表面粗糙度值为 $Ra6.3\mu m$(螺纹),降低一级扣 1 分,扣完为止。要求表面粗糙度值为 $Ra6.3\mu m$(孔),降低一级扣 1 分,扣完为止。检测方法为与粗糙度标准块对比评分。

(3) 安全文明生产部分　评分表第 14 项和第 15 项,共计 10 分。

真题1　凸形块的制作

文明生产，正常操作给4分，优秀者给5分。考官在考核过程中，需观察考生操作是否规范，包括着装、工具、量具摆放、测量方法、操作姿势及方法等。

安全生产，正常操作给4分，每受一次警告扣2分，严重者停止考试。考官在考核过程中，观察考生操作是否存在安全隐患，若存在隐患，则应及时给予警告；隐患严重者或不听劝告者，则可以使其停止考试。考核内容包括着装（短裤、拖鞋）、钻孔戴手套、钻孔不戴护目镜以及其他有安全隐患的操作。

考证加工区别于工厂加工，除了要根据图样加工，还要对照评分表。由于"3+x"考证为等级考证，分为A、B、C、D、E五个等级，所以当部分项目不达标时，不能放弃考试，应该做好其他项目。更不能不按照评分表中的要求进行加工，而只追求工件形状类似。

二、制订正确的工艺路线

请根据零件的加工要求，分别从表9-3中选择零件的工艺简图，从表9-4中选择零件的工艺内容，按正确顺序填写在表9-5零件的加工工艺中，并从附录A~C中选择合适的工具、量具、刀具，参考附录D垃圾分类操作指引完善表9-5中的其他内容。

表9-3　凸形块的加工简图

序号	工艺简图	序号	工艺简图
1	（凸形块立体图）	4	M8、孔
2	20、d面、c面、余料、工艺槽、36	5	$\phi 6.8$、需倒角、$\phi 10$
3	38、b面、余料、a面、工艺槽、36	6	>56、>56

（续）

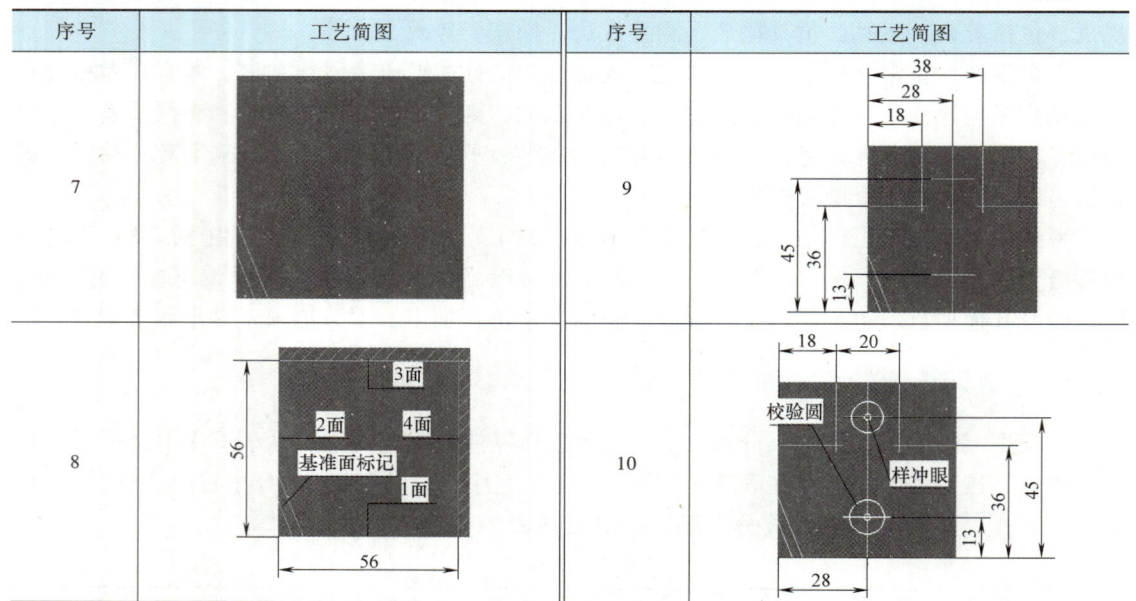

表9-4　凸形块零件的加工工艺

序号	工步内容	序号	工步内容
1	分析图样，将图样上的设计尺寸转化为划线尺寸，用游标高度卡尺完成划线	6	分别用头攻和二攻完成攻螺纹。要保证牙型完整，旋进标准丝杠不偏斜
2	用钢直尺对照图样复检划线尺寸。确认正确后，打样冲眼、划校验圆弧	7	先锯削去除余料，再粗加工至线，然后锯削工艺槽，最后精加工达到图样要求（记作a面、b面）
3	加工两基准面的对面，保证尺寸为56mm（记作3面、4面），并保证3面垂直于1面，4面垂直于2面	8	先锯削去除余料，再粗加工至线，然后锯削工艺槽，最后精加工达到图样要求（记作c面、d面）
4	挑选并精加工一对相互垂直的面作为基准面（记作1面、2面）	9	锐角、锐边倒棱，整体检查，完成后的工件要有清晰的字码作为标记
5	用钢直尺检查毛坯尺寸≥56mm×56mm×10mm	10	用钻床分别钻出φ10mm和φ6.8mm（M8的螺纹底孔）通孔。完成钻孔后需要倒角

表9-5　_____零件的加工工艺

工艺序号	工艺简图编号	工步内容编号	使用工具	使用量具	加工刀具	将产生的生产垃圾	垃圾分类

三、制作凸形块

1. 凸形块的加工过程（表 9-6）

表 9-6 凸形块的加工过程

序号	加工步骤	加工内容	加工位置	使用设备或工具	使用量具	使用刀具	本环节产生的生产垃圾	垃圾分类处理
1	检查毛坯	用钢直尺检查毛坯尺寸不小于 56mm×56mm×10mm	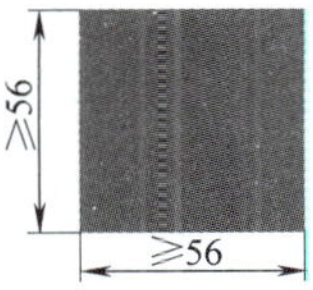		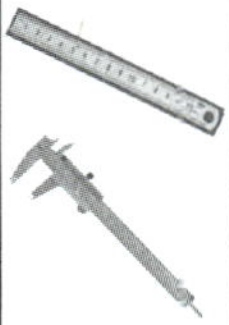			
2	锉削基准面	挑选并精加工一对相互垂直的面作为基准面（记作 1 面、2 面），并作右图所示基准符号	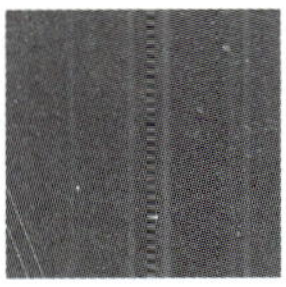	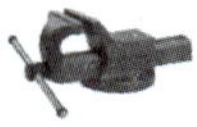	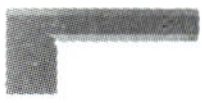	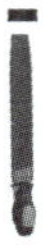	铁粉 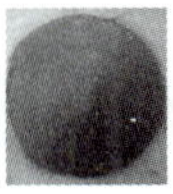	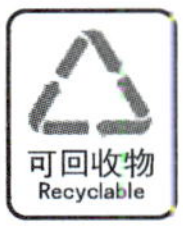 可回收物 Recyclable
3	加工两基准面的对面	加工两基准面的对面（记作 3 面、4 面），保证相对两面平行且尺寸为 56mm，并保证 3 面垂直于 2 面，4 面垂直于 1 面	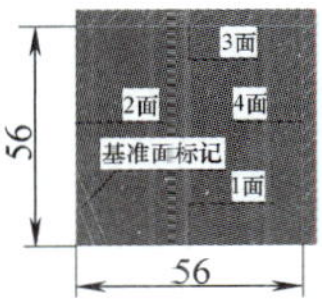	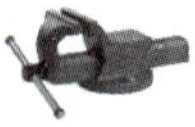	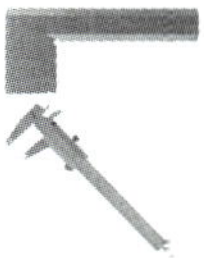	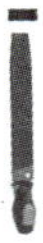	铁粉 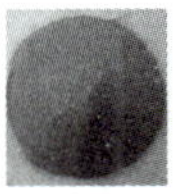	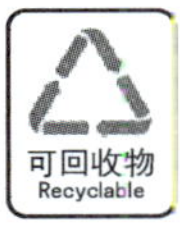 可回收物 Recyclable
4	划线	分析图样，将图样上的设计尺寸转化为划线尺寸（右图），用游标高度卡尺完成划线	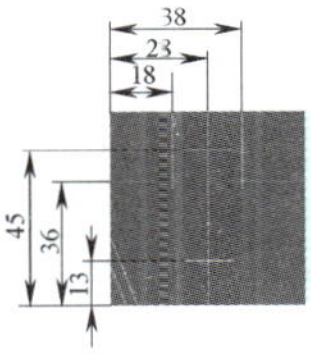	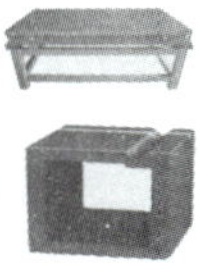	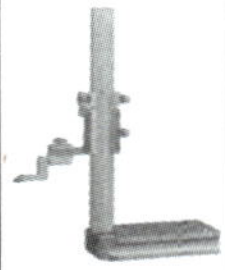		油抹布 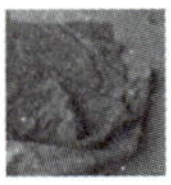	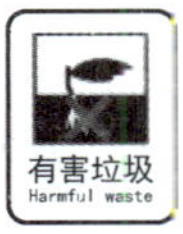 有害垃圾 Harmful waste
5	复检	用钢直尺对照图样复检划线尺寸。确认正确后，打样冲眼、划校验圆弧	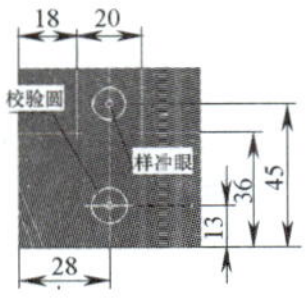	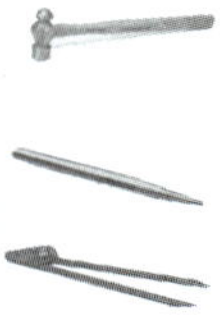	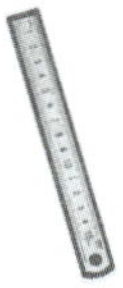			
6	钻孔加工	用钻床分别钻出 $\phi 10$mm 和 $\phi 6.8$mm（M8 的螺纹底孔）通孔。完成钻孔后需要倒角	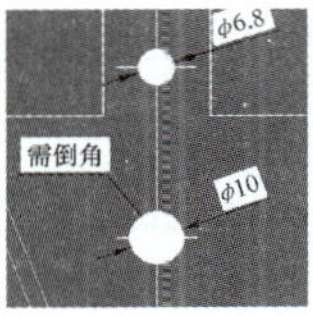	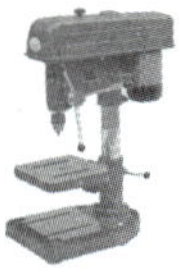		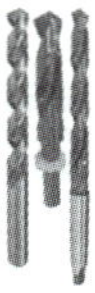	铁屑 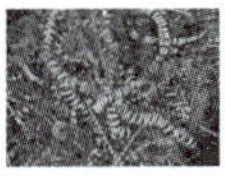	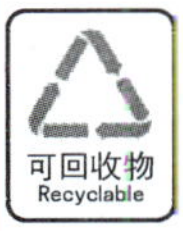 可回收物 Recyclable

（续）

序号	加工步骤	加工内容	加工位置	使用设备或工具	使用量具	使用刀具	本环节产生的生产垃圾	垃圾分类处理
7	攻螺纹	分别用头攻和二攻完成攻螺纹。要保证牙型完整，旋进标准丝杠不偏斜					铁粉	可回收物 Recyclable
8	加工第一直角	先锯削去除余料，再粗锉接近线，然后锯削工艺槽，最后精加工达到图样要求（记作a面、b面）					余料、铁粉	可回收物 Recyclable
9	加工第二直角	先锯削去除余料，再粗锉接近线，然后锯削工艺槽，最后精加工达到图样要求（记作c面、d面）					余料、铁粉	可回收物 Recyclable
10	去毛刺	锐角、锐边倒棱，整体检查，完成后的工件要有清晰的字码作为标记					铁粉	可回收物 Recyclable
11	设备保养	清洁并保养台虎钳、工具、量具、刀具等					机油、油抹布	有害垃圾 Harmful waste

2. 加工注意事项

加工凸形块的过程中，需要注意的事项见表9-7。

表9-7 凸形块加工注意事项

类别	序号	注意事项内容	备注
常规项	1	加工前，应先检查毛坯材料尺寸是否达标	56mm×56mm×10mm
	2	工具、量具、刀具应按规范摆放整齐，禁止叠放	
	3	在台虎钳上夹紧工件时，不得用锤子敲打台虎钳的手柄，也不得用过重、过大的锤子敲击被夹的工件	
	4	加工过程中，注意对产生的各类生产垃圾进行有效分类，及时处理	

真题1 凸形块的制作

（续）

类别	序号	注意事项内容	备注
加工项	1	锉削毛坯表面的氧化皮时，须采用锉刀的侧面直齿去除	
	2	划线要求清晰、准确。划完线后，一定要用量具对照零件图样进行复检。零件各大平面都要做基准标记。对于基本功较差的同学，建议在工件两面都划线	重点
	3	在考试过程中，只需加工凸形块工件 a、b、c、d 四个面，首先加工完成 a、b 面，再加工 c、d 面。由于精加工平面需要用到游标卡尺进行辅助，所以需具备熟练使用游标卡尺的能力	重点
	4	图样对孔有定位要求，极限偏差为 ±0.2mm。在复检划线正确后，将样冲眼打正非常关键，样冲眼要在十字线的中间，且能使钻头定心。ϕ10mm 通孔先钻 ϕ6.8mm 的通孔，再用 ϕ10mm 钻头扩孔	重点
	5	加工完成后，锐边倒棱	
检测项	1	使用游标卡尺、刀口形直尺等测量工具时不得碰撞，避免影响测量精度和产生锈蚀	
	2	用刀口形直尺检测平面度时，要在横向、纵向、对角线方向上分别用光隙法检测，且刀口形直尺要轻轻放置在工件表面上，不能在工件表面上推动	
	3	用宽座直角尺检测垂直度时要贴紧检测基准，否则会造成检测结果不准确	
	4	使用游标卡尺测量时，测量力要适中，过大会损坏测量爪，同时也影响测量精度。读数时，目光应直视尺身，不能偏斜。可以采用多次测量取平均值的方法来提高测量精度	

学习评价

一、学习过程评价

请根据本次任务学习过程中的实际情况，在表 9-8 中对自己及学习小组进行评价。

表 9-8 学习过程评价表

评价人	评价内容	评价等级			情况说明
学习小组：_____		姓名：_____		评价日期：_____	
自我评价	能否按 5S 要求规范着装	能 □	不确定 □	不能 □	
	能否针对学习内容主动与其他同学进行沟通	能 □	不确定 □	不能 □	
	能否叙述凸形块的加工工艺过程	能 □	不确定 □	不能 □	
	能否规范使用工具、量具、刀具加工零件	能 □	不确定 □	不能 □	
	你所负责加工的凸形块的完成情况	按图样要求完成 □ 基本完成 □		没有完成 □	
	能否独立且正确检测零件尺寸	能 □	不确定 □	不能 □	
小组评价	小组所使用的工具、量具、刀具能否按 5S 要求摆放	能 □	不确定 □	不能 □	
	小组组员之间团结协作、沟通情况	好 □	一般 □	差 □	
	小组所有成员制作的零件能否互换	能 □		不能 □	

(续)

评价人	评价内容	评价等级			情况说明
教师评价	学生个人在小组中的学习情况	积极□ 技术强□		懒散□ 技术一般□	
	学习小组在学习活动中的表现情况	好□	一般□	差□	

二、专业技能评价

请参照零件图和评分表，使用相应量具，分别对自己加工的零件与小组其他零件进行检测，并把检测结果填写在表9-9中。

表9-9 凸形块零件质量检测表

序号	检测项目	配分	评分标准	自检结果	得分	互检结果	得分
1	(36±0.08)mm（两处）	2×6	每超差0.02mm扣1分，扣完为止				
2	(18±0.08)mm	6	每超差0.02mm扣1分，扣完为止				
3	(20±0.08)mm	6	每超差0.02mm扣1分，扣完为止				
4	∥ 0.08 C	2×6	每超差0.02mm扣1分，扣完为止				
5	⊥ 0.08 D	2×6	每超差0.02mm扣1分，扣完为止				
6	(45±0.2)mm	6	每超差0.05mm扣1分，扣完为止				
7	(28±0.2)mm	8	每超差0.05mm扣1分，扣完为止				
8	(13±0.2)mm	4	每超差0.05mm扣1分，扣完为止				
9	$\phi 10^{+0.1}_{0}$ mm	6	每超差0.02mm扣1分，扣完为止				
10	M8	6	要求牙型完整，牙顶直径正确，可以旋进标准丝杠，不能偏斜，共四项，一项不合格扣1.5分				
11	表面粗糙度值为$Ra6.3\mu m$（螺纹）	2	降低一级扣1分，扣完为止				
12	表面粗糙度值为$Ra3.2\mu m$（四处锉削面）	4×2	每处每降低一级扣1.5分，扣完为止				

(续)

序号	检测项目	配分	评分标准	自检结果	得分	互检结果	得分
13	表面粗糙度值为 $Ra6.3\mu m$（孔）	2	降低一级扣1分，扣完为止				
14	文明生产	5	正常操作4分,优秀得5分				
15	安全生产	5	正常操作4分，每受一次警告扣2分，严重者停止考试				
合计		100					

练习与作业

一、课堂练习

（一）选择题

1. 凸形块零件的加工需要加工（　　）个锉削面。
   A. 两　　　　B. 三　　　　C. 四　　　　D. 五

2. M8 螺纹孔的加工，以下说法错误的是（　　）。
   A. 选用丝锥攻螺纹　　B. 螺距为 1.25mm　　C. 底孔为 $\phi 6.8mm$　　D. 细牙螺纹

3. 以下尺寸加工精度要求最高的是（　　）。
   A. （45±0.2）mm　　B. （45±0.08）mm　　C. $\phi 10^{+0.1}_{\ \ 0}$ mm　　D. 56mm

4. 凸形块图样中，C1 代表（　　）。
   A. 1 的沉孔　　B. 1×45°倒角　　C. R1mm 圆角　　D. 1×60°倒角

5. （多选题）凸形块的加工，包含（　　）等技能考核要素。
   A. 图样分析　　B. 划线　　C. 锯削
   D. 锉削　　E. 孔加工

（二）判断题

1. 凸形块锉削面的各尺寸的极限偏差均为±0.08mm。（　　）
2. 凸形块四个锉削面相对基准面的垂直度或平行度公差为 0.08mm。（　　）
3. 凸形块锉削面所有棱边不需要进行倒钝处理。（　　）
4. 凸形块 $\phi 10mm$ 通孔与 M8 螺纹孔位置尺寸极限偏差均为±0.2mm。（　　）
5. 凸形块孔加工内表面粗糙度值为 $Ra3.2\mu m$，其余各加工表面粗糙度值为 $Ra6.3\mu m$。（　　）
6. 分析图样，将图样上的设计尺寸转化为划线尺寸，用钢直尺完成划线。（　　）
7. 划线完毕后，用钢直尺对照图样复检划线尺寸。（　　）
8. 在台虎钳上夹紧工件时，不得用锤子敲打台虎钳的手柄，也不得用过重、过大的锤子敲击被夹持的工件。（　　）
9. 钻孔及攻螺纹时产生的铁屑为可回收物，不得随意丢弃。（　　）

（三）填空题

1. 凸形块零件选用的毛坯尺寸为＿＿＿＿＿＿，材料为＿＿＿＿＿＿。

2. 位置公差中，"//"表示_____，"⊥"表示_____。

3. 加工 M8 螺纹时，选用_____和_____完成攻螺纹。要保证牙型完整，旋进标准丝杠不偏斜。

4. 分析图样，工艺槽尺寸为_____。

（四）思考题

1. 分析凸形块图样，解释 | // | 0.08 | C | 和 | ⊥ | 0.08 | D | 的含义。

2. 在加工凸形块的过程中，如何保证平行度和垂直度符合加工要求？

二、课后作业

请结合本次任务的学习情况，在课后制作一份 A3 幅面的手抄报。要求如下：
1）归纳本次任务所学的知识和技能。
2）加工凸形块零件的过程中，总结自己或学习小组出现的问题及解决方法。
3）总结学习心得与反思。
4）版面清晰，字迹工整，图文并茂，体现创新思想。

生产任务工单 （表 9-10）

表 9-10 生产任务工单

任务名称		使用设备		加工要求	
零件图号		加工数量			
下单时间		接单小组			
要求完成时间		责 任 人			
实际完成时间		生产人员			
产品质量检测记录					
	检测项目		自检结果		质检员检测结果
1	零件完整性				
2	零件关键尺寸不合格数目				
3	零件表面质量				
4	是否符合装配要求				
零件质量最终检测结果及处理意见					
验收人		存放地点		验收日期	

真题2

挡形块的制作

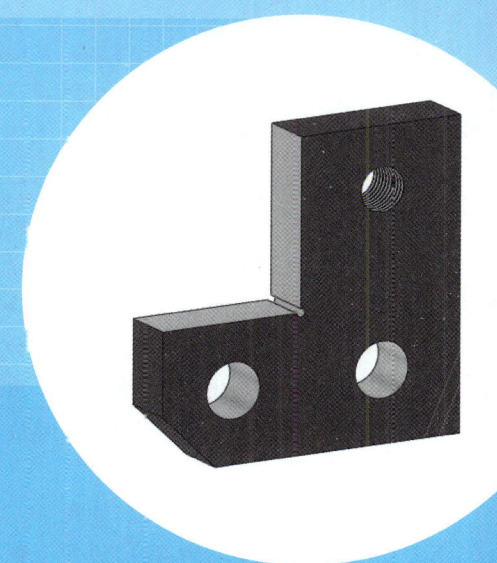

学习内容

1. 挡形块（图10-1）零件图样的分析。
2. 挡形块评分表的分析。
3. 挡形块的加工工艺。
4. 制作挡形块。
5. 挡形块零件的质量检测。
6. 安全文明生产知识。

图 10-1　挡形块

学习目标

知识目标

1. 能叙述挡形块零件的加工要素。
2. 能叙述挡形块的考核内容与要求。
3. 能叙述挡形块的制作工艺流程。
4. 能叙述检测挡形块零件所需的量具。
5. 能解读挡形块零件的质量检测评分标准。

挡形块的制作

能力目标

1. 能正确分析挡形块零件图样，并说出其加工内容。
2. 能读懂挡形块零件的评分表，并说出其考核要求。
3. 能根据挡形块零件图样要求，独立完成零件的立体划线。
4. 能正确制订挡形块零件加工工艺方案。
5. 会斜面起锯，并能加工出合格的挡形块零件。
6. 能正确选择量具对挡形块零件进行质量检测并按评分表要求进行评分。

职业素质目标

1. 能读懂挡形块零件图样，清楚加工要求。
2. 划线时能从毛坯的4个侧面中正确选择出划线基准。
3. 能根据加工要求正确选择工具、刀具。
4. 能根据评分要求正确选择量具。
5. 能根据测量结果正确评分并填写评分表，对零件的质量问题提出解决的方法。

职业素养目标

1. 具备精益求精的工匠精神，正确选用量具，严格按照挡形块评分表要求检测零件并进行评分。
2. 具备安全文明生产意识，实操过程中能严格按照安全文明生产要求规范操作。
3. 具备纪律意识，清楚考场守则，能严格遵守考场纪律。
4. 具备环保意识，节约学习资源，能对各类生产垃圾进行有效分类并按要求投放。

思维导图

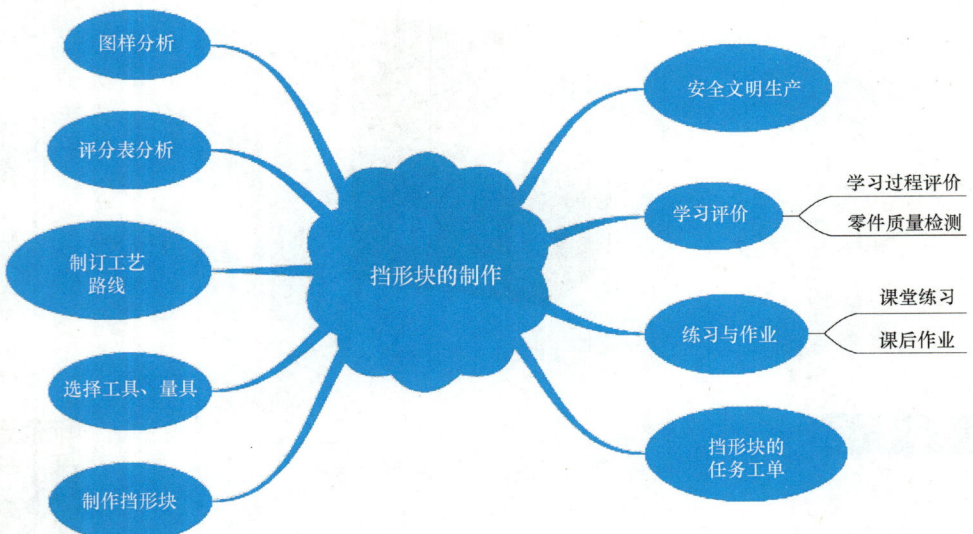

任务描述

挡形块为广东省"3+x证书高职高考"钳工真题，考查学生图样分析、划线、锯削、锉削、孔加工能力和安全文明生产能力。图10-2所示为挡形块零件图，图10-3所示为挡形块评分表。

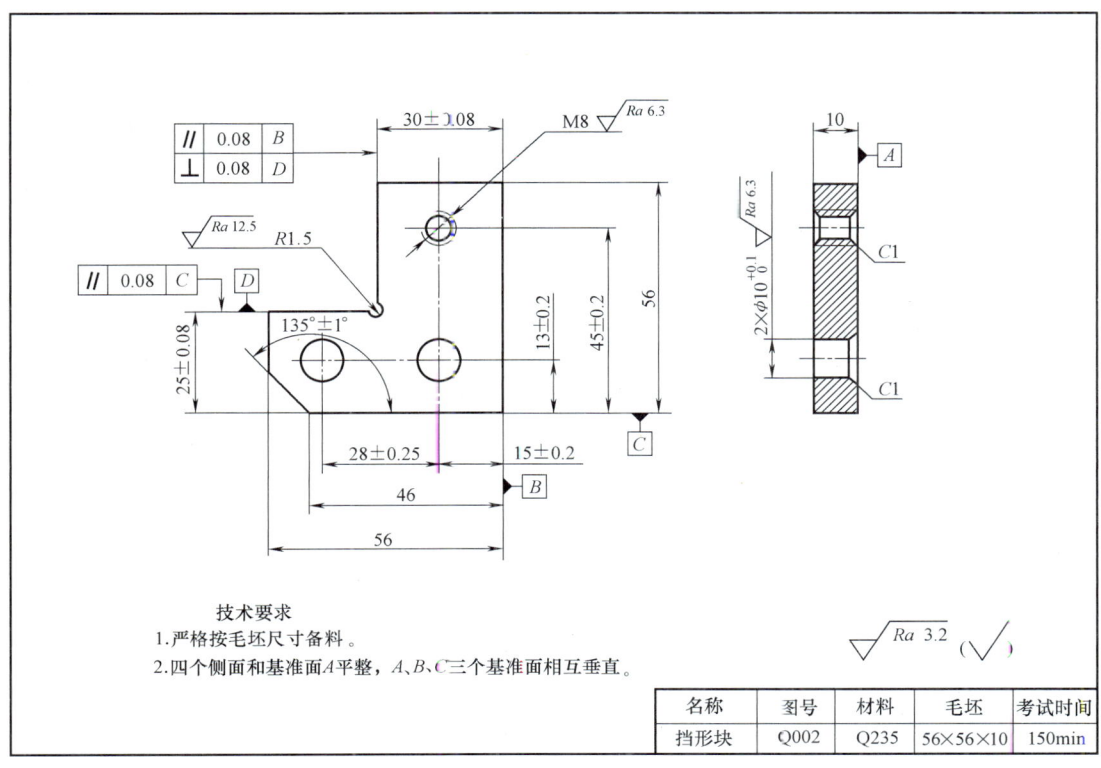

图 10-2　挡形块零件图

工种	钳工		姓名		准考证号			总分			工位号		试题号	Q002
考试日期	年 月 日		考试时间	150min	实际操作时间								工具单	
序号	考核要求	配分/分	检测结果		评分标准			量具	扣分	得分	序号	名称	规格	数量
1	(25±0.08)mm	6		每超差0.02mm扣1分，扣完为止			千分尺				1	外径千分尺	25～50mm	1把
2	(30±0.08)mm	6		每超差0.02mm扣1分，扣完为止							2	游标卡尺	0～150mm	1把
3	∥ 0.08 B	6		每超差0.02mm扣1分，扣完为止			标准平板、百分表、磁性表座、直角尺、塞尺				3	标准平板		1块
4	⊥ 0.08 D	6		每超差0.02mm扣1分，扣完为止							4	百分表		1个
5	∥ 0.08 C	6		每超差0.02mm扣1分，扣完为止							5	磁性表座		1个
6	(15±0.2)mm(两处)	2×4		每超差0.05mm扣1分，扣完为止							6	粗糙度标准块		1套
7	(28±0.25)mm	4		每超差0.05mm扣1分，扣完为止							7	塞尺		1套
8	(13±0.2)mm	4		每超差0.05mm扣1分，扣完为止			游标卡尺				8	直角尺		1把
9	(45±0.2)mm	4		每超差0.05mm扣1分，扣完为止							9	游标万能角度尺		1把
10	$\phi 10^{+0.1}_{0}$mm(两处)	2×6		每超差0.05mm扣1分，扣完为止							10	12粗扁锉		1把
11	46mm	2		超差不得分							11	8、6、4中扁锉		各1把
12	135°±1°	5		每超差0.5°扣1分　扣完为止			游标万能角度尺				12	φ3、φ6、φ8钻头		各1把
13	M8	6		要求牙型完整、牙顶直径正确、可旋进标准丝杠　不能偏斜，共四项，一项不合格扣1.5分			游标卡尺、标准丝杠、目测				13	φ10mm、φ12mm钻头		各1把
											14	M8标准丝杠	手用	1把
											15	钢锯架		1把
14	Ra3.2μm (三处加工侧面)	3×3		每处每降低一级扣1.5分，直到该处扣完为止							16	锯条		若干
15	Ra6.3μm(两处孔)	2×2		每处每降低一级扣1分，直到该处扣完为止			粗糙度标准块							
16	Ra6.3μm(螺纹)	2		降低一级扣1分，扣完为止										
17	文明生产	5		正常操作扣4分，优秀者给5分			参考考试情况记录表							
18	安全生产	5		正常操作扣4分，每受一次警告扣2分，严重者停止考试										
	合计	100									备注	游标卡尺、锉刀、钢锯架、锯条考生自备		
说明	1.线性尺寸以被测要素最大超差尺寸处的尺寸为评分尺寸。 2."每超差0.02mm扣1分",指超差范围在0～0.02mm则扣1分，超差范围在0.02～0.04mm则扣2分，依此类推													
考点			考官		监考员			评分员			复评员			

图 10-3　挡形块评分表

【素养园地——顾秋亮：眼看、手摸，就能判断发丝五十分之一的误差】

一、制订工作计划

利用钳工技能完成挡形块的制作，分别需要完成选料，选取工具、量具、刀具，零件加工，质量检测，5S 现场管理等任务内容，填写表 10-1 的相关内容。

表 10-1　挡形块制作计划

姓名		工位号		
序号	任务内容		计划用时	完成时间

二、选取加工设备

请根据挡形块的零件图及工作计划，分别从附录 A～C 中选择制作凸形块的工具、量具、刀具，并填写在表 10-2 中。

表 10-2　加工挡形块的工具、量具、刀具

序号	名称	规格型号	数量	用途

任务实施

一、分析试题

1. 分析零件图

由图10-2可知，毛坯材料为Q235，毛坯的尺寸为56mm×56mm×10mm。挡形块考核过程需要加工的是三个锉削面、一个M8螺纹孔、两个φ10mm的孔，如图10-2所示。锉削面的各尺寸极限偏差均为±0.08mm，两个锉削面相对基准面的垂直度或平行度公差为0.08mm，斜面有角度极限偏差为±1°。锉削面所有棱边均须进行倒钝处理。φ10mm的孔与M8螺纹孔的位置尺寸极限偏差均为±0.2mm，两个φ10mm孔的中心距极限偏差为±0.25mm，孔口需要倒角。孔和螺纹加工内表面要求的表面粗糙度值为$Ra6.3\mu m$，三个锉削面表面要求的表面粗糙度值为$Ra3.2\mu m$。

2. 分析评分表

由图10-3可知，挡形块评分主要分为三个部分。

（1）锉削面部分　包括评分表中的第1~5项、第11项、第12项和第14项，共计46分。

（25±0.08）mm每超差0.02mm扣1分，扣完为止；（30±0.08）mm每超差0.02mm扣1分，扣完为止；这两处线性尺寸由千分尺直接测出尺寸数值（线性尺寸以被测要素最大尺寸超差处的尺寸为评分尺寸）。46mm超差不得分，用钢直尺或游标卡尺测出数值。135°±1°用游标万能角度尺测得数值，判断出其是否合格。

∥ 0.08 B 表示被测要素（垂直锉削面）相对于基准面B（图10-2所标注的基准面B）的平行度公差为0.08mm，每超差0.02mm扣1分，扣完为止。用磁性表座、百分表和标准平板打表测量，百分表指针跳动值小于0.08mm为合格。

⊥ 0.08 D 表示被测要素（垂直锉削面）相对于基准面D（平行锉削面）的垂直度公差为0.08mm，每超差0.02mm扣1分，扣完为止。由刀口形直尺配合塞尺采用间隙法间接测量，0.08mm以上塞尺塞不进为合格。

∥ 0.08 C 表示被测要素（平行锉削面）相对于基准面C（图10-2所标注的基准面C）的平行度公差为0.08mm，每超差0.02mm扣1分，扣完为止。用磁性表座、百分表和标准平板打表测量，百分表指针跳动值小于0.08mm为合格。

三个锉削面要求的表面粗糙度值为$Ra3.2\mu m$，每处每降低一级扣1分，直到该处扣完为止。其检测方法为与粗糙度标准块对比评分，要求锉削平面纹浅且方向一致。

（2）孔加工部分　包括评分表中的第5~10项、第13项、第15项和第16项，共计44分。

（15±0.2）mm（两处）每超差0.05mm扣1分，扣完为止；（28±0.25）mm每超差0.05mm扣1分，扣完为止；（13±0.2）mm每超差0.05mm扣1分，扣完为止；（45±0.2）mm每超差0.05mm扣1分，扣完为止。这五处孔的定位尺寸用游标卡尺可以间接测出（测出尺寸需要加上半径，15mm实测尺寸螺纹孔处是11.6mm，通孔处是10mm，28mm实测尺寸应是18mm，13mm实测尺寸应是8mm，45mm实测尺寸应是41.6mm）。

φ10mm的孔的上极限偏差为0.1mm，下极限偏差为0，每超差0.05mm扣1分，扣完为止（两处），用游标卡尺可以直接测得。M8 要求牙型完整，牙顶直径正确，可以旋进标准丝杠，不能偏斜，共四项，一项不合格扣 1.5 分。牙型是否完整的检测方法为目测，牙顶直径的检测方法为游标卡尺测量，可以旋进标准丝杠用于判断是否为顺滑旋进，旋进丝杠不能偏斜的检测方法为刀口形直尺检测。

要求的表面粗糙度值为 $Ra6.3\mu m$（螺纹），降低一级扣 1 分，扣完为止。要求的表面粗糙度值为 $Ra6.3\mu m$（两处孔），降低一级扣 1 分，扣完为止。检测方法为与粗糙度标准块对比评分。

（3）安全文明生产部分　评分表第 17 项和第 18 项，共计 10 分。

文明生产，正常操作给 4 分，优秀者给 5 分。考官在考核过程中，观察考生操作是否规范，包括着装、工具、量具摆放、测量方法、操作姿势及方法等。

安全生产，正常操作给 4 分，每受一次警告扣 2 分，严重者停止考试。考官在考核过程中，观察考生操作是否存在安全隐患，若存在隐患应及时给予警告，隐患严重者或不听劝告者，则可以使其停止考试。考核内容包括着装（短裤、拖鞋）、钻孔戴手套、钻孔不戴护目镜以及其他有安全隐患的操作。

考证加工区别于工厂加工，除了要根据图样加工，还要对照评分表。由于"3+x"考证为等级考证，分为 A、B、C、D、E 五个等级，所以当部分项目不达标时，不能放弃考试，应该做好其他项目。更不能不按照评分表中的要求进行加工，只追求工件形状类似。

二、制订正确的工艺路线

请根据零件的加工要求，分别从表 10-3 中选择零件的工艺简图，从表 10-4 中选择零件的工艺内容，按正确顺序填写在表 10-5 零件的加工工艺中，并从附录 A~C 中选择合适的工具、量具、刀具，参考附录 D 垃圾分类操作指引完善表 10-5 中的其他内容。

表 10-3　挡形块的加工简图

序号	工艺简图	序号	工艺简图
1		2	

真题2 挡形块的制作

（续）

序号	工艺简图	序号	工艺简图
3	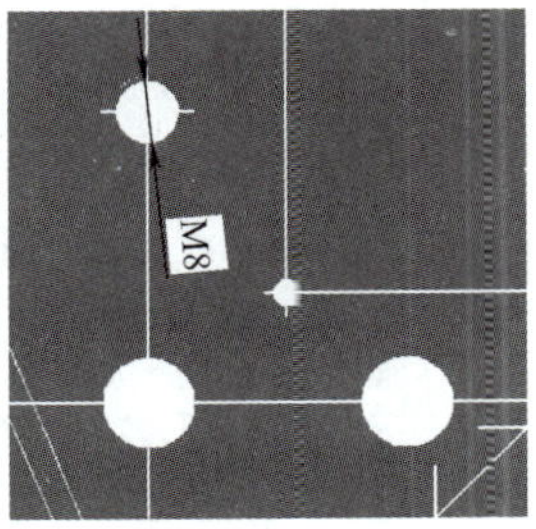	7	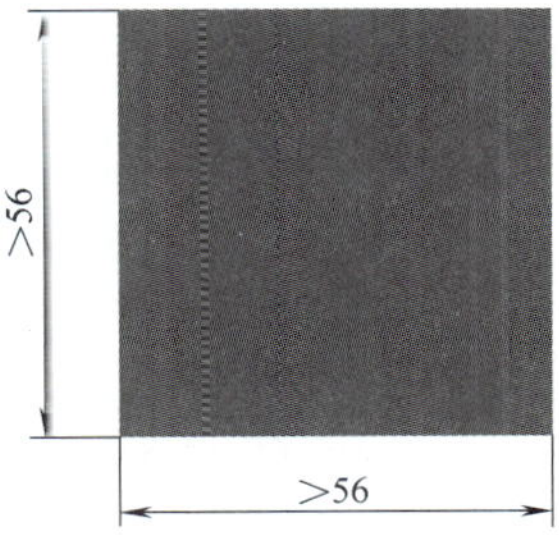
4	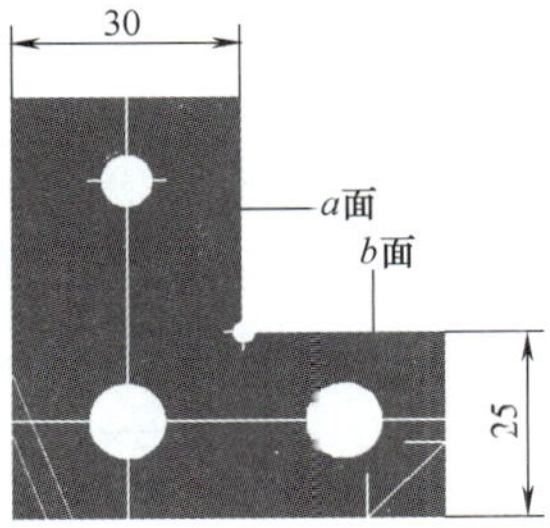	8	
5	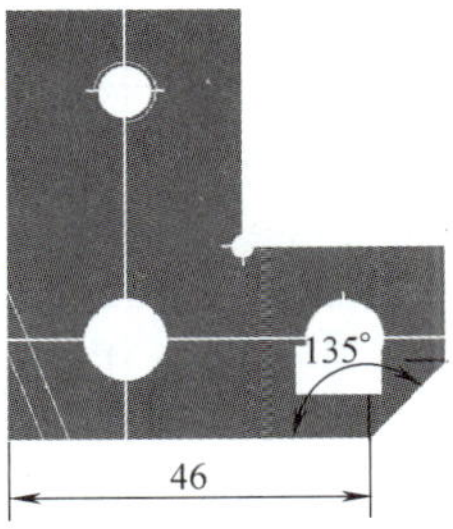	9	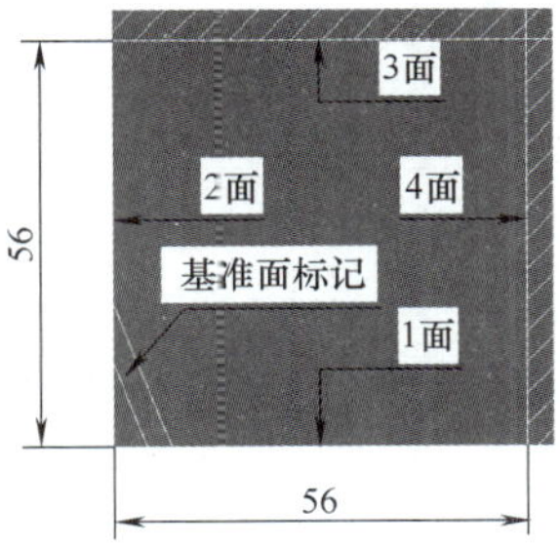
6		10	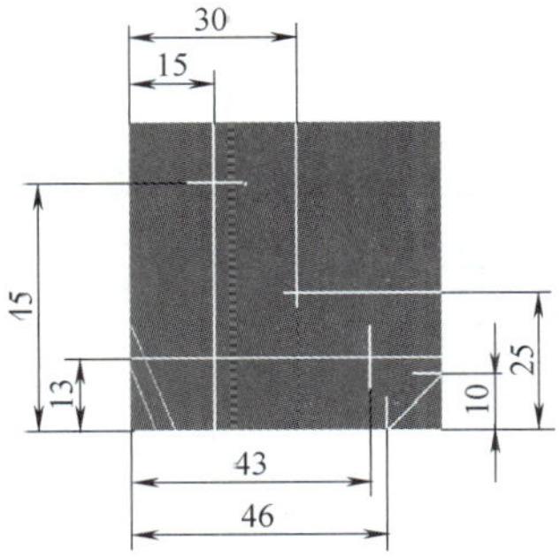

表 10-4 挡形块零件的加工工艺

序号	工步内容	序号	工步内容
1	用钻床分别钻出 φ10mm 和 φ6.8mm（M8 的螺纹底孔）的孔。完成钻孔后需要倒角	6	对照图样复检划线尺寸。确认正确后，打样冲眼、划校验圆弧
2	分别用头攻和二攻完成攻螺纹。要保证牙型完整，旋进标准丝杠不偏斜	7	分析图样，将图样上的设计尺寸转化为划线尺寸，用游标高度卡尺完成划线
3	先锯削去除余料，再粗锉至线，留精加工余量，最后精加工至图样要求（记作 D 面、E 面）	8	加工两基准面的对面，使相对两面保持平行，且尺寸为 56mm（记作 3 面、4 面），并保证 3 面垂直于 C 面，4 面垂直于 B 面
4	先锯削去除余料，然后粗加工至线，留精加工余量，最后精加工至图样要求	9	挑选并精加工一对相互垂直的面作为基准面（记作 B 面、C 面）
5	锐角、锐边倒棱，整体检查，完成后的工件要有清晰的字码作为标记	10	用钢直尺检查毛坯尺寸 ≥ 56mm×56mm×10mm

表 10-5 _____ 零件的加工工艺

工艺序号	工艺简图号码	工步内容号码	使用工具	使用量具	加工刀具	将产生的生产垃圾	垃圾分类

三、制作挡形块

1. 挡形块的加工过程（表 10-6）

表 10-6 挡形块的加工过程

序号	加工步骤	加工内容	加工位置	使用设备或工具	使用量具	使用刀具	本环节产生的生产垃圾	垃圾分类处理
1	检查毛坯	用钢直尺检查毛坯尺寸不小于 56mm×56mm×10mm	≥56 × ≥56					

（续）

序号	加工步骤	加工内容	加工位置	使用设备或工具	使用量具	使用刀具	本环节产生的生产垃圾	垃圾分类处理
2	锉削基准面	挑选并精加工一对相互垂直的面作为基准面（记作 B 面、C 面），并作右图所示基准符号					铁粉 	可回收物 Recyclable
3	加工两基准面的对面	加工两基准面的对面，使相对两面保持平行，且尺寸为56mm（记作3面、4面），并保证3面垂直于2面，4面垂直于1面	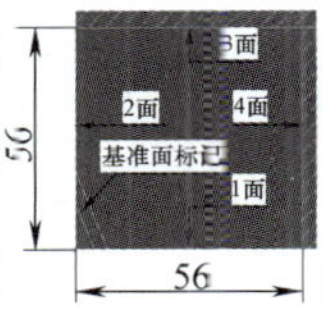				铁粉 	可回收物 Recyclable
4	划线	分析图样，将图样上的设计尺寸转化为划线尺寸（右图），用游标高度卡尺完成划线	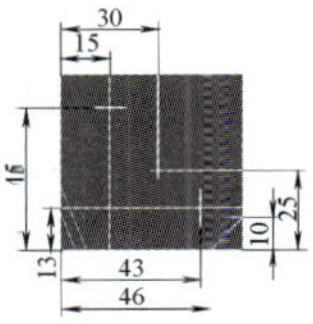				油抹布 	有害垃圾 Harmful waste
5	复检	用钢直尺对照图样复检划线尺寸。确认正确后，打样冲眼、划校验圆弧	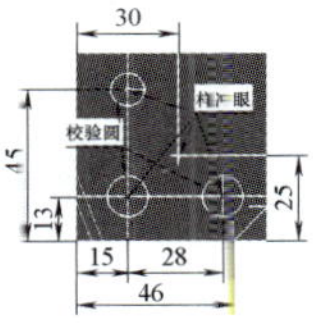	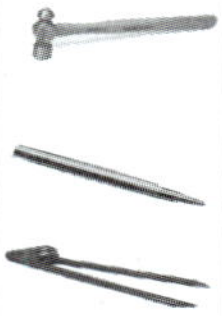				
6	钻孔	用钻床分别钻出 $\phi 10$ mm 和 $\phi 6.8$ mm（M8 的螺纹底孔）的孔。完成钻孔后需要倒角	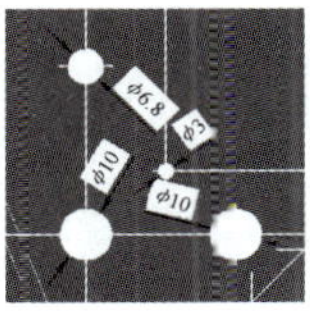				铁屑 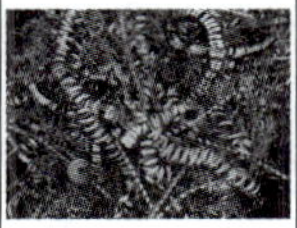	可回收物 Recyclable
7	攻螺纹	分别用头攻和二攻完成攻螺纹。要保证牙型完整，旋进标准丝杠不偏斜	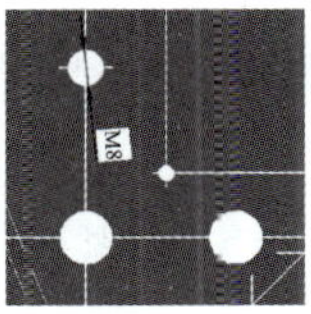				铁粉 	可回收物 Recyclable
8	加工直角	先锯削去除余料，再粗锉至线，然后锯削工艺槽，最后精加工至图样要求（记作 a 面、b 面）	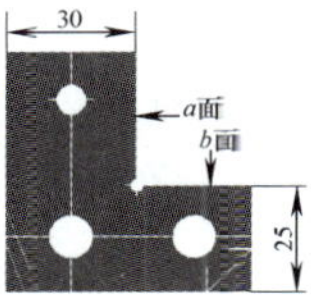		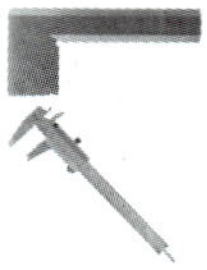	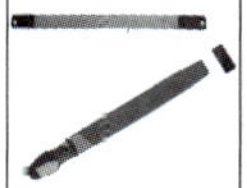	余料、铁粉 	可回收物 Recyclable

(续)

序号	加工步骤	加工内容	加工位置	使用设备或工具	使用量具	使用刀具	本环节产生的生产垃圾	垃圾分类处理
9	加工斜面	先锯削去除余料，然后粗加工至线，最后精加工至图样要求					余料、铁粉	可回收物 Recyclable
10	去毛刺	锐角、锐边倒棱，整体检查，完成后的工件要有清晰的字码作为标记					铁粉	可回收物 Recyclable
11	设备保养	清洁并保养台虎钳、工具、量具、刀具等					机油	有害垃圾 Harmful waste
							油抹布	有害垃圾 Harmful waste

2. 加工注意事项

加工挡形块的过程中，需要注意的事项见表10-7。

表 10-7 挡形块加工注意事项

类别	序号	注意事项内容	备注
常规项	1	加工前，应先检查毛坯尺寸是否达标	56mm×56mm×10mm
	2	工具、量具、刀具应按规范摆放整齐，禁止叠放	
	3	在台虎钳上夹紧工件时，不得用锤子敲打台虎钳的手柄，也不得用过重、过大的锤子敲击被夹持的工件	
	4	加工过程中，注意对产生的各类生产垃圾进行有效分类，及时处理	
加工项	1	锉削毛坯表面的氧化皮时，须采用锉刀的侧面直齿	
	2	划线要求清晰、准确。划完线后，一定要用量具对照零件图样进行复检。零件各大平面都要做上基准标记。建议在工件两面都划线	重点
	3	由于精加工平面需要用到游标卡尺进行辅助，所以需具备熟练使用游标卡尺的能力。斜面的锯削，需要学会斜面起锯的方法	重点
	4	图样对孔有定位要求，极限偏差为±0.2mm。在复检划线正确后，将样冲眼打正非常关键，样冲眼要在十字线的中间，且能使钻头定心。ϕ10mm的孔先钻ϕ6.8mm通孔	重点
	5	加工完成后，锐边倒棱	

(续)

类别	序号	注意事项内容	备注
检测项	1	直角尺、刀口形直尺等测量工具使用时不得碰撞,避免影响测量精度和产生锈蚀	
	2	用刀口形直尺检测平面度时,要在横向、纵向、对角线方向上分别用光隙法检测,且刀口形直尺要轻轻放置在工作表面上,不能在工件表面上推动	
	3	用宽座直角尺检测垂直度时要垂直向下放置,不能斜放,否则会造成检测结果不准确	

学习评价

一、学习过程评价

请根据本次任务学习过程中的实际情况,在表 10-8 中对自己及学习小组进行评价。

表 10-8 学习过程评价表

学习小组:_____ 姓名:_____ 评价日期:_____

评价人	评价内容	评价等级	情况说明
自我评价	能否按 5S 要求规范着装	能 □ 不确定 □ 不能 □	
	能否针对学习内容主动与其他同学进行沟通	能 □ 不确定 □ 不能 □	
	能否叙述挡形块零件的加工工艺过程	能 □ 不确定 □ 不能 □	
	能否规范使用工具、量具、刀具加工零件	能 □ 不确定 □ 不能 □	
	你加工的挡形块零件的完成情况	按图样要求完成 □ 基本完成 □ 没有完成 □	
	能否独立且正确检测零件尺寸	能 □ 不确定 □ 不能 □	
小组评价	小组所使用的工具、量具、刀具能否按 5S 要求摆放	能 □ 不确定 □ 不能 □	
	小组组员之间团结协作、沟通情况	好 □ 一般 □ 差 □	
	小组所有成员制作的零件能否按时完成	能 □ 不能 □	
教师评价	学生个人在小组中的学习情况	积极 □ 懒散 □ 技术强 □ 技术一般 □	
	学习小组在学习活动中的表现情况	好 □ 一般 □ 差 □	

二、专业技能评价

请参照零件图和评分表,使用相应量具,分别对自己加工的零件与小组其他零件进行检测,并把检测结果填写在表 10-9 中。

表 10-9 挡形块零件质量检测表

序号	检测项目	配分	评分标准	自检结果	得分	互检结果	得分
1	(25±0.08)mm	6	每超差 0.02mm 扣 1 分,扣完为止				

（续）

序号	检测项目	配分	评分标准	自检结果	得分	互检结果	得分
2	（30±0.08）mm	6	每超差0.02mm扣1分，扣完为止				
3	∥ 0.08 B	6	每超差0.02mm扣1分，扣完为止				
4	⊥ 0.08 D	6	每超差0.02mm扣1分，扣完为止				
5	∥ 0.08 C	6	每超差0.02mm扣1分，扣完为止				
6	（15±0.2）mm（两处）	2×4	每超差0.05mm扣1分，扣完为止				
7	（28±0.25）mm	4	每超差0.05mm扣1分，扣完为止				
8	（13±0.2）mm	4	每超差0.05mm扣1分，扣完为止				
9	（45±0.2）mm	4	每超差0.05mm扣1分，扣完为止				
10	$\phi 10^{+0.1}_{0}$ mm（两处）	2×6	每超差0.05mm扣1分，扣完为止				
11	46mm	2	超差不得分				
12	135°±1°	5	每超差0.5°扣1分，扣完为止				
13	M8	6	要求牙型完整、牙顶直径正确、可以旋进标准丝杠，不能偏斜，共四项，一项不合格扣1.5分				
14	Ra3.2μm（三处锉削面）	3×3	每处每降低一级扣1.5分，扣完为止				
15	Ra6.3μm（两处孔）	2×2	每处每降低一级扣1分，扣完为止				
16	Ra6.3μm（螺纹）	2	每降低一级扣1分，扣完为止				
17	文明生产	5	正常操作得4分，优秀得5分				
18	安全生产	5	正常操作4分，每受一次警告扣2分，严重者停止考试				
合计		100					

练习与作业

一、课堂练习

（一）选择题

1. 挡形块零件的加工需要加工（　　）个锉削面。
   A. 两　　　　　B. 三　　　　　C. 四　　　　　D. 五

2. 下列（　　）为形状公差项目符号。
   A. ⊥　　　　　B. ∥　　　　　C. ◎　　　　　D. ○

3. 攻螺纹进入自然旋入阶段时，两手旋转用力要均匀并要经常倒转（　　）圈。
   A. 1~2　　　　B. 1/4~1/2　　　C. 1/8~1/5　　　D. 1/10~1/8

4. 以下尺寸加工精度要求最高的是（　　）。
   A. （15±0.2）mm　　B. （25±0.08）mm　　C. $\phi 10^{+0.1}_{0}$ mm　　D. （28±0.25）mm

5. 以下量具中，测量精度最高的是（　　）。
   A. 钢直尺　　　B. 游标卡尺　　　C. 游标高度卡尺　　　D. 千分尺

6. 职业道德的实质内容是（　　）。
   A. 改善个人生活　　　　　　　　　B. 增加社会的财富
   C. 树立全新的社会主义劳动态度　　D. 增强竞争意识

（二）判断题

1. 挡形块锉削面的各尺寸极限偏差均为±0.08mm。（　　）
2. 挡形块两个锉削面相对基准面的垂直度或平行度公差为0.08mm。（　　）
3. 挡形块锉削面所有棱边不需要进行倒钝处理。（　　）
4. 挡形块$\phi 10$mm的孔与M8螺纹孔位置尺寸极限偏差均为±0.2mm。（　　）
5. 挡形块孔加工内表面粗糙度值为$Ra3.2\mu m$，其余各加工表面粗糙度值为$Ra6.3\mu m$。（　　）
6. 操作钻床时不能戴手套，锉刀不可作撬棒或锤子用。（　　）
7. 千分尺的制造精度主要是由它的刻线精度来决定的。（　　）
8. 国家标准规定：尺寸的标准公差等级共有20个，数值越小，精度越高，一般认为IT3~IT5（孔为IT6）的等级用于重要配合。（　　）
9. 职业道德的主要内容包括：爱岗敬业、诚实守信、办事公道、服务群众、奉献社会。（　　）
10. 爱岗敬业是职业道德的核心和基础，是对从业人员工作态度的一种普遍要求。（　　）

（三）填空题

1. 挡形块零件选用的毛坯尺寸为_____，材料为_____。
2. 挡形块斜面有角度公差为_____，两个$\phi 10$mm孔的中心距极限偏差为_____。
3. 三视图的投影规律是_____对正、_____平齐、_____相等。
4. 形状公差是形状误差的最大允许值，包括_____、_____、_____、圆柱度、线轮廓度、面轮廓度六种。
5. 刀具材料的硬度越_____，强度和韧性越_____。
6. 尺寸链中封闭环的公差等于各组成环的公差之_____。

(四)思考题

1. 分析挡形块图样，解释 ∥ 0.08 B 、⊥ 0.08 D 和 ∥ 0.08 C 的含义。

2. 叙述 M8 螺纹孔的加工步骤。

二、课后作业

请结合本次任务的学习情况，在课后制作一份 A3 幅面的手抄报。要求如下：
1）归纳本次任务所学的知识和技能。
2）加工挡形块零件的过程中，总结自己或学习小组出现的问题及解决方法。
3）总结学习心得与反思。
4）版面清晰，字迹工整，图文并茂，体现创新思想。

生产任务工单 （表10-10）

表 10-10 生产任务工单

任务名称		使用设备		加 工 要 求	
零件图号		加工数量			
下单时间		接单小组			
要求完成时间		责 任 人			
实际完成时间		生产人员			
产品质量检测记录					
	检测项目	自检结果		质检员检测结果	
1	零件完整性				
2	零件关键尺寸不合格数目				
3	零件表面质量				
4	是否符合装配要求				
零件质量最终检测结果及处理意见					
验收人		存放地点		验收日期	

附录

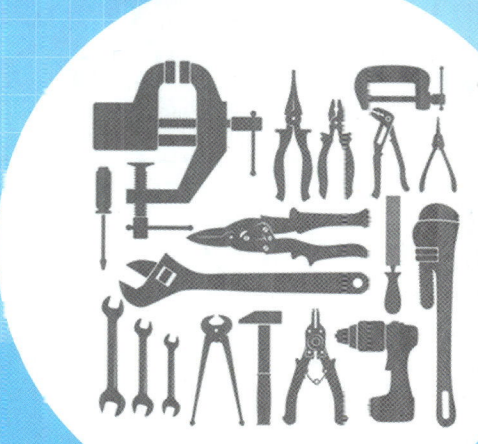

附录 A　钳工常用工具

序号	名称	常用规格	实物图	用途
1	锤子	0.25kg、0.5kg、0.75kg、1kg		锤子用于敲打物体使其移动或变形,常用来敲钉子、矫正或是将物件敲开等。锤头的形式、规格很多,常见的有圆头锤、羊角锤、斩口锤等
2	安装锤	650g		安装锤是一种手动锤击工具,主要用于锤击金属物体,特别用在机器制造和维修工作中,如安装轴承、齿轮、轴套和加工维修金属薄板器具。它改进了冲击效果,并保护敏感的工件表面和被锤击的表面不受损坏
3	样冲	6mm		样冲用于在划出的加工线上标记定位、定心,确定轮廓线,或用于在钻孔中心处冲出样冲眼,防止钻孔时中心滑移

（续）

序号	名称	常用规格	实 物 图	用　　途
4	划针	φ3~φ6mm	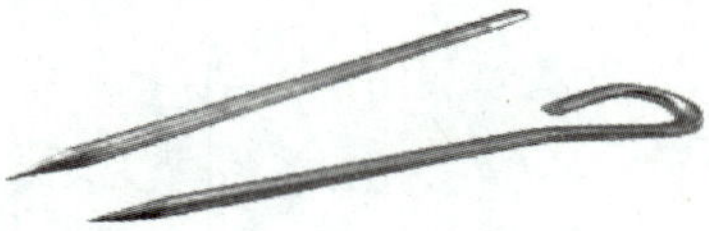	划针是钳工在工件表面上划线的主要工具之一，常与钢直尺、直角尺或划线样板等导向工具一起使用
5	划规	6in、8in		划规是钳工划线中不可缺少的工具，主要用来划圆和圆弧、划平行线、等分线段、量取尺寸、确定轴及孔的中心位置
6	划线盘	200mm、300mm		划线盘用于在工件上划线和找正工件位置
7	划线千斤顶	50mm、75mm、100mm、150mm		划线千斤顶是钳工划线中不可缺少的工具之一，主要用来支撑毛坯或不规则工件进行划线，通常是三个一组使用
8	V形架	100mm×100mm×65mm~300mm×300mm×120mm	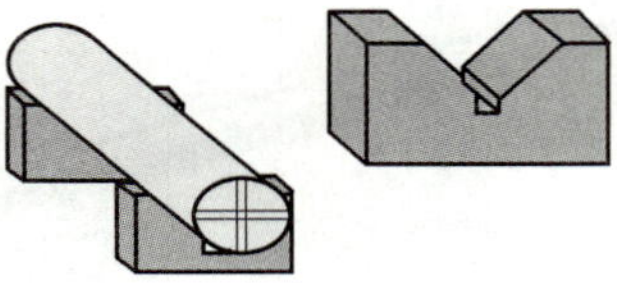	V形架一般是两块一组使用，夹角为90°或120°，主要用于支撑加工或检测时做紧固或定位的辅助工具

（续）

序号	名称	常用规格	实物图	用途
9	G字夹	2in、3in、4in、5in、6in	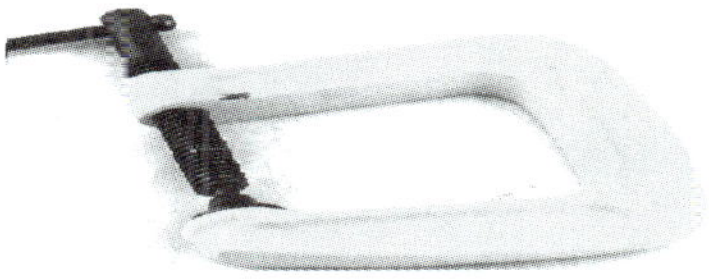	G字夹是用于夹持各种形状的工件、模块等起固定作用的一种五金工具。G字夹又称为虾弓码、C字夹、木工夹等，其应用非常广泛
10	钢锯架	12in		钢锯架是用来安装和张紧锯条的工具，可分为固定式和可调式两种
11	丝锥铰杠	M5~M12		丝锥铰杠是一根横杠，中间有可调四方孔，其孔径和相应规格的丝锥尾端配套，可以双手操作，是钳工攻螺纹、铰孔的专用辅助工具
12	圆板牙铰杠	M5~M12		圆板牙铰杠是用于装夹圆板牙的工具，是钳工套螺纹的专用辅助工具
13	手虎钳	40mm		手虎钳是一种夹持轻巧工件以便进行加工的手持工具

(续)

序号	名称	常用规格	实物图	用途
14	一字螺钉旋具	5×125mm		用于装卸头部带一字槽的螺钉所用的手工工具
15	十字螺钉旋具	5×125mm		用来装卸头部带十字槽的螺钉所用的手工工具
16	鲤鱼钳	6in、8in		用于夹持圆形零件或弯折薄片,也可代替扳手旋小螺母和小螺栓,钳口后部刃口可用于切断金属丝,在维修行业中是应用较多的工具之一
17	尖嘴钳	6in、8in	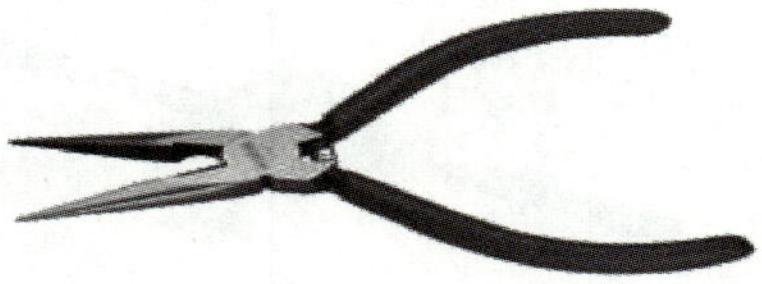	一种常用的钳形工具,主要用于夹持较小物件,也可用于弯绞导线,剪切较细导线和其他金属丝,能在较狭小的工作空间操作。它是电工装配及修理工作中常用的工具之一
18	内外卡簧钳	5in、6in、7in、9in		它是一种用手安装内簧环和外簧环的专用工具,外形上属于尖嘴钳一类,钳头可采用内直、外直、内弯、外弯几种形式,不仅可以用于安装簧环,也能用于拆卸簧环

（续）

序号	名称	常用规格	实 物 图	用　　途
19	大力钳	7in、10in	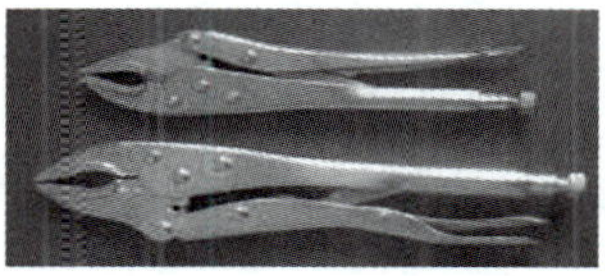	主要用于夹持零件进行铆接、焊接、磨削等加工。其特点是钳口可以锁紧并产生很大的夹紧力，而且钳口有很多档的调节位置，供夹紧不同厚度零件使用，另外也可作为扳手使用
20	管子钳	250～900mm		用于紧固或拆卸各种管子、管路附件或圆形零件，为管路安装和修理常用工具
21	活扳手	150mm、200mm、250mm、300mm		活扳手是一种旋紧或拧松有角螺栓或螺母的工具
22	呆扳手	6～24mm		主要用于旋紧或松退六角形或方形的螺栓或螺母，是机械行业加工、生产、维修的重要工具
23	梅花扳手	6～27mm	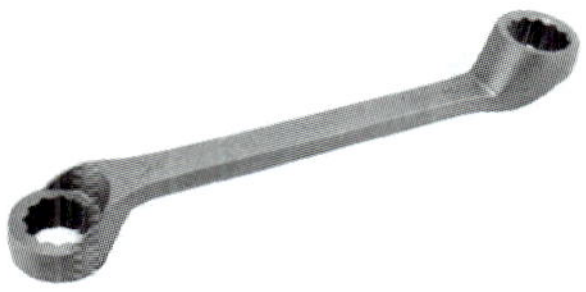	便于拆卸装配在凹陷空间中的螺栓、螺母，并可以为手指提供操作间隙，以防止擦伤。使用梅花扳手对螺栓或螺母施加大转矩，用于补充拧紧和类似操作

(续)

序号	名称	常用规格	实物图	用途
24	套筒扳手	13件、17件、24件	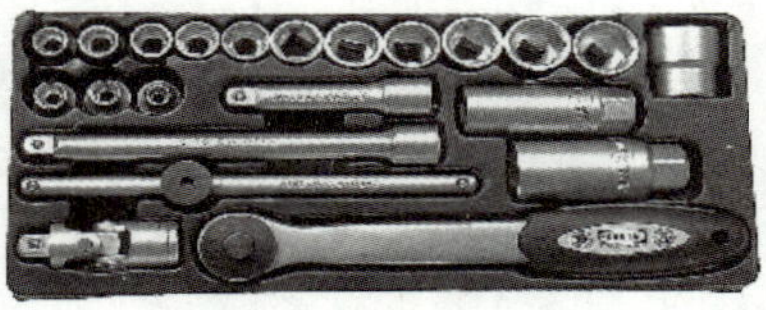	套筒扳手是一种组合型工具，使用时常由套筒、接杆、摇柄共同组合成一把扳手，适合拆装部位狭小、特别隐蔽的螺栓或螺母，以及节省拆装时间时采用
25	内六角扳手	1.5~10mm		用来拆装具有内六角头部的螺栓和螺钉的工具，它通过施加转矩对螺钉施加作用力，大大降低了使用者的劳动强度，是工业制造业中不可或缺的得力工具
26	顶拔器	100#、150#、200#、250#		用于拆卸装在传动轴上的轴承、带轮及齿轮、凸轮、连接器等机械零件的一种工具
27	拔销器	M4、M5、M6、M8、M10	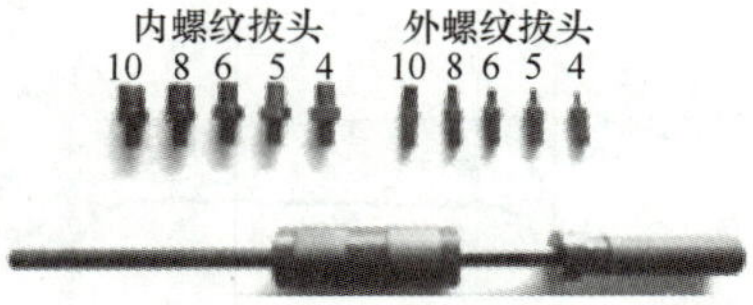	通过本体上的滑锤向后的撞击可以轻松地把螺纹连接件与固定销的连接中的固定销拔出
28	平衡支架	250mm、400mm		它是主要用于调整机械旋转件的静平衡的工具，防止因工作时出现不平衡的离心力所引起的机械振动，而造成机械工作精度降低，零件寿命缩短，噪声增大和破坏性的事故发生

附录 B　钳工常用量具

序号	名称	常用规格	实　物　图	用　　途
1	钢直尺	0～150mm、 0～300mm、 0～500mm、 0～1000mm		用于测量零件长度尺寸的量具
2	钢卷尺	1m、2m、3m、 5m、10m		用于测量较长工件的尺寸或距离，是建筑和装修常用的量具，也是家庭必备量具之一
3	游标卡尺	量程：0～125mm、 150mm、200mm、 300mm； 分度值：0.02mm、 0.05mm、0.1mm		游标卡尺是一种精度较高的量具。它可直接量出工件的外（内）径、长度、宽度、高度和深度等尺寸
4	数显游标卡尺	量程：0～150mm； 分度值：0.01mm		数显游标卡尺是带数字显示功能、不需要人工读数的一种卡尺，与普通的卡尺一样能够测量长度、内外径和深度等

（续）

序号	名称	常用规格	实物图	用途
5	游标高度卡尺	量程：0~200mm、0~300mm；分度值为0.02mm		游标高度卡尺简称高度尺，它的主要用途是测量工件的高度，另外还经常用于测量几何公差尺寸和精密划线
6	游标深度卡尺	量程：0~100mm、0~125mm、0~150mm、0~200mm、0~300mm；分度值：0.02mm、0.05mm		简称深度尺，主要用于测量零件的深度尺寸或台阶高低和槽的深度
7	外径千分尺	量程：0~25mm、25~50mm、50~75mm、75~100mm及100~125mm；分度值：0.01mm		又称螺旋测微器、分厘卡，是比游标卡尺更精密的测量工具，精度可达0.01mm，主要用于测量精度要求较高的工件
8	内测千分尺	量程：5~30mm、5~50mm、50~75mm、75~100mm、100~125mm、125~150mm；分度值0.01mm		适用于机械加工中测量IT10或低于IT10工件的孔径、槽宽及两端面距离等内尺寸

（续）

序号	名称	常用规格	实 物 图	用 途
9	深度千分尺	量程：0~25mm、0~50mm、0~75mm、0~100mm、0~150mm；分度值0.01mm		在制造业中，深度千分尺常用于测量工件的孔或槽的深度以及台阶高度
10	内径百分表	量程：6~10mm、10~18mm、18~35mm、35~50mm、50~100mm、50~160mm；分度值0.01mm		内径百分表是用比较法对孔径、槽宽及其几何形状误差进行测量的量具
11	塞尺	测量范围：0.02~1.00mm、0.1~1.00mm；长度：80mm、100mm、150mm		塞尺又称厚薄规或间隙片，用于测量间隙尺寸。在检验被测尺寸是否合格时，可以用间隙法判断，也可由检验者根据塞尺与被测表面配合的松紧程度来判断
12	外（内）卡钳	75mm、100mm、125mm、150mm、200mm		外卡钳用于测量圆柱体的外径或物体的长度。内卡钳用于测量圆柱孔的内径或槽宽。卡钳是一种间接测量工具，须与钢直尺或其他能直接显示测量尺寸的量具配合使用

（续）

序号	名称	常用规格	实物图	用途
13	光面塞规	测量范围： $\phi 5 \sim \phi 80$mm； 分度值 0.005mm		光面塞规是用来测量工件内孔尺寸的精密量具。光面塞规可做成上极限尺寸和下极限尺寸两种。下极限尺寸一端称为通端，上极限尺寸一端称为止端
14	光面卡规	测量范围： 5~500mm； 分度值 0.002mm	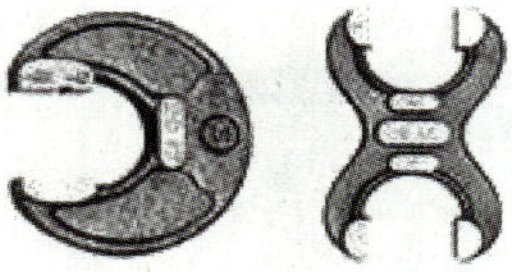	卡规主要用来测量圆柱形、长方形、多边形等工件的外形尺寸。在测量时，如果卡规的通端能通过工件，而止端不能通过工件，则表示工件合格
15	螺纹量规	测量范围： M2~M20	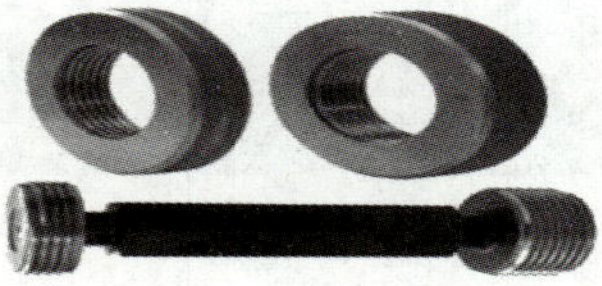	又称为螺纹通止规，是精密的螺纹检测量规，使用时分通端和止端。它主要用来检测螺纹的极限大径值和极限小径值
16	简易量角器	100mm、150mm、200mm	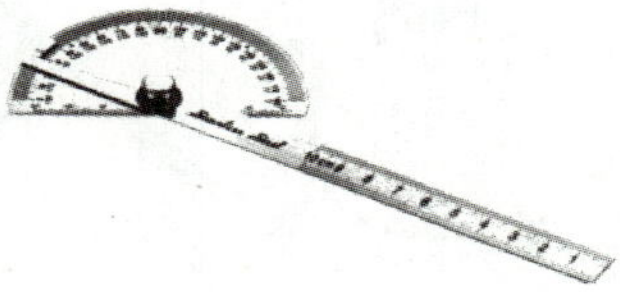	画图用具，可以根据需要画出所需的角度

（续）

序号	名称	常用规格	实物图	用途
17	游标万能角度尺	测量范围：0°~320°；标准分度值：2′和5′	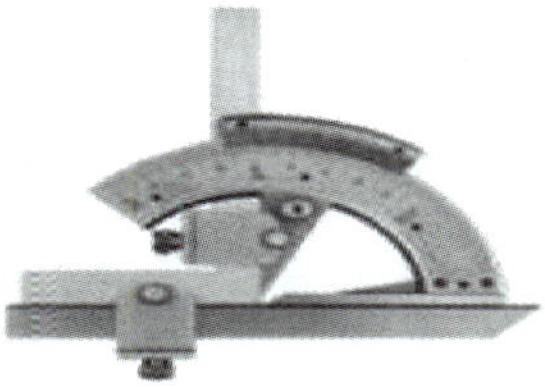	它是利用游标读数原理来直接测量工件角度或进行划线的一种角度量具
18	刀口形直尺	75mm、125mm、175mm、200mm		主要用于以光隙法进行直线度测量和平面度测量
19	宽座直角尺	80mm×50mm、100mm×63mm、125mm×80mm、160mm×100mm		宽座直角尺可精确测量工件内角、外角的垂直度误差，是检验和划线工作中常用的量具，用于检验工件的垂直度或检定仪器纵横向导轨的相互垂直度
20	刀口形直角尺	80mm×50mm、100mm×63mm、125mm×80mm、160mm×100mm		刀口形直角尺是专业的直角测量工具，测量面为刀口形状，能更加准确地测量出直角的垂直度误差

（续）

序号	名称	常用规格	实物图	用途
21	钳工水平尺	100mm×0.02mm、150mm×0.02mm、200mm×0.02mm、250mm×0.02mm、300mm×0.02mm		水平仪主要应用于检验各种机床及其他类型设备导轨的直线度和设备安装的水平位置、垂直位置
22	划线平板	300mm×400mm、400mm×500mm、500mm×600mm、600mm×800mm、1000mm×1000mm		划线平板用来安放工件和划线，用于在台面上进行划线、检验等工作，在机械制造中划线平板是最不可缺少的平面基准量具
23	方箱	100mm、150mm、200mm、250mm、300mm、350mm、400mm、500mm、600mm		根据用途可分为：划线方箱、检验方箱、磁性方箱、T形槽方箱、万能方箱等，用于零部件平行度、垂直度的检验和划线。万能方箱用于检验或划精密工件的任意角度线
24	划线弯板	200mm×200mm、300mm×200mm、400mm×300mm、400mm×400mm、500mm×400mm		划线弯板又称为直角靠铁，是划线、检验、测量工装不可缺少的工具，适用于各种机械的检验测量，检查零件的尺寸精度、几何误差，并划线等

(续)

序号	名称	常用规格	实物图	用途
25	量块	测量范围：0.50~1000mm；精度：0级、1级、2级		量块又称块规，它是机器制造业中控制尺寸的最基本的量具，是从标准长度到零件之间尺寸传递的媒介，是技术测量上长度计量的基准
26	正弦规	100mm、200mm	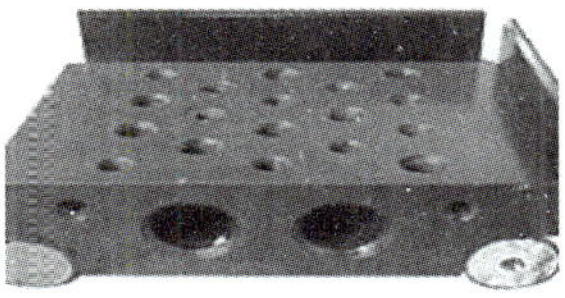	正弦规是利用正弦定理测量角度和锥度等的量规
27	角度样板	测量范围：5°~90°		角度样板是检测有一定角度范围要求的两个平面的定制量具
28	半径样板	$R1$~$R6.5$mm、$R7$~$R14.5$mm、$R15$~$R25$mm、$R25$~$R50$mm	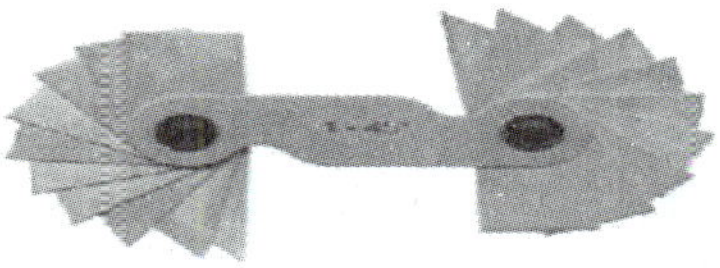	半径样板是利用光隙法测量圆弧半径的量具

附录 C 钳工常用刀具

序号	名称	常用规格	实物图	用途
1	扁锉	种类：粗齿、中齿、细齿、双细齿、油光锉；规格：150mm、200mm、250mm、300mm		扁锉主要用来锉削平面、外圆面和凸弧面
2	方锉	种类：粗齿、中齿、细齿、双细齿、油光锉；规格：150mm、200mm、250mm、300mm		方锉主要用来锉削方孔、长方孔和窄平面
3	三角锉	种类：粗齿、中齿、细齿、双细齿、油光锉；规格：150mm、200mm、250mm、300mm		三角锉主要用来锉削内角、三角孔和平面
4	圆锉	种类：粗齿、中齿、细齿、双细齿、油光锉；规格：150mm、200mm、250mm、300mm		圆锉主要用来锉削圆孔、半径较小的凹弧面和椭圆面

（续）

序号	名称	常用规格	实 物 图	用 途
5	半圆锉	种类：粗齿、中齿、细齿、双细齿、油光锉；规格：150mm、200mm、250mm、300mm		半圆锉主要用来锉削凹弧面和平面
6	手用钢锯条	长度：3000mm；齿距：18T、24T、32T		手用钢锯条是锯削时用来直接锯削材料或工件的刀具。手用钢锯条根据齿距的大小，分为粗齿、中齿、细齿和极细齿
7	钳工錾子	150mm	扁錾 窄錾 油槽錾	在不便机械加工的场合或不使用机械加工，以及锉削余量较大的金属工件，都可以用錾子对金属进行切削加工
8	麻花钻	$\phi 3 \sim \phi 24$mm		麻花钻是通过其相对固定轴线的旋转切削以钻削工件的圆孔的工具。因其容屑槽成螺旋状形似麻花而得名
9	扩孔钻	2~20mm		扩孔钻一般用于孔的半精加工或终加工，主要用于把有预铸孔或底孔的孔进行扩大和提高圆柱度和表面质量

(续)

序号	名称	常用规格	实物图	用途
10	锪钻	M5～M12		锪钻是对孔的端面进行平面、柱面、锥面及其他型面加工。在已加工出的孔上加工圆柱形沉头孔、锥形沉头孔和端面凸台时,都使用锪钻
11	手用铰刀	$\phi 5 \sim \phi 12$mm		手用铰刀具有一个或者多个刀齿,用于切除孔已加工表面薄金属层。经过铰刀加工后的孔可以获得精确的尺寸和形状
12	丝锥	M5～M12		丝锥是一种加工内螺纹的刀具,按照使用环境可以分为手用丝锥和机用丝锥,它是制造业中加工螺纹的重要工具
13	圆板牙	M5～M12		圆板牙是用于加工或修正外螺纹的螺纹加工刀具
14	刮刀	150mm、200mm、300mm、400mm		刮刀是刮削的主要刀具,一般用于滑动轴承滑动配合面的精加工和铸铁平板平台刮削,一般分为平面刮刀和曲面刮刀两类

附录 D　钳工实训垃圾分类操作指引

序号	实训环节	产生的垃圾	实物图示	分类指引
1	锯削	毛坯余料		可回收物 Recyclable
2	锯削、锉削、装配	铁粉		可回收物 Recyclable
3	锯削	断锯条		可回收物 Recyclable
4	锯削、切割	废铁片		可回收物 Recyclable
5	钻削、錾削	铁屑		可回收物 Recyclable
6	装配	废弃的螺钉、螺母		可回收物 Recyclable
7	装配	废旧配件		可回收物 Recyclable
8	装配	废弃的零件		可回收物 Recyclable

（续）

序号	实训环节	产生的垃圾	实物图示	分类指引
9	装配	废弃的工具		可回收物 Recyclable
10	装配	废旧毛刷		其他垃圾 Other waste
11	装配	废旧油刷		有害垃圾 Harmful waste
12	装配	钳工零件成品		可回收物 Recyclable
13	清洁保养	抹布		其他垃圾 Other waste
14	装配、清洁保养	油抹布		有害垃圾 Harmful waste
15	装配、清洁保养	废弃的机油		有害垃圾 Harmful waste
16	装配、清洁保养	废弃的煤油		有害垃圾 Harmful waste

知识点索引

钳 工 技 能

- **锉削** ··· 8
  - 锉削的定义 ··· 8
  - 锉刀 ·· 8
  - 锉削方法 ·· 10
  - 平面锉削方法 ··· 13
  - 锉削平面的检验 ·· 14
- **锯削** ·· 28
  - 锯削的定义 ··· 23
  - 锯削工具 ·· 23
  - 工件的装夹 ··· 29
  - 起锯方法 ·· 29
  - 锯削姿势及锯削运动 ·· 30
  - 锯缝歪斜的防止与纠正 ··· 31
- **划线** ·· 49
  - 划线的定义 ··· 49
  - 划线的作用 ··· 50
  - 划线的基本要求 ·· 50
  - 划线的分类 ··· 50
  - 划线工具 ·· 50
- **钻孔** ·· 53
  - 钻孔设备 ·· 53
  - 钻头 ·· 53
  - 划线钻孔的方法 ·· 53
  - 钻孔加工注意事项 ··· 55
- **錾削** ·· 55
  - 錾削工具 ·· 55
  - 錾削基本操作 ··· 55
  - 錾削质量分析及注意事项 ······································· 56
- **手动攻螺纹** ··· 98
  - 定义与分类 ··· 98
  - 手动攻螺纹工具 ·· 99
  - 螺纹底孔直径的计算 ·· 99
  - 攻螺纹的操作方法 ··· 99
- **配合加工检验方法** ·· 100
  - 透光法 ··· 100
  - 涂色法 ··· 100

塞尺插入检测法……………………………………………………………… 100

钳 工 量 具

钢直尺………………………………………………………………………… 6
卡钳…………………………………………………………………………… 6
刀口形直尺…………………………………………………………………… 7
宽座直角尺…………………………………………………………………… 8
游标卡尺……………………………………………………………………… 31
半径样板……………………………………………………………………… 77
角度样板……………………………………………………………………… 78
外径千分尺…………………………………………………………………… 97
游标万能角度尺……………………………………………………………… 123

参 考 文 献

[1] 陈刚,刘新灵. 钳工基础 [M]. 北京:化学工业出版社,2016.
[2] 谢增明. 钳工技能训练 [M]. 北京:中国劳动社会保障出版社,2005.
[3] 吴清. 钳工基础技术 [M]. 北京:清华大学出版社,2011.
[4] 蒋增福. 钳工工艺与技能训练 [M]. 北京:中国劳动社会保障出版社,2001.
[5] 张富建. 钳工理论与实操(中级与考证)[M]. 2版. 北京:清华大学出版社,2012.